1 MONTH OF
FREE
READING

at

www.ForgottenBooks.com

By purchasing this book you are
eligible for one month membership to
ForgottenBooks.com, giving you
unlimited access to our entire
collection of over 1,000,000 titles via
our web site and mobile apps.

To claim your free month visit:

www.forgottenbooks.com/free415341

ISBN 978-0-483-79113-8
PIBN 10415341

This book is a reproduction of an important historical work. Forgotten Books uses
state-of-the-art technology to digitally reconstruct the work, preserving the original format
whilst repairing imperfections present in the aged copy. In rare cases, an imperfection in
the original, such as a blemish or missing page, may be replicated in our edition. We do,
however, repair the vast majority of imperfections successfully; any imperfections that
remain are intentionally left to preserve the state of such historical works.

COLECCION

DE

MEMORIAS CIENTIFICAS

AGRICOLAS É INDUSTRIALES.

—

TOMO II°.

COLECCION

DE

MEMORIAS CIENTIFICAS,

AGRICOLAS É INDUSTRIALES

PUBLICADAS EN DISTINTAS ÉPOCAS

POR

MARIANO EDUARDO DE RIVERO Y USTARIZ,

Cónsul General del Perú en Bélgica,
Caballero de las Ordenes de Danebrog y Leopoldo, Antiguo Director General
de Minería y del Museo del Perú, Miembro corresponsal
de varias Sociedades científicas de Europa y América, Socio
estranjero de la de Antigüedades de Copenhague, de la Imperial
de Agricultura de Francia y del Instituto de Africa.

TOMO IIº.

BRUSELAS

IMPRENTA DE H. GOEMAERE,
CALLE DE LA MONTAÑA, 52.

Año de 1857.

INDICE DEL TOMO IIº.

MATERIAS.

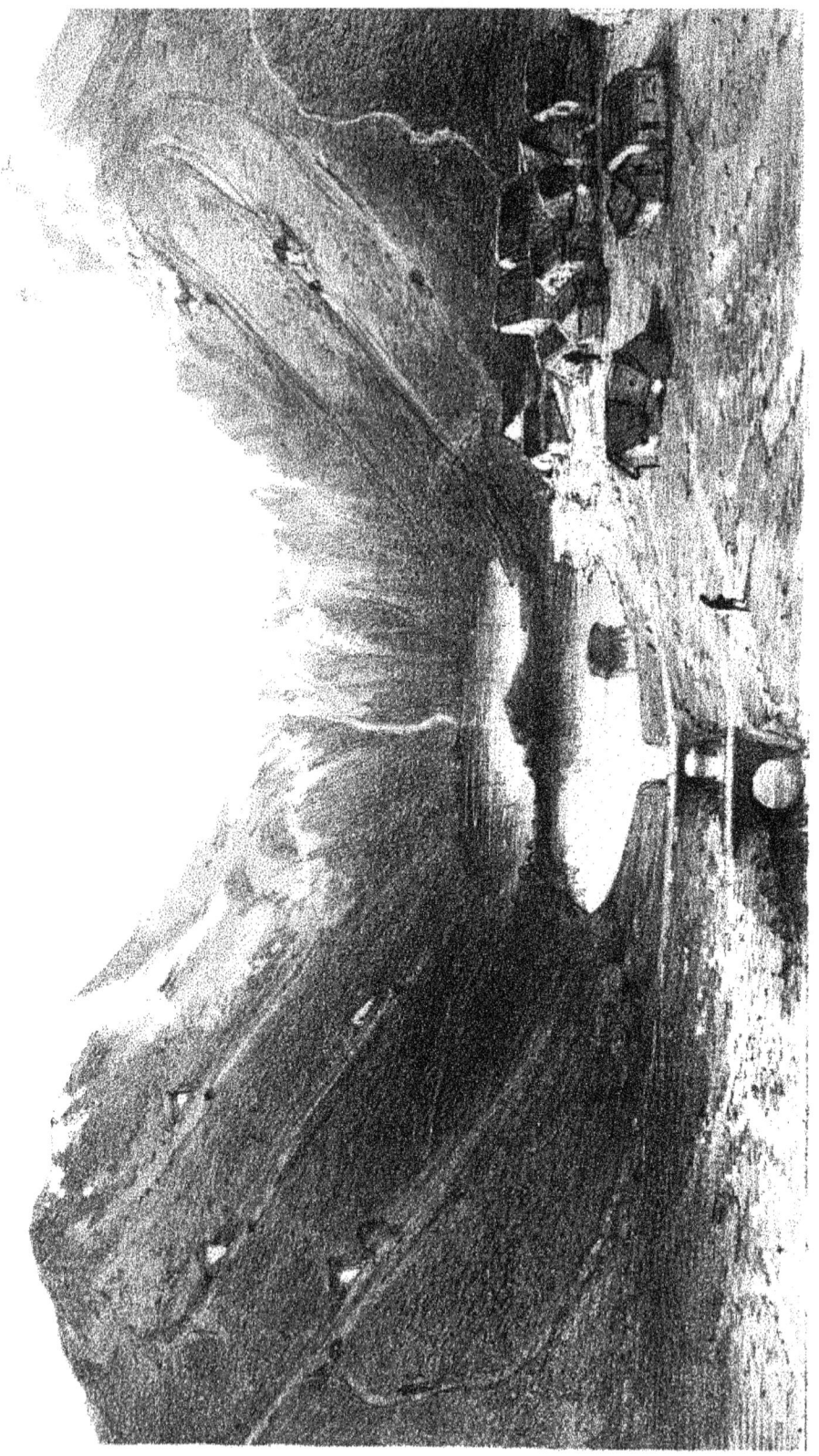

CERRO MINERAL DE POMASI.

VISITA

A LAS MINAS DEL DEPARTEMENTO

DE

PUNO

EN EL AÑO DE 1826.

El veintiuno de setiembre dejé la ciudad de Arequipa para el departamento de Puno, con el objeto de visitar sus ricos minerales, en virtud de las obligaciones que me impone mi empleo de Director General de Minería.

El departamento de Puno está dividido del de Arequipa por una cadena de montañas altas, cuya direccion es de Norte á Sur, y en la que se encuentra el célebre volcan de Arequipa, y de Ubinas, como tambien otros cerros nevados que forman en Pati la linea divisoria de ambos departamentos. Las salinas de Chiguata, de donde se provee Arequipa de sal, están al S. S. E. de la ciudad, y á doce leguas en la misma cordillera. La latitud de este ramal de la cordillera tendrá, cuando mas, de treinta y cinco á cuarenta leguas; pero la parte mas elevada que es el Alto de Toledo, está entre Pati y Cuevillas. Los terrenos que se observan, desde que se sale de Arequipa hasta Tincopalca (1), son la mayor parte volcánicos, y en algunos parajes, como en las cercanías de dicho Tincopalca, Compuerta y Santa Lucía, son de transicion; en ellos se encuentran minerales de oro, cobre, plata, hierro y carbon de piedra.

El camino que conduce á la ciudad de Puno es algo incómodo por las subidas, y por no presentar otra perspec-

---

(1) Tincopalca en quicbua significa reunion de dos quebradas.

tiva que cerros desnudos de vegetacion, cubiertos algunos de nieve perpetua, y otros que parecen haber sufrido los efectos de fuegos subterráneos; pero en medio de la aridez, tristeza y respeto que infunden, causa no sé qué placer el ver manadas de camellos peruanos, y de vicuñas que silban, y escalan los encumbrados cerros con una precipitacion y ligereza increibles. Contribuye tambien á aumentar este placer la vista de las lagunas que están á mano derecha é izquierda del camino de Tincopalca á la Compuerta, cubiertas sus orillas de pájaros y ganados mansos conducidos por los peruanos humildes que habitan en estas regiones; se denominan estos estanques naturales, rodeados de paredes impenetrables y sólidas, Lagunillas y Compuerta. De este último sale un rio por una quebrada angosta, en la que se encuentran, á corta distancia de la laguna, dos murallas, hechas de piedras, muy bien alineadas, de tres varas de ancho, dos y media de alto y como catorce de largo, con sus conductos para dejar pasar el agua necesaria. Sirven de esclusas y han sido sumamente útiles en tiempo de aguas, para impedir que saliendo estas en mucha cantidad y con precipitacion, perjudicaran á los trapiches que estaban en trabajo en la quebrada de Santa Lucía.

De la Compuerta, dirigiéndose al E. N. E., se entra en una quebrada que conduce al hermoso llano de Lampa, y de Vilque, en el que hay muchos pueblos de indios, y haciendas de ganado ovejuno. Este llano seguramente, en tiempos muy remotos, fué cubierto por las aguas, cuyos restos existen todavía en la espaciosa laguna de Titicaca de 448 leguas de superficie. La comunicacion que se observa del llano con la laguna cerca de Paucarcolla, los pantanos y los trechos cubiertos de agua son señales evidentes de su ocupacion.

La ciudad de Puno, situada por las últimas observaciones en los 15 grados 50 minutos de latitud, y 60 de longitud (de Greenwich), y á 4,545 1/2 varas sobre el nivel del mar está rodeada de cerros metalíferos, y á distancia de mil varas de la célebre laguna de Titicaca. Esta ciudad padeció una invasion de Tupaccamaro y Nicacatari (que significa víbora de fuego) en mil setecientos ochenta y uno, quemándose en doce de mayo; la ciudad de Chucuito sufrió la misma catástrofe, el trece de abril. El inspector Valles vino entonces de Lima con una fuerza de dos mil hombres, y obligó á Tupaccamaro á levantar el sitio á los tres dias. Hasta ahora existen vestigios del castillo que formaron para defensa en el Creston de *Huarapata*, y es dé una piedra caliza, compacta, blanquizca, con restos orgánicos, como huesos de vizcachas. La fortaleza dista como unas 300 varas de la plaza de armas de Puno.

Las minas de este departamento están en las cinco provincias que lo componen: Lampa, Chucuito, Huancane, Asángaro y Carabaya. En las cuatro primeras se encuentran minerales de plata, cobre, plomo y hierro, y ademas en la de Asángaro, de cinabrio; en Garabaya se encuentran los lavaderos y aventadores de oro.

Provincia de Lampa.

Esta parte del departamento de Puno contiene minas muy ricas situadas las mas en el elevado y nevado cerro de Pomasi, y en los de Chocchoni y Paratia. Las que se trabajan en la actualidad están en el Cerro de Pomasi. El trapiche de Palca tiene trabajo en tres minas: en San Miguel y San Cristóval, en la veta que se dice del Rosario, y en la nombrada Comer-Poto, en la veta de Jesus y María, al lado del Farallon.

Lo tienen el trapiche de Umpuco en las minas de Nuestra Señora del Rosario, veta del Farallon, y en las de Nuestra Señora de la Concepcion, veta de la Misericordia; y el de Lamparaquen, en las minas de San Lorenzo y Nuestra Señora de la Asunta, de las cuales la primera está en la veta del Farallon, y la segunda en la veta de la Misericordia.

El de Pomasi lo posee en las minas de Santa Gertrudis, y N.ª Señora del Rosario; la primera se halla en el Cerro de San Cárlos, á espaldas del de Pomasi, veta del mismo nombre, y la segunda, en la veta de la Misericordia, en compañía de D. Marcos y D. Bernardo Goyzucta.

Para el de Chilaito lo hay en la mina de Santa Fortunata, veta de la Concepcion.

Cerro de Chocchoni.

El trapiche de Lurin esplota la mina de San Cristóval. veta que se conoce con este nombre.

Cerro de Paratía.

El trapiche de Paratía beneficia los metales de la mina nombrada de Santa Gertrudis, situada en la veta grande de la Descubridora, y en una cata, en el Cerro de Choro, nuevo mineral del de Paratía.

En el trapiche de Vilaja, que se halla situado en la ribera de Hocoviri, se benefician los metales de la mina de San Lorenzo que está en el Cerro Mineral de *Condoroma,* donde igualmente se sigue el Socabon de Guadalupe.

El trapiche de Parantía, en la Ribera de Santa Lucía, no tiene minas en actual trabajo; pero se halla corriente.

Ademas de las minas referidas, hay muchísimas que están abandonadas, por falta de gente y recursos. Las minas que he visitado son las del Cerro de Pomasi (1) que están situadas en dos alturas elevadas, cubiertas sus cúspides con nieve perpetua, y formando una especie de herradura. En su fondo hay una laguna circular con un desagüe hácia el S. Las vetas se dirigen del E. al O. inclinándose al Sur; algunas son casi perpendiculares como en el Farallon, San Lorenzo, Comerpoto, San Miguel y

(1) Véase la lámina.

otras : el ancho de estas vetas es diferente; algunas tienen desde una cuarta hasta una vara y media. Yacen sobre grauwac, y pórfido. La matriz que acompaña á los metales es cuarzo, ya blanco, ya ceniciento, descompuesto ó compacto. Se observa que las acompaña una vetilla, cuya direccion es la misma y que enriquece la veta principal : en las partes que no van juntas el espacio comprendido entre ellas se denomina *Caballos*. Algunas vetas que corren de N. á S. cortan las principales, y otras que están aisladas se trabajan separadamente como las de San Cárlos. Los metales de casi todas las vetas de Pomasi son el plomo sulfurado (soroche), la pirita de cobre, la polvorilla, el cobre sulfurado, y en algunas partes, la plata sulfurada. Todos estos metales contienen plata, y se llaman por los mineros del lugar *espejado, pavonado, polvorilla, plomo ronco, rosicler,* sin otros muchos nombres empíricos de que hacen uso los trabajadores para darse á entender. Los metales mas buscados porque dan mas producto son las polvorillas, los plomos roncos, los pavonados, y los rosicleres.

Las minas tienen diferentes profundidades. Las mas profundas son San Miguel y San Cristóval, cuyas bocas están en la misma cima del cerro, rodeadas siempre de nieve, y bajan como de 120 á 130 estados. Las demas tienen 40, 50, 80, y hasta 100 : todas ellas están muy mal trabajadas, no siguiendo sus poseedores regla para dirigir las galerías, dar aire á las minas, abrirles lumbreras, ni observando ninguna economía en el trabajo, ni cuidándose de poner á cubierto la vida de los pobres mineros que se dedican á este laborioso oficio.

El método general que observan en este departamento en el trabajo de las minas, es seguir la veta encontrada dándole á la escavacion solamente el ancho de ella, y continuando el trabajo en esta forma hasta encontrarse con el agua que impide el pasar adelante. Entonces, ó dan un socabon en donde es practicable, ó comunican su trabajo con el que está mas inmediato.

De los socabones.

Los socabones del cerro de Pomasi están á corta distancia de la superficie, y son por lo general de dos y media varas de alto, y dos de ancho, — dimensiones que suelen tener las otras minas del departamento. El socabon de Vera-Cruz lleva dos y media varas de ancho y una y media de alto : los de Victorias tres varas de ancho, y dos de alto, aunque no en todo el largo. Se dividen, empleando la misma roca, en partes iguales; por una division corre el agua, y la otra sirve de tránsito para la estraccion de metales : muchos de los socabones han salido errados, costando sumas considerables su apertura, ya por falta de inteligentes, pues hay poquísimos de los que sepan manejar la brújula, ya por carecer de conocimientos sobre la situacion y direccion de las vetas que se van á desaguar. Esto es lo que ha sucedido con el socabon de Condoroma, que hace muchos años se está trabajando. El poco conocimiento de la economía de minas y el no tener modelos hace que cueste tantos miles y tiempo abrirlos, no necesitándose se les dé tanta anchura, pues el fin se lograria mejor haciéndolos mas angostos, poniendo un canal enlosado en el fondo, á proporcion de la cantidad de agua que contiene la mina, y dejando el resto para el acarreo, que se haria en carretillas; — lo que facilitaria sobremanera á los infelices trabajadores la conduccion de los metales, pues un muchacho podria llevar cuatro ó cinco arrobas, cuando ahora lo mas que un jornalero puede estraer con muchas fatigas son dos arrobas. La renovacion del aire se haria del mismo modo por lumbreras y pozos. Unas y otros que sirven, ya para dar aire, ya para entrar, no están hechos segun las reglas del arte, y mas bien se parecen á agujeros de cavernas. Lo angostos que son, cabiendo apenas por ellos el cuerpo de un hombre; su inclinacion que es en muchas de las minas la de la veta; lo peligroso de las escaleras que no son sino unos precipicios; lo pésimamente amurallados que están, todo contribuye á hacer arriesgadisima la entrada á estos subterráneos, esponiendo á que perezcan los hombres, de un momento á otro. Basta el ver las fatigas, incomodidades y peligros que rodean por todas partes al pobre minero, cuando sube cargado de metales los mas escarpados precipicios, corriéndole el sudor por todas partes, y respirando con tanta fuerza que se diria va á exhalar el último aliento, basta la vista de un *apiri* para compadecerse, y despreciar el dinero. En la mina de San Lorenzo, en la de Chupica, y en Victorias solamente he visto lumbreras redondas, perpendiculares y bastante anchas. En San Lorenzo existe aun en la boca de la lumbrera una rueda que servia en tiempo de Canaval para desaguar la mina por medio de capachos de cueros. En Chupica habia tornos para el mismo efecto.

De las galerías.

Las galerías ó cañones no llevan ninguna proporcion, ni en lo alto, ni en lo ancho, ni menos en el declive; separándose enteramente de las reglas del arte, tan estudiado y adelantado en Europa. Los cañones se abren sin plan, conforme va sacándose el metal de la veta, sin otra precaucion que ademarlos, ó amurallarlos, con la misma roca que se estrae, cuando se teme que se desplomen. Por consiguiente no hay galerías á propósito para el acarreo de metales y tránsito de los mineros, ni para dar todo el aire que corresponde.

Del método de amurallar y ademar.

La mucha escasez de madera por estos lugares obliga á valerse del método de amurallar en seco, que es económico y duradero porque ahorra al mismo tiempo la madera y el trabajo de sacar los escombros hasta la superficie. El modo

de amurallar es levantar paredes á los costados de los socabones, ó galerías, de una cuarta de ancho, y sobre estas
formar un arco, en caso que se tema algun derrumbe.
Cuando la bóveda está amenazando, y las paredes salidas,
entonces se ponen trozos de los arbustos que crecen en estos
parajes, llamados *queñua*, madera que es sumamente sólida y dura muchos años incorruptible. Con estos trozos
de una cuarta de grueso y del ancho de la galería, sostienen
la parte superior. Unas veces ponen sobre ellos todos los
escombros sacados de la veta ó del socabon, con lo que
llenan los huecos; y otras colocan los trozos de dicho leño
á ciertas distancias por ahorrar, cerrando los espacios que
hay entre ellos, con los escombros, sin que por esto deje el
ademe de ser firme y duradero. Usan tambien la queñua
para hacer las graderías (callapos) de las entradas, pero
colocadas de tal modo que el que entra corre mucho peligro, porque con el tránsito continuo y el agua se ponen
sumamente resbalosos.

Modo de trabajar las vetas.

Puestos los hombres en los lugares de donde se estrae
el metal y que llaman aquí *frontones ó suyos* se colocan,
cuando se trabaja uno sola veta, á distancias mas ó menos
grandes. En este trabajo no llevan el mismo sistema que en
Europa de hacer graderías de bastante estension para que
no se estorben unos á otros, ni pasen el tiempo en conver-
saciones, lo que sucede con mucha frecuencia en estas minas. Puestos pues en el trabajo, abren sus taladros; nece-
sitando estos, cuando menos, dos ó tres ó cuatro horas para
abrirse, si la roca es muy dura, y tiene una pulgada de diámetro sobre una cuarta, ó una tercia, de profundidad. Concluida esta operacion, ponen primeramente cuatro onzas
de pólvora, y, colocada á continuacion la guia situada en
una cañita muy delgada que comunica con la pólvora,
introducen una tierra gredosa escogida que no tenga par-

tículas de cuarzo, y en este estado la *taquean* muy bien hasta que el hueco del taladro quede bien lleno y pueda pegarse fuego á la guia, avisando antes á los demas trabajadores para que se retiren. Un barretero, en ocho horas que trabaja, hace dos taladros en la veta siendo dura, y tres en las otras que no lo son tanto; pero en muchas ocasiones no logra todo el efecto que debe causar el tiro, porque los barreteros se procuran siempre los lugares mas fáciles, y trabajan sin conocimiento; por cuya razon he visto malogrados muchos de los taladros, haciéndose indispensable que los dueños de minas tengan un director de conocimientos, pues de lo contrario se pierde mucho. Seria conveniente que usasen agujas de cobre, antes de poner la guia, y taqueadores de cobre, ó de madera, para mayor seguridad. En cada fronton ó *suyo* no trabaja sino un hombre durante ocho horas, reemplazándole despues otros.

De la estraccion de los metales á la superficie.

Los metales se sacan por los *chaquiris, apiris* ó separadores de los suyos, á un lugar que llaman el *quinto*, en donde se hace la separacion de la matriz del metal rico, del menos rico y de la broza; pero en muchas minas no separando sino la roca del metal lo llevan á la superficie y alli se hace la separacion anterior. Los *apiris*, ó cargadores, sacan el metal en capachos con bastantes fatigas, y mediante el pago, en Pomasi, de tres pesos por semana. En Victorias se les da, por cada topo de cuatro quintales y medio de metal rico, doce reales, y por el del inferior nueve. Se calcula que un cargador, en las veinticuatro horas, puede, segun la profundidad de la mina, estraer de topo y medio á dos topos. En la superficie los metales sufren una segunda separacion por mujeres llamadas *palliris* que ganan dos pesos y dos reales por semana, ó tres reales por cada topo que escogen. Pero lo que seria ventajosísimo es que se establecieran las carretillas de una rueda para sacar siquiera el metal desde los suyos hasta la lumbrera, pues no hay ningun inconveniente que se oponga.

Paga de los mineros por semana.

Divídense los trabajadores en clases, recibiendo doce pesos el minero mayor con sus asistentes; siete el canchero y los *auquipongos;* seis los *apurepongos;* seis y seis reales los barreteros; tres los *apiris;* tres los *pollos* ó aprendices, y dos los *palliris* ó escogedores de metal.

Esta es la tarifa casi general, ó de cuatro reales diarios, que se observa entre los mineros. En la mina de Victorias, al minero mayor y á algunos barreteros buenos se les paga un peso mas. Los cargadores que vienen, los viérnes y los sábados, á llevar en sus llamas los metales para los trapiches, ganan el flete segun las distancias; por ejemplo, dc Pomasi al trapiche, distante dos leguas, reciben cuatro pesos por cajon. Por el trasporte al de Palca se les dan seis por las cuatro leguas, satisfaciéndose el acarreo á la distancia de seis leguas á razon de siete pesos, y el cajon para Lamparaquen, que dista nueve leguas, á razon de nueve. La mina de Victorias paga seis reales por el acarreo de cuatro quintales y medio de metal rico al trapiche de Santa Rosa, y cinco por el de menos rico. Ademas de esta paga se les gratifica con el *acullico,* como llaman ellos, de una ó dos libras de coca. Tambien están los dueños de minas obligados, por costumbre antigua, á satisfacer por los indígenas que trabajan en sus minas y trapiches, los tributos, casamientos, bautismos, alferazgos y otras pensiones que los gravan segun estilo de los lugares. Es de advertir que los dueños les pagan casi todo el trabajo en coca, maiz y chuño, dándoles la libra de coca á peso; la arroba de maiz al mismo precio, y el chuño á seis reales.

Los mineros dan, para el trabajo de las minas, la pólvora, que vale á cuatro rcales libra, el cebo que cuesta doce pesos el quintal, las maderas y todas las herramientas necesarias. El número de individuos dedicados á las minas en las provincias de Lampa, Puno y Huacullani, se dirá despues.

Del modo de beneficiar los metales.

Todos los metales del departamento de Puno se benefician por amalgamacion, escepto los muy ricos porque se funden. Los metales de amalgamacion se dividen en dos clases : la primera clase abraza las polvorillas, los negrillos, espejados, la corpa y todo metal que conteniendo plomo sulfurado y piritas se calcina con sal ; la segunda comprende los pacos, pavonados é hierro viejo. Siendo pues el método casi general, y no mediando mas diferencia que la corta arriba indicada, describiré las operaciones que he observado en el trapiche de la mina de Victorias.

Primera operacion.

Se descargan los metales en los molinos y se muelen con separacion por unas piedras de traquito compacto cuyo diámetro es, cuando están nuevas, de tres varas, y el grueso de tres cuartas. La moledora reposa sobre otra piedra de un diámetro poco mayor, llamada solera, y es movida por una rueda horizontal de dos varas y media de diámetro, en la cual hay 20 á 30 cucharas colocadas entre sí á una cuarta de distancia. El agua para mover estas máquinas viene del riachuelo *Chafiri* y de la laguna de la cordillera de *Amantan* que se reunen á un cuarto de legua del primer molino : cada piedra muele en el invierno, en veinticuatro horas, seis *topos ;* y en el verano, de uno y medio á dos, siendo cada topo de cinco quintales. De los metales mas blandos muele hasta diez topos, que es un cajon.

Segunda operacion.

Los metales en este estado se pasan por un cedazo de cerda, moviéndolo continuamente un hombre con los piés para que pase lo mas fino. Lo que queda se vuelve otra vez á moler. Hay un cedazo en cada molino, y se cierne tanto como se ha molido al dia.

Tercera operacion.

Vienen los encargados de los hornos á sacar harina del molino para llevarla al horno, donde la mezclan con ocho libras de sal molida (1) y partes iguales de relave, — esto es las corpas ó metales ricos. — Con las brozas se mezcla la mitad de su peso del relave. Se queman estas sustancias en hornos de tasa y rebervero, que tienen diferentes medidas. Dura la calcinacion del topo, que consiste en diez quintales y libras, ocho horas : dos hombres están continuamente cebando el horno con la *taquia* (2), arrojándola con una cuchara cuya paleta es de cuero. Al principio, se desprenden vapores de agua, y despues de azufre; mas entonces comenzando uno de los horneros á *moyarlo,* á removerlo, de hora en hora, sucede que al cabo de cierto tiempo *suda* el metal, que es decir se reune en pequeños pelotones. El beneficiador toma un poco de harina y la lava, y segun la *ceja ó lis* que queda, necesita calcinarla mas, si brillante, y sacarla del horno si está negra, opaca y sin brillo. Los metales de Victorias exigen una quema alta para dar plata. Noche y dia están los hornos en actividad, y no se apagan, á menos que no haya taquia ó metales.

(1) La sal se trae de las salinas de Arequipa y de Asángaro, y vale tres reales la fanega.
(2) La taquia es el estiércol de llama; doce costalillos valen tres reales : unas veces se pagan en plata y otras en coca y maiz.

Cuarta operacion.

Calcinados así los metales, van al otro dia todos'los repasadores, entre siete y ocho de la mañana, á sacar la harina del depósito que está fuera de los hornos, y la conducen al buitron, poniéndola en montones de á cinco arrobas,
pero echando antes un poco de relave sobre el cual reposa
la harina. El *buitron* es un patio muy mal empedrado,
rodeado de una pared de vará y media de alto y sin techo :
tiene treinta varas de largo y veinte y ocho de ancho. Los
montones ó cuerpos (como llaman los beneficiadores) de
metales ricos, están separados unos de otros, y puestos en
fila de 15 á 20. El beneficiador viene inmediatamente y
ordena que á cada cuerpo se le abra un hoyo en medio y se
le echen de 8 á 10 libras de sal molida, y á continuacion un
poco de agua. Despues los repasadores lo mezclan todo,
operacion que se llama *hormigueo*, y de allí á cinco minutos le añaden sucesivamente el cobre ó magistral, que es
una pirita de hierro calcinada, y el azogue. Si el metal es
como la *corpa* que contiene de cincuenta á sesenta marcos,
añaden cuatro libras, primeramente ; mas á los de menos
ley, como á las brozas, dos tan solo. El azogue se echa
esprimiéndole en un poncho, birrete ó pañuelo, para que
caiga como lluvia. Concluido esto, se pisa y remueve todo
el cuerpo en seco, por cuatro ó seis horas, con el objeto
de dividir mucho el azogue : en seguida, le echan un poco
de agua y vuelven otra vez á repasarlo, por dos ó tres horas mas : en este estado reunen el cuerpo y lo dejan así.
El beneficiador toma un poco de masa de cada cuerpo, y la
lava para ver si el azogue ha tomado ya plata, ó si está *frio*
ó *caliente*. Cuando la *lis ó ceja* que forma la parte superior de la masa está brillante y tal que en tocándola con el
dedo pulgar, se reune el azogue con la plata que contiene,
entonces se dice que el beneficio *va bien;* pero cuando la
lis aparece opaca, y no se reune con facilidad, entonces ha-

llándose el azogue sobrante claro, con un color de plomo, sin ningun brillo y como en una bolsa, está caliente. Si se halla de color blanquizco, medio amarillento, y la lis un poco oscura, de color de ceniza, y sin brillo, entonces se dice que está *frio.* Cúranse los cuerpos, echando al que está caliente un poco de cal y huano podrido, y al frio un poco de cobre ú óxido de hierro. El beneficiador, despues de haber lavado en su *chuga* la harina, reune todo el azogue con el dedo, dándole golpes ligeros sobre el platillo para que forme boton; y despues, mojado el dedo pulgar, le hace con el segundo un agugero en la yema, para que esprimiendo el boton salga el azogue muy dividido en pequeñitos glóbulos, qudándose pegada la pella al beneficiador. Este dedo es el cristol y el reactivo que poseen los beneficiadores para saber la cantidad de plata; el manejo de la chuga y el modo de sacar así la pella son las cualidades que se requieren en un buen operario. A los ocho dias despues, el beneficiador registra los cuerpos para ver si el azogue está frio ó caliente y si necesita *repaso.* Si la lis está seca y todavía hay azogue líquido, entonces se necesita el repaso. Si el azogue está frio ó caliente se le añaden los ingredientes que se han dicho arriba; pero cuando ya no hay azogue liquido, y todo es pella y la lis está floja, se le cree dispuesto para lavarse. Esto sucede á los quince dias con los metales de Victorias. Los cuerpos que *secan* cuatro libras de azogue dan un marco de plata. El dia antes de efectuarse la lava se le echan á cada cuerpo cuatro libras mas de azogue, para reunir la pella seca y el azogue remolido, y se hace el repaso por dos horas. Despues se reune el cuerpo y se le deja así.

Quinta operacion.

Preparados los cuerpos por el modo indicado arriba se cargan al lavadero, ó *tina* como llaman : está consiste en un círculo empedrado, de dos y media varas de diáme tro, cuyo plano está inclinado, teniendo al cabo un pozo mas bajo, forrado con cuero. De este sale un canal que va á otro pozo, y tiene dos varas y media de largo y una cuarta de ancho : el lavadero consiste en seis pozos con sus respectivos canales, cuyos diámetros son de una vara en la parte superior, de media en la inferior, y de tres cuartas de profundidad. Del último pozo sale un canal derecho á un llanito donde se depositan los últimos restos de la lava. El modo de lavar es el siguiente : un operario pone una piedra en la puerta de la tina, la que tiene un agugero ; echa bastante agua y azogue sobre los cuerpos, y con los piés lo remueve para que se ponga líquida la masa y salga por el agugero de la piedra al pozo que está mas abajo. Otro operario se halla en el pozo moviendo con los piés toda la masa, para que el agua que cae por un chorro se lleve la lama y arena, yendo, de pozo en pozo, haciendo la misma operacion. De rato en rato echan azogue al primer pozo, con el objeto que vaya recogiendo las partículas de pella y azogue que pueda lavar el aguá. Para la lava de un cajon de corpas se le echan cien libras de azogue de baño, y para la de las brozas, treinta. La lavadura de un cajon dura ocho horas con tres hombres. Concluido el cajon de lavar, van estos desde el último pozo, recogiendo la pella y azogue que el agua lleva y que se deposita en los cueros que cubren los pozos y canales, de donde se raspan con una cuchara de hierro, conduciéndolo todo hasta el primer pozo, que se llama *maestro*. Acabado esto echan ceniza caliente, si el azogue está muy remolido ó la lis muy suelta, y sacando á continuacion la pella y azogue, los llevan al almacen, despues de limpiar la superficie con un poco de lana. En la lava se pierde mucha lis y pella seca, por razon de que los pozos están mal construidos, y los canales tienen mucha inclinacion. Esto se ve palpablemente en los relaves del depósito del último canal. Se calcula que lo que se pierde en esta operacion es de 20, 30, 35 á 40 libras de azogue.

Sesta operacion.

Puesta la amalgama de plata en el almacen, viene el beneficiador á medir las libras que resultan, lo que hace en unos porritos de barro, cuya capacidad es igual á 8, 4, 2 y una libras, calculando la pérdida segun la diferencia que hay de las libras que le entregaron á las que da : despues se echa en la manga que es un *cono,* la mitad de badana y el resto de cotence fino, y allí se escurre por algunos dias. Sácase de este *cono* la pella muy seca y espesa, y puesta despues en un molde la golpean con una mano para que escurra el azogue que tenga y se consolide ; en seguida se lleva al horno de quema, que tiene la forma de un nicho ; en la parte inferior, se coloca una botija con agua, poniéndose en la boca un embudo que llaman *candilero,* y sobre este un plato agugereado de barro, sobre el que reposa la piña, y cubierto con una caperuza, cuyos bordes solaquean con ceniza y barro ; en fin, se le da fuego á la caperuza, por ocho ó diez horas, tiempo suficiente para estraer todo el azogue.

De once arrobas de pella seca, se saca una piña de 123 marcos, vaporizándose del azogue tres á cuatro libras.

En la mina de Victorias dan en el dia las corpas (cobre gris con plomo sulfurado y plata nativa) sesenta y seis marcos por cajon [de á 50 quintales] y las brozas veinte. En cada cajon de aquellas asciende el gasto total á 130 pesos y en el de estas á 50. La pérdida de azogue que se esperimenta para estraer cien marcos de plata es de un poco mas de una libra por marco.

Los minerales de Lampa dan, cuando menos, de 15, 20, 40 hasta 70 marcos por cajon, y entre estos hay algunos que se trabajan hasta de diez marcos. Los relaves se benefician tambien, y dan muchos hasta 25 y 30 marcos.

El modo de beneficiar, como lo hemos visto, es sumamente defectuoso y nada económico, pues los propietarios de trapiches se entregan á los indios beneficiadores, que sin conocimiento de química ni metalurgia, toman á su cargo la estraccion de la plata, sin valerse de otro método que el que por imitacion aprendieron de sus abuelos : solamente una rutina diaria les facilita sacar una cantidad de plata proporcionada á sus cortas luces, desperdiciando mucha como se ve por los relaves de los antiguos y de los modernos. Es tanta la ignorancia de los beneficiadores que en las quemas de los metales solamente pierden sumas considerables, pues no tienen para efectuar esta operacion mas regla que el carácter empirico de la ceja ó lis mas ó menos brillante que deja la harina cuando se lava. En Sajonia, donde la amalgamacion ha llegado al grado de mas perfeccion, se sabe ya con fijeza que el mineral está bastante calcinado cuando se desprende el *cloro* (1) de la sal, indicios evidentes de la descomposicion de esta que es á lo que aspiran los beneficiadores. Contribuyen tambien á las grandes pérdidas de azogue y plata lo mal empedrado de los buitrones, el modo de lavar y la mucha cantidad de sal que se echa á los cuerpos y que, por una descomposicion, combina su ácido con el azogue y la plata, formando sales; de las cuales se disuelve la primera en el lavadero, yéndose suspensa la segunda, aunque insoluble en el agua. No se puede menos de atribuir á desidia criminal el verse los patios empedrados con piedrecitas muy chicas y desiguales, entre las que es preciso que se pierda el azogue, sustancia preciosa y cara que exige un enlosado muy igual y llano para no pasarse por las junturas de las piedras, como sucede y lo he visto en el buitron de Lamparaquen, que desempedrado me produjo muchas libras de azogue. Yo he propuesto que se enlose con unas lajas bastante grandes y anchas que hay en Pucará, ó con ladrillos vidriados, ó tambien con planchas de hierro colado, del grueso de media pulgada; así, al paso que se miraria por la economía y duracion, se acceleraria considerablemente el beneficio.

(1) Acido componente de la sal comun.

El modo de lavar es muy imperfecto, pues con él se pierden hasta cuarenta libras de azogue, por estar mal construidos los pozos y tener los canales mucha pendiente. La rápida corriente del agua y la manera de revolver la lama y la arena hasta un estremo defectuoso, todo contribuye á que arrastre el agua las partículas de plata y azogue. Por lo tanto seria muy conveniente adoptar el plan de tinas con molinetes, cuya construccion y manejo he enseñado y cuyas ventajas han reconocido aquellos mineros por las lavas que hice, á su presencia, de algunos cuerpos. Los canales no deben ser rectos sino caracoleados, para que el agua teniendo que correr mas espacio precipite hácia su fondo las partículas de plata y azogue que se pierden estando en línea recta.

La amalgamacion en barriles, sobre la cual se ha hablado tanto, y que no pudo tener buenos resultados, en el tiempo del Baron de Nordenflith, por causas que ignoro, me parece puede establecerse lo mismo que en Sajonia, si bien con ciertas modificaciones, pues los metales son los mismos que los de Europa, y la empresa anda favorecida por el temperamento y recursos. Los esperimentos que he hecho en un barril que contenia cuatro arrobas apoyan mi opinion, ya que los resultados obtenidos son muy favorables, como se puede ver por el certificado que poseo.

La economía que se observa en brazos, tiempo y ahorro de azogues es incontestable, pues en lugar de estar los metales 15 y 20 dias en el buitron, por medio del barril se estrae la plata en 30 ó 48 horas. Ha de advertirse que los metales sumamente ricos no son aptos para la amalgamacion por este método; y me parece que esta observacion tan importante no la tuvo presente el baron de Nordenflith. La máquina para mover 20 ó 24 barriles es muy sencilla, reduciéndose á una rueda de 12 á 14 piés de diámetro, cuyo eje debe ser muy largo, de un diámetro proporcionado, en forma de cilindro, á fin de que las ruedas dentadas puedan encajarse fácilmente en este y mover las otras que están pegadas á los barriles. Para llenar y vaciar los barriles y atender á toda la máquina bastan dos hombres. Si el propietario calculase los brazos que se emplean y las pérdidas de tiempo y dinero que acarrea el antiguo método, no dudo ni un instante que su interes le haria adoptar la máquina que hablamos, tan luego como la viese funcionar.

De las fundiciones.

Los metales qué dan mas de cien marcos de plata por cajon se funden en hornos que se llaman impropiamente *de reverbero,* porque su construccion y materiales no son sino los de hornos muy imperfectos, y nada aparentes para los metales ricos. La *taquia,* único combustible que se conoce por estos lugares, sirve para tales fundiciones, con la desventaja de que para fundir una ó dos arrobas se están veinticuatro, treinta y hasta sesenta horas, sin embargo de que al metal le añaden mucho plomo carbonatado y sulfurado para ayudar la fundicion que se llama aquí *liga.* La poca fuerza de la taquia, la construccion de los hornos que son muy defectuosos, los pocos conocimientos de los fundidores y el no saber la proporcion de *liga* que debe echarse á cada metal, pues esta deberia ser segun las materias infusibles que contenga todo, esto con algunas causas mas hace que todas las fundiciones no tengan buen resultado y hayan desalentado á los mineros para adoptar el método de fundir que es el mas económico y mejor. Verdaderamente la falta de combustibles es una de las razones que se alegan; pero si cultivasen la queñua, que da un carbon escelente, se trabajasen las minas de carbon mineral, que estoy seguro las hay en la Compuerta, y se construyesen los hornos de los escoceses y catalanes con fuelles, no dudo un momento que se lograrian muchas ventajas. Mas preocupaciones inveteradas, — el no querer adelantar mas de lo que aprendieron de sus antecesores, — son las causas de

2.

que no progrese esta industria, siendo así que es la única que debe hacer la felicidad de este departamento y de todos los del Perú.

Gastos, en un mes, del trapiche de Lamparaquen.

	PLATA.		COCA.		MAIZ.		CHAL.	CEB.	
	ps.	rs.	as	lb	ars.	lb	nº	as	lb
1ª Semana.	15	2	1	8	33	14	12	»	18
2ª Id.	32	2	1	12	38		8	»	16
3ª Id.	31	4	1	12	37	12	16	»	17
4ª Id.	33	4	1	18	39	12	18	»	18
Total general. . . .	112	4	6		148	13	54	2	19

En estos gastos no están comprendidos otros muchos, como son la taquia, carbon, madera y otros que no se insertan.

Provincia de Huacullani.

Esta provincia que se halla al SE. de Puno tiene riquísimas minas de plata, cobre, hierro, plomo; pero es tanta la falta de fondos que en la actualidad no pasan de dos minas las que trabajan formalmente, y aunque la planilla adjunta indica muchas mas, no se pueden considerar como en trabajo activo y productivas, por la muy poca gente que tienen. Los metales, en lo general, son plomizos, cobrizos, y contienen desde 15 hasta 46 y 60 marcos por cajon; mas los esplotados hoy dia dan, cuando mas, de 15 á 25 marcos. Por un cálculo aproximado, dará el asiento de Huacullani, no contando el de san Antonio, de dos á dos mil y quinientos marcos por año. Todos los mineros se quejan amargamente del ningun ausilio que se les presta, pues no tienen ni gente, ni fondos. Ha sucedido durante mi permanencia en Puno que varios de ellos han venido con una ó dos piñas á cambiarlas para sostener el trabajo, y no ha habido quien les dé el dinero, aun cediendo el marco á seis y medio pesos; pero ahora que se ha establecido el banco de rescate, podrán aliviarse en algo, fuera de que aguardan con impaciencia que el gobierno les proporcione gente y medios de entablar el trabajo en sus ricas minas.

Provincia de Asángaro.

La provincia de Asángaro tiene 20 leguas de longitud y 20 de latitud y está distante 22 leguas al N. de la ciudad de Puno. Tiene 17 pueblos, y sus habitantes se ocupan la mayor parte en la industria pastoril, pues es la provincia que posee mas ganado vacuno, sin faltarle el ovejuno : abundaban en ella crias de mulas y de caballos antes de la guerra, produciendo muchos miles el comercio de estos animales. Tampoco es escasa de minerales, pues tiene lavaderos de oro y minas de plata, azogue y plomo muy ricas. Los lavaderos de oro están en el asiento de Poto, en el caño grande llamado San Antonio de Aluyani, Moroa y en Pampa-blanca. Los indígenas sacan tambien el oro de los escombros que dejaron los antiguos. Hay minas de plata en los páramos de Tancani y Subapana, del territorio de San José, en Yacchata, Cani, Quichusa, en Cahuañuri y cercanias de San Antonio, en Chupa, Arapa y Vetanos, y en Puci en el lugar llamado Rayo : de azogue se encuentran veneros en las cercanías de Chupa y en Arapa, sobre la laguna de Titicaca, y de plomo en Potoni cerca de Asillo, San José y Asángaro, como tambien en los demas puntos. Los lavaderos de oro son los únicos que están en actual trabajo, y producen como 2,500 pesos. El modo de estraer el oro es hacer un canal por donde corre el agua, y remover toda la tierra y cascajo que contiene el oro, para que el agua se lleve toda esta tierra, y deje depositado el metal, que se separa despues lavándolo de la lama y tierra. Se calcula que por cada barreta que ponen en estos lavaderos, se recoge una libra de oro. Se hacen las lavas cada año solamente por el mes de febrero. Estos lavaderos pertenecen á particulares, quienes pagan al tesoro el quinto de todo lo que estraen. Las minas de plata no se trabajan, ya por falta de capitales, ya por la escasez de gente, sin embargo de que las hay muy ricas, .sobre todo una de un cura de esta provincia, cuyos minerales contienen plata nativa. En la actualidad están preparándose para emprender su esplotacion, la que sin duda ninguna ayudará á enriquecer esta pro·vincia.

Las de azogue, situadas á la orilla de la laguna de Titicaca en Arapa, serian sumamente útiles y contribuirian sobremanera á que se trabajasen muchas minas abandonadas, pues la suma escasez de azogues y su precio exorbitante no estimulan á los dueños á emprender ningun trabajo. Así seria mas ventajoso fomentar la esplotacion de estas minas con preferencia á otras. Muchos han dudado de la existencia del metal de azogue en Arapa; pero datos positivos, que existen en las cajas de Puno, de haber pagado con azogue el cacique Rivera, primer descubridor, los tributos que habia gastado en la esplotacion de esta mina convencen de que lo hubo. Ademas personas que lo han visto, ó tuvieron varios metales en su poder, me han asegurado habérsele estraido de Arapa. Los metales que se me mandaron por el intendente de Asángaro, eran unos óxidos de hierro amarillo, ó como dicen *pacos,* mezclados con *cachi* (1), y contenian átomos de cinabrio; pero aguardo por momentos otros metales del mismo lugar en que se estuvo trabajando. La mina en la actualidad se halla aguada, y aunque su profundidad no es mucha, sin embargo se necesita darle un taladro para que estén siempre corriendo las aguas que deben filtrarse á esta mina desde la laguna de Titicaca, por estar á su orilla. Pero si costase

(1) *Cachi* llaman aquí al *cuarzo* y á la *barita,* y á otras sustancias que no son metales.

mucho el entablar su esplotacion, seria entonces mejor observar qué direccion toma la veta y entablar el trabajo sobre ella misma ó en un lugar aparente.

Los hornos para la esplotacion del azogue son muy sencillos : retortas colocadas en línea con sus recipientes á propósito son suficientes para estraerlo en cortas cantidades; pero si el metal es abundante será preciso entonces entablar el sistema de alidadas de Almaden, ó los hornos de Idria cuyos planes presentaré, cuando se me pida por los que los quieran. Las minas de plomo tampoco se esplotan á escepcion de una ó dos, de las que sacan muy pocos quintales para el vidriado de Pucará. Pero estoy convencido de que si hiciesen una esplotacion tan formal como debiera ser, llegaria ella á dar en tal abundancia este articulo que seria suficiente para abastecer muchos departamentos.

Provincia de Carabaya.

Esta provincia linda con la de Asángaro, y aunque contiene varias minas de plata, sus habitantes se inclinan mas que á ellas á los lavaderos de oro que hay en las montañas; en lo que tienen muy justa razon por ser aquel oro el mejor que se ha conocido hasta el dia, —consideracion que hace mas sensible ver que no se pueda emprender un trabajo formal, ya por la poca gente que sigue este proyecto, ya por ser los caminos tan malos. Para vencer todas estas dificultades se necesita solamente un empeño tal como el que puede tomar el gobierno, proporcionando gente para el trabajo y un pequeño fondo para principiar y allanar los caminos que son bastante penosos (1).

(1) El Gobierno tomó en consideracion estos trabajos, habiéndose descubierto nuevos lavaderos en los años de 1848 á 1850, en que el General Deslua estaba de prefecto.
Halláronse entonces muchas arrobas de oro, notándose, en particular, una pepita de 19 onzas.

Provincia de Puno.

La provincia de Puno ha sido célebre por las superiores minas que se hallan en ella y han dado ingentes beneficios á sus antiguos poseedores. Superfluo seria enumerar aquí todas las que han producido miles de marcos, y esponer todo lo que se dice sobre ellas. Me contentaré solamente con indicar las célebres de Salcedo, Cancharani, Tamayos, Chupica, Vilches, Camargo y Picotani. La adjunta planilla, resultado de 50 años, muestra las cantidades que se han fundido en la tesorería de Puno. Acompaña tambien á esta memoria una certificacion de los ministros del tesoro sobre lo que se sacó de una mina.

Las cercanías de la ciudad de Puno están rodeadas de cerros metalíferos á la parte del NO. y S., viéndose al E. la espaciosa y hermosa laguna de Titicaca. Se puede decir sin exageracion que la ciudad está atravesada por muchas vetas y mantos de metales ricos. Cerca de Puno se trabajan en el dia pocas minas de las muchas que hay, y esto por los motivos ya indicados. Los socavones que se están tirando, para desaguar algunas minas y descubrir vetas, merecen mencionarse. El que trabaja don Pedro Iriarte á cinco minutos á espaldas de la ciudad, va á cortar un manto, es sumamente cómodo y se dirige de E. á O. : tiene dos varas de ancho, y dos de alto, está trabajado en el *panizo* ó pórfido, habiéndose hallado en él una veta de un jaspe colorado muy pesado, con quebradura concóidea y mucho hierro, y encontrándose tambien en su superficie una sustancia verde, que parece carbonato de cobre, y otra de un color amarillo ligero, que es el óxido amarillo de hierro. A mi salida de aquella ciudad no habian todavía cortado la veta; pero esperaban efectuarlo muy pronto.

Me parece que antes de describir los demas socavones y minas conviene dar una idea de la composicion de los cerros que circundan á Puno. Al Norte se encuentran capas de *gres*, unas perpendiculares, y otras horizontales, con mucho óxido colorado de hierro en que hay esquito rojo : alterna con este *gres* un calcáreo compacto, de color medio pardo, que se observa á las orillas de la laguna, en todo el camino que conduce al depósito de pólvora, y tambien á espaldas de la ciudad de Puno y en el cerro llamado de *Azoguine*—punto donde la pudinga, ó conglómera, forma casi todo el cerro. Se me dijo que el cinabrio se encontraba en este sitio y que se habia trabajado, muchos años há; fuí á reconocer las bocas-minas con mi amigo el señor Pentland y no encontramos en los escombros sino restos de un mineral de cobre. En la subida del camino que conduce á Lampa se encuentran pedazos de una piedra negra porosa, que por todos aspectos parece ser una lava, y la hay en tanta abundancia que en el alto que sigue la emplean en hacer unos cercos de piedras para el ganado. En la parte del E., á corta distancia de esta subida, se halla el esmeril.

Al O. se descubre el *gres* mas ó menos descompuesto, de color rojo, en capas horizontales, y siguiendo la misma direccion de los cerros, estendiéndose hasta los verdes de la laguna y pareciendo que descansa sobre él el panizo ó pórfido. Capas de metales denominados aquí *mantos*, se encuentran en el *gres*. En las faldas de estos cerros y á corta distancia de la ciudad, siguiendo hácia el S., se toca con las minas del Cármen, San Antonio, San José, Santa Teresa y otras, en mantos.

Al S. se prolongan las mismas rocas, y se encuentran innumerables bocas-minas. Las tres mas notables son las de Pallallaqui, Cojovera y San Vicente, cuya formacion es en mantos y que han producido inmensas sumas. El socavon de Vera-Cruz se halla cerca de estas minas; la boca está como á cien varas de la laguna, la direccion va del E. al O. y el largo es como de 500 varas : está dividido en cañon y contra-cañon y tiene dos lumbreras nombradas *Machamachani*, San Pedro y San Pablo. Dicen que principió el trabajo el famoso Salcedo con designio de cortar muchos man-

tos y llevarlo hasta su rica mina. El coronel Obrien hace dos
años que ha emprendido obrar en este socavon, siguiendo la
misma direccion hácia el cerro de Laicacota, con el intento
de desaguar la mina de Salcedo que presume haberla com-
prado del Estado. Segun noticia, la primera idea de los antecesores, para seguir este socavon, fué cortar las poderosas vetas
de Vilches, Camargo y Picotani, de las que han sacado,
pocos años há, grandes caudales. El encargado del doctor
Obrien ha limpiado ya el socavon y puesto trabajo para
continuarlo hasta llegar á la mina de Salcedo que está al
lado del cerro de Laicacota. Para ello necesita atravesarlo
y se gastarán muchos miles antes de llegar á dicha mina
de Salcedo, pues la distancia es considerable y temo que
falte el aire, á menos que se formen comunicaciones con
otros socavones que se asegura hay.

El socavon de los *Apóstoles* tiene la boca en este mismo
lado, y dista de Vera-Cruz como doscientas varas, estando
50 mas alto que su boca. Está trabajado en veta y se dice
haberlo comenzado Andrade por haberse llenado de agua su
famosa mina de Cancharani. Duró su trabajo nueve años,
y tiene hasta la espresada mina como 1,500 varas de longitud, dos y media de ancho y vara y media de alto : está
dividido en cañon y contra-cañon. En este socavon la compañía de Andrade, compuesta de ocho acciones, logró desaguar la mina, siendo tal su riqueza que se hizo poderosa;
los minerales eran plata nativa y rosicler, y se asegura
dieron de quintos, por lo menos, 40 á 43 mil pesos. La direccion de la veta es al nordeste. A beneficio del socavon,
se logrará profundizar 72 varas mas abajo, poniendo tornos
para sacar el agua que filtre.

Entre el cerro de Laicacota y Cancharani está el camino
que conduce á la mina de Victorias, es decir que se dirige
al O. En la garganta que forman estos dos cerros hay un
espacio en el que se encuentran innumerables bocas-minas,
casi todas abandonadas, á escepcion de la de Animas, Cancharani y Tamayos. Se dice, y es muy probable, que la

mina de Salcedo, cuya historia es demasiado larga para poderla referir, pero tal que no pudimos menos de espresar nuestro dolor al oir cómo los bárbaros españoles asesinaron alevosamente á este industrioso ciudadano, por mas que prodigó riquezas para saciar la sed de oro que trajo desde Lima al conde de Lemus con el designio de imponerle la pena de muerte,—cual lo ejecutó inhumanamente;—se dice, pues, que la mina la denunció la hija de un indio, que estaba en el secreto y con la que Salcedo tenia miras de casarse. Desde luego se asoció él con un tal Duran y ambos emprendieron el trabajar en esta rica mina : mas, habiendo regresado Duran á España, dejó sus poderes á Salcedo, para que registrasen y trabajasen juntos; y abusando este de la confianza de Duran, no quiso reconocerlo como á compañero á su regreso de la Península, y le dió una suma cuantiosa con la que empezó él el trabajo de Victorias, que habia descubierto antes de su partida.

Con la venida del conde de Lemus destruyó Salcedo los tornos que tenia en la mina, y tapó las labores, sin que hasta el dia se pueda saber cuál es el sitio donde están.

La mina de Animas se trabaja por cuenta de don Pedro Iriarte, y hasta el dia no se ha logrado encontrar buenos metales porque la veta es de basofia; sin embargo las cortas muestras que tengo prueban es un metal muy rico, pues son de plata sulfurada. Los hermosos cristales y masas de barita sulfatada atravesados por vetas de jaspe colorado compacto que se encuentran en esta mina, lo mismo que en las demas, demuestran que abriga en su seno alguna riqueza : la direccion de la veta es del E. al O.

De la mina de Cancharani en la actualidad no se saca ningun metal : los piques están aguados siguiéndose solo ahora el socavon de los Apóstoles, que desde este punto tenia el nombre de Achila y se halla trabajado por una compañía de accionistas. Los primeros que emprendieron el trabajo siguieron el socavon con el rumbo al NE. en direccion á Laycacota la alta y baja, con el objeto de

cortar las veinte y una vetas que dice el espediente del
nieto de Salcedo existen en este cerro. La compañía que
lleva ahora el nombre de Achila ha seguido el socavon
con la direccion de NO. y limpiado el de los Apóstoles y
sus cuatro lumbreras que estaban todas tapadas. El socavon
lo siguen en una roca muy dura llamada *ala de mosca,*
que es un pórfido cuarzoso y contiene en algunas partes
hierro carbonatado. Cuéntansele desde el brocal aguado
trescientas varas, encontrándose á la profundidad de
ciento sesenta. Si lo siguen con el mismo empeño que hasta
aquí, irá á dar con la mina de Salcedo mas pronto que el
de Vera-Cruz, debiendo cortar mucho antes la veta de
Animas, de la que dista ya poco (1).

La mina de Cancharani, produjo, á fines del siglo pasado, solo en cuatro años, mas de ciento treinta barras (2); y con razon es la mina célebre que ha tenido esta
provincia, por sus ricos metales y su abundancia. En la
actualidad se halla aguada, y don Pedro Iriarte y otros
individuos la han pedido para desaguarla por medio de
máquinas; pero segun lo que he visto, me parece habrá
mucha dificultad en introducirlas hasta el pozo, aunque
tal vez podrá desaguarse con una rueda movida por caballos que comunique al tiro de las bombas.

La famosa mina de Tamayos, contigua á la de Cancharani, tiene una veta que corre del E. al O. y es la
misma que la de esta : se compone de metales de plata

(1) A principios de este año se ha cortado esta última veta, dando plata nativa.
En el museo de la Minería hay ejemplares de ella, regalados por S. E. el Presidente de la República.

(2) La mina de Cancharani produjo de 1786 á 1790, 122 barras y ocho barretones.

Ha sido en estos últimos años trabajada por el difunto Sr. Beck quien se sirvió
para ello de una máquina de vapor, arreglando los trabajos ora subterráneos,
ora superficiales, con tal ingenio que se conducian los metales hasta la oficina
de amalgamacion, por medio de botes, al traves del socavon de desagüe.

Se asegura que dicho Sr. Beck estrajo ricos metales, si bien murió pobre y
con deudas.

Despues han continuado los trabajos por cuenta de varias compañías que
parece no han hecho las grandes ganancias que se prometian.

nativa despejada, polvorilla y plomo ronco. Trabajóse últimamente, dando un beneficio á los interesados de mas de 50,000 pesos por individuo, mediante su desagüe por el socavon de Achila; mas en el dia, estando sus labores mas bajas, rinde metales muy ricos, pero debajo del agua.

Continuando por el camino del O., á mano izquierda, se encuentran las minas de San Antonio, San Pedro y San Pablo, pertenecientes á don Casimiro Bravo; constan de dos vetas paralelas con direccion de N. á S. y están en el *gres,* color rojo. Hay un socavon hecho en veta que corre de N. á S. y sin embargo sus planes inferiores yacen bajo del agua. Los metales son plomizos y se benefician en el trapiche de San Miguel, que dista tres leguas de Puno : estos metales dan por cajon treinta marcos.

La mina de Chupica, célebre en la historia de los minerales ·de Puno, se halla ahora aguada, intentando su poseedor, que lo es en la actualidad el subprefecto de Arequipa don Mariano Basilio de la Fuente, trabajarla en compañía y aplicarle para desaguarla máquinas que ha encargado á Inglaterra, sin las cuales es imposible adelantar porque, hallándose la mina en un llano, no hay posibilidad de tirar un socavon. Sus ricos minerales, que, segun noticias positivas, producen mas de quinientos marcos por cajon, la hacen acreedora á que se pongan en ella costosas máquinas,—lo mismo que en la de San Simon que está contigua.

Mineral de San Antonio de Esquilache.

El cerro de San Antonio, distante doce leguas al S. O. de la ciudad de Puno, tiene una reputacion muy acreditada en este departamento, por las muchas riquezas que ha producido de tiempo inmemorial. Al pié de este cerro, ó, por mejor decir, en una cresta muy grande y bastante elevada, se halla el pueblecito de San Antonio, que en otros tiempos poseía miles de habitantes y las cajas del departamento;

no hallándose habitado hoy sino por pobres mineros en miserables ranchos, y no pasando su poblacion de doscientas almas. Este pueblo está situado en una especie de quebrada formada al lado derecho por el cerro de Victorias y los que le siguen, y al izquierdo por los de *Caballanis,* por donde pasa el camino que va á Chucuito. Sale de la cabecera de esta quebrada un rio que lleva el nombre del pueblo, y reuniéndose con el de *Huancarani,* forma la cabecera del rio de Tambo. La quebrada se dirige de N. á S. Las minas del creston fueron descubiertas por Duran, compañero de Salcedo, en el viaje que hizo á España, pues, segun dicen, el camino para la costa era por este lugar. Son las nombradas Farrallon, Creston, Concepcion, los Pobres, el Azufrado, Belen, San Miguel, San Antonio, Jesus María, Atocha y Victorias. Las vetas de Victorias y Azufral corren de N. á S. y las demas del S.O. al N.E. La veta de Victorias, que es la que se trabaja en el dia con mas formalidad, tiene dos socavones. El primero se empezó desde la plaza del pueblo y se dirigió á la veta del Azufrado; tiene una lumbrera que dista de esta boca como cien varas, y por esta se entra á la mina. El segundo empieza como á 50 ó 60 varas mas abajo del primero, cerca de la orilla del rio, y lo emprendió Orellana, dueño de Jesus Maria, con designio primeramente de ir á encontrar el creston nombrado *Sucha.* Hace 50 años, se cortaron en el socavon todas las vetas en basofia, y entonces el mismo Orellana y sus sucesores lo dirigieron á la veta de Victorias. Este socavon corre del E. al O. y cortó, seis meses há, la veta de Victorias que va de N. á S., lográndose por este medio desaguar la mina y sacar mucho metal. La roca del socavon es un cuarzo esquitoso verdoso; la de la veta, cuarzo gris, tiene en el dia desde media vara hasta vara y media de ancho, y se inclina al E. como 60 grados. La caja de este lado es distinta y está bastante separada de la veta: los metales son, como llaman aquí, de *corpa,* ó plomo sulfurado muy compacto, con plomo en láminas brillantes, y blenda amarilla, tambien brillante y en láminas : ademas se observa la polvorilla y la plata nativa en hojas muy delgadas. En algunas partes la veta es muy ancha, aunque no muy rica, como en *Sepúlveda;* reduciéndose, en otras, á basofia, es decir componiéndose de ganga descompuesta y muy poco metal. Es la única veta que se trabaja en este cerro, y la que tiene mas profundidad, pues desde la boca de la lumbrera principal, que está en la cúspide del cerro, hasta los últimos planes hay como mil doscientos piés; trabajan en ella sesenta barreteros, ganando cuatro reales diarios por cabeza, y sacándose semanalmente, por cada seis hombres, seis y medio cajones de metal de á 50 quintales. Consúmese en pólvora media arroba en dia y noche, poniendo á cuatro onzas por tiro. Para el alumbrado dan á cada minero cuatro onzas de sebo. Se regula que por cada cajon de *corpa*, puesto en la cancha, gastan los dueños de ochenta á noventa pesos, y por el de broza, veinticinco. Inviértense en esta mina de seiscientos á setecientos pesos por semana; pero la saca de metales es de mas de seis á ocho cajones. Sus minerales beneficiados, en el trapiche de Santa Rosa, que dista cinco leguas de la mina, dan de sesenta á setenta marcos, y segun mis ensayos, hasta ochenta.

La mina de Victorias se trabaja ahora por una compañia compuesta de los señores don Pedro José Valdivia, don Manuel Pino, don Domingo Infantas, don Atanasio Hernandez y otros. Estos individuos sufren los gastos, y parten de utilidades con los hijos del finado don Manuel de los Rios. Esta mina reconoce ocho acciones, las que han sido arrendadas á la compañía mencionada, importando cada una cuatro mil y quinientos pesos de arriendo, que se deben pagar cada seis meses.

Al otro lado de este cerro, hay otras minas trabajadas en la misma veta; pero en el dia todo se reduce á trabajar los pallacos que dejaron los antiguos. Al fin del cerro, en el sitio llamado *Mesa de plata,* hay un sinnúmero de bocas-minas abandonadas.

El famoso sitio del Juncal, distante dos leguas de San Antonio, perteneciente á la casa de Recabarren, tiene minas muy buenas, que fueron trabajadas por los Portugueses ; mas hoy no se benefician sino los escombros que se dice son criaderos, por razon de que los metales que no producian plata, ahora años, la dan en el dia. Los intereses del Juncal que se trabajan en el dia son Mercedes alta, Cármen baja, la Coronilla, San Blas y otros muchos que están abandonados.

Resulta de todo lo espuesto 1° que el departamento de Puno encierra en su seno minas y minerales sumamente ricos, que por la falta de brazos y capitales no se trabajan, con perjuicio de la hacienda nacional; y 2° que las pocas minas que se hallan en esplotacion son tan poderosas que sufriendo los grandes desperdicios que se observan, aun así dejan buena ganancia á los que se ocupan en beneficiarlas. Nunca me cansaré de repetir, aunque se me llame importuno, que el gobierno debe proteger con el mayor conato á los mineros, proporcionándoles azogues y un banco de habilitacion, pues de lo contrario estarán estos bajo el yugo de la miseria y jamas podrán trabajar los ricos metales que la naturaleza nos ha prodigado. Si se comparan los productos de las minas trabajadas en tiempos pasados con lo que producen las que hoy se esplotan, no deja uno de asombrarse viendo la decadencia tan rápida que ha sufrido esta tan útil como rica industria. El año de 1799 se fundieron 199 barras y en el de 26, en la misma caja, no se ha pasado de 70 barras fundidas. Puedo asegurar que el departamento de Puno no produce al año, en la época presente, 18,000 marcos, cuando podria dar el cuádruplo, cual lo comprueba el certificado de los Administradores del Tesoro Público, que ponemos á continuacion.

ESTADO DE LAS MINAS

TRABAJADAS EN EL DEPARTAMENTO DE PUNO

EN 1818 Y 1826.

Años.	Minerales.	N°. de minas en corriente.	Operarios.	Productos en marcos.	Consumo de azogue en libras.
1818	Pomasi	2	98	25,250	25.610
.	Paratía	2	28	5,000	5,000
	Lagunillas	6	29		
	Angostura	2	42		
	Quillogillo	1	4	281 7	480
	Chupica	3	63		
	Amalía	1	3		
	Chuallani	1	24		
	San Antonio de Esquilache	9	162	6,249 1	6,002
.	Carachanca	2	59	569	704
	Chinque	2	19		
	Pompea	1	23	1,088 6	1,039
	Cacharani	3	66	2,470 1	3,444
1826	Puno	19	932	10,000	9,000
	Guacullani	4	60	1.000	1.000
	Lampa	10	255	12,000	10,000
		68	1,890	63,896 7	62,279

SELLO DE LA REPUBLICA, 1825 y 1826.—Los administradores del tesoro público de este departamento, administrador contador D. José Victoriano de la Riva y tesorero D. Mariano Luna.

Certificamos, en cuanto podemos y ha lugar en dro., á los SS. que la presente vieren, que habiéndose registrado el archivo de esta administracion, no se hallaron mas que cuarenta y dos libros de los antiguos, y entre ellos diez y siete correspondientes al ramo de quintos que pagaban los mineros de estas riberas, unos rotos, y otros truncos, no pudiéndose encontrar sino tres libros corrientes que comprenden la cuenta de un año solo, como se demostrará por sus fhas. y número de barras. La causa fué une invasion hecha á la ciudad de Chucuito en los dias 2 y 3 de abril de 1781 por los indígenas comandados por Tupa Amaro y Ninacatari, con cuyo motivo quemaron los unos, y botaron los otros á la Laguna, de la multitud de libros que contenia el archivo de aquellos tpos., y donde constaban con precision las ingentes sumas que en razon de dros. de quintos ingresaron en este tesoro, por tiempo del grande y poderoso minero Salcedo, en que se trabajaban los ricos y opulentos cerros de Laycacota, Cancharani y S. Antonio de Esquilache. Así es que estractamos solamente dichos tres libros con espresion de sus fojas, número de barras, y cantidad de los años de quintos adeudados por estas, para que el interesado, teniendo por principio cierto haberse estraido en un año de las entrañas de estos cerros — mas abundantes de metales de oro y plata que otros — 1256 Barras con 163.569 marcos 3 onz^a. y producido por dros. de quintos 179.990 ps. 6 1/2 r^a., pueda formar un cálculo aproximado por el tpo. que convenirle pueda con respecto á los años mas prósperos, que segun la notoriedad se sabe rendian mayores sumas, como hasta tres millones. Esta espresion no es aventurada ni exagerativa, pues yo el administrador contador D. José Victoriano de la Riva, que tengo de servicio en estas cajas cincuenta y cuatro años, tengo ciencia cierta de haber visto, en los citados libros de quintos, que se quemaron en dho. año de 1781 constancias demostrativas de haber en un año ganado, los dros. de quintos y 1 1/2 por 100 de fundicion de barras, la cantidad de mas de un millon y medio de pesos, en tiempo de las grandes boyas de Salcedo; y en una sola fundicion que hizo una señora rindió al Estado mas de cincuenta mil pesos. Formamos pues la demostracion que ahora nos presenta el reconocimiento de libros arriba insinuados.

A SABER.

	Barras.	Marcos.	Dros. de quintos.
Por el primer Libro del año de 1662, se reconocieron, que desde f°. 31ᵃ en que empezó á correr y fba. 3 de enero de 1663 hasta f°. 51, fha. 10 de junio del mismo, constan por cuarenta y una partidas 443 barras numeradas desde el 1 hasta 444. . .	443	57.403 2	63.200
Por el segundo, del año citado de 1663, segun registro desde 19 de junio y f°. 2 en que empezó á correr hasta 14 de noviembre de dho. año, 65 partidas que contienen 578 barras numeradas desde el 445 hasta 1.022.	578	75.781 7	84.815 1
Por el tercero del indicado año de 1663, en parte de 1664 que subsigue, se encuentran 20 partidas desde f°. 2, fha. 6 de noviembre del mismo año de 1663, en que empezó á correr, hasta f°. 11, fha. 28 de diciembre del referido año de 1663, y en ellas se contienen 235 barras numeradas des de 1.023 hasta 1257	235	30.384 2	31.975 5 1/2
	1,256	163.569 3	179.990 6 1/2

Y para que así conste, como el de no haberse podido encontrar libro de espendio de Azogues, donde convenga y surtan los efectos que haya lugar, damos la presente en obsequio de la verdad, y en cumplimiento de lo mandado por el señor general prefecto de este departamento, por su decreto marginal de 29 de abril próximo pasado, firmándola en esta contaduría pral. del tesoro público de Puno, á los ocho dias del mes de mayo de mil ochocientos veinte y seis años. — José Victoriano de la Riva — Mariano Luna.

Así consta en el libro respectivo de esta oficina, de que certificamos. Administracion del tesoro público de Puno, noviembre 17 de 1826.

Jose Victoriano de la Riva.   M°. Luna.

Razon que manifiesta el número de marcos fundidos en esta caja nacional, en 50 años; mandada formar, de órden del señor Prefecto, en 10 de noviembre de 1826.

Años.	Marcos que ha producido el siguiente ramo.	Derechos de cobos y diezmos.		Azogue de Huancavelica.	Azogue de Europa	Real en marco de minería
	Mrcs. Onzs.	Ps.	Rs.	Idem	Idem	. Idem
1775	44,753 0	44,030 1¹/₂		44,812 0		
1776	37,267 2	36,643 5⁵/₄		53,428 4¹/₂		
1777	41,456 6	40.761 4¹/₂		80.491 4		
1778	43,430 3	42,697 0¹/₂		107.233 4		
1779	48,847 3	48.030 0		193.166 5¹/₂		
1780	53,728 3	52.794 3		39.097 4¹/₂	53.883 4¹/₂	
1781	10,466 7	10.302 1¹/₂		5,708 2¹/₂	45,988 4	
1782						
1783	30,292 5	29,776 2		133.626 6	19.807 1	
1784	28,323 6	27.870 0		44,885 7	8,525 6	
1785	21,301 6	20.465 7		122 4	122 4	
1786	52,006 0	51,700 2		68.035 2	25.362 2	
1787	42,775 3	42.934 7		58.530 2	96.362 2	
1788	37,354 4	37,741 6		6,630 0	102.707 1¹/₂	
1789	42,472 7	41.800 3¹/₂		42.733 3¹/₂	259.772 1	
1790	37.309 3	36.717 7¹/₂		33.698 0	307.674 7	
1791	38.364 2	37,769 0¹/₂		20.409 3¹/₂	282.007 6¹/₂	
1792	43,875 0	43,169 0¹/₂		17.411 6¹/₂	244.630 0¹/₂	
1793	40,732 2	40,056 2¹/₂		7,502 1	206.708 0¹/₂	
1794	41,822 6	41.097 5		3,320 2¹/₂	170.743 4¹/₄	
1795	39,560 2	38.837 4		1.701 0	135.112 7¹/₂	
1796	43,310 4	42.502 2		1.701 0	102.812 5¹/₂	
1797	45,997 5	45,227 5		1,701 0	67.737 5¹/₂	
1798	51,796 3	50,913 4		1,701 0	32,737 2¹/₂	
1799	53,098 6	53,402 1		25,325 4¹/₄		4,248 7¹/₄
1800	40,706 2	40,103 2¹/₂		21,350 5		5,087 1⁵/₄
1801	42,331 0	41.642 4¹/₂		50,222 5¹/₂		5.290 4¹/₄
1802	33,712 2	33.096 1		19.001 4		4,201 4¹/₂
1803	38.186 0	37,540 5¹/₂		8,460 7¹/₂		4.773 2¹/₂
1804	41,907 4	41.258 1⁵/₄		21.120 0¹/₂		5 438 6
1805	52.338 4	51.535 6¹/₂		41.848 5⁵/₄		6.543 6¹/₄
1806	34,577 3	34,031 4¹/₂		26,873 0		4,325 5¹/₂
1807	46.189 1	45.439 3		53.810 4		5,760 6⁵/₄
1808	43,983 4	43.279 3¹/₄		42,158 2¹/₂		5.198 4
1809	38,744 3	38,146 1		2,336 6¹/₄	25.024 5¹/₄	4,843 5
1810	43,975 7	42.310 4¹/₂		11,835 6¹/₂	14,936 2¹/₄	5,372 5¹/₄
1811	38,582 7	37,987 2⁵/₄			24,987 1⁵/₄	4.823 2⁵/₄
1812	38,171 4	37 582 6¹/₂		8,081 7	16.421 6	4.772 0¹/₂
1813	46,673 3	45,949 4		19,670 6¹/₂	2,025 0	5,834 6
1814	25,875 4	25.454 6⁵/₄			13,682 3¹/₂	5,234 6¹/₂
1815	17,028 4	16,765 0¹/₂			3,659 5	2,128 6¹/₄
1816	39,279 3	38,495 2¹/₂			9,554 7	4.903 0
1817	38,305 0	37,438 5¹/₄			4,771 5¹/₂	4.776 1
1818	26,802 1	26,463 4⁵/₄				3.361 5⁵/₄
1819	25,172 7	24,772 6¹/₄				3.147 0
1820	24.898 5	24.514 1¹/₂				3,112 5⁵/₄
1821	16,067 5	16,402 1¹/₂				2,083 5⁵/₄
1822	14.689 1	14.462 4⁵/₄				1.836 0¹/₂
1823	14,960 7	14.730 0¹/₂				1,870 1¹/₄
1824	11.629 7	11.448 2				1.453 7¹/₂
	1,705,632 0	1,738,085 5		1,308,750 6	2,257,770 4	108,722 4⁵/₄

ALTURAS BAROMÉTRICAS

DE

VARIOS LUGARES DEL PERÚ (1).

LUGARES.	METROS.	TERRENOS.
Lima	154	De Acarreo.
Cerro de San Cristóval. . . .	415	Sienita y granito.
Hacienda de Caballero	402	Pórfido cuarzoso y arenisca.
Yanga (pueblo)	967	Grunstein.
Santa Rosa de Quibe	1,152	Granito en granos grandes.
Yaso (pueblo).	1,585	Id.
Obrajillo	2,764	Pórfido rojo y granito.
Culluay	5,686	Granito, en grano fino, y pórfido.
Alto de la Viuda.	4,655	Calcáreo con conchas.
Casa Cancha	4,406	Arenisca horizontal con óxido de hierro.
Alto de Lacchagual.	4,762	Id. con capas de carbon.
Huallay	4,328	Arenisca en la parte superior y traquito blanco en las cimas.
Cerro de Pasco	4,352	Conglómera, arenisca y calcáreo.
Mina de Santa Catalina. . . .	4,397	Conglómera.
Laguna de Quilacocha	4,268	Id.
Huariaca (pueblo)	3,046	Yeso y pórfido en mantos.
San Rafael.	2,697	Esquito verdoso.
Ambo	2.063	Esquito azul en capas.
Huánuco (ciudad)	1,945	Esquito primitivo verdoso, y granito.
Chavinillo (castillo de los antiguos incas).	5,482	Esquito y calcáreo.
Quibilla (sobre el rio Marañon) .	2,970	Micaesquito.
Chuquibamba (lavaderos de oro).	2,725	Id.
Miraflores (pueblo)	5,682	Arenisca en capas horizontales.

(1) Las alturas que publicamos aqui las dimos, en parte, en el *Memorial de Ciencias*, en 1827, y en el *Mercurio Peruano*, diario que parecia en Lima en el año de 1833. Esperamos las apreciará el viajero que desee conocer al Perú. Hémoslas calculado completándolas con las tomadas sea de los Sres. Pentland, Haenke y Curson, sea de nuestros apuntes de viajes.

LUGARES.	METROS.	TERRENOS.
Llata	3,428	Id.
Pachas.	3,435	Arenisca y calcáreo.
Aguamiro.	3,278	Micaesquito.
Huánuco viejo (antiguo palacio de los incas)	3,644	Tierras de acarreo y calcáreo en capas horizontales.
Huallanca (mineral rico) . . .	3,544	Arenisca y carbon de piedra.
Mina de Cinabrio de Chonta . .	4,478	Conglómera y arenisca.
Queropalca (pueblo mineral) . .	3,894	Arenisca y calcáreo.
Alto de Biconga (sobre una laguna grande y profunda) . .	4,831	Arenisca.
Bella Vista (hacienda de beneficio)	3,628	Arenisca y caliza.
Oyon (pueblo)	3,662	Id.
Alto de Oyon.	4,891	Id.
Chaclacayo (cerca de Lima) . .	659	Pórfido rojo y granito.
San Mateo (pueblo).	3,194	Pórfido rojo.
Portachuelo de Antarganga ó Tucto	4,855	Granito y pórfido parduzco.
Yauli	4,172	Calcáreo y arenisca.
Rio de la O roya.	3,745	Id.
Huaipacha (asiento mineral) . .	3,800	Id.
Tarma (ciudad)	3,086	Arenisca y esquito negro.
Pueblo de Reyes (sobre la laguna de Junin)	4,101	Calcáreo.
Arequipa (Pent.).	2,392	Traquito blanco.
Yanaguara.	2,435	Id.
Caima	2,463	Id.
Paucarpata	2,487	Conglómera.
Sabandía	2,460	Terreno primitivo.
Characato.	2,530	Conglómera y granito.
Volcan de Arequipa (Pent.) . .	5,600	Terreno traquítico con granito en la base.
Alto de los Huesos (Id.). . . .	4,145	Arena volcánica.
Vincocaya (llanura).	4,155	Caliza.
Apo.	4,376	Traquito y granito.
Pati.	4,463	Id.
Alto de Toledo	4,751	Basalto y arena.
La Compuerta.	4,266	Arenisca.
Maravillas.	4,083	Id.
Lampa.	3,901	Terreno de acarreo.
Puno	3,922	Calcáreo y arenisca.
Cuzco	3,468	Terreno de acarreo y calcáreo.
Huancavelica (Ulloa).	3,798	Arenisca y pórfido.
Mina de azogue (id.)	4,565	Id.

Los pasos mas elevados de la Cordillera del Perú que he medido hasta ahora en los departamentos de Lima y Junin son el *Alto de la Viuda* (camino de Pasco), el *Portachuelo de Antamarga* ó *Tucto* (camino de Yauli), el *Alto de Biconga* (camino de Oyon), el *Alto de Oyon* (camino de Pasco) y la *Mina de Cinabrio* de Chonta.

Estos lugares están mucho mas allá de los límites en que comienza la nieve perpetua, pues segun el señor Humboldt se observa esta á 4,800 metros en el Ecuador, y segun Bouger á 4,100 en los Trópicos. Sin embargo, nótase con frecuencia que los viajeros no encuentran dificultad mayor para pasar por ellos, á pesar de las nieves, las cuales, si bien cubren los cerros inmediatos, no dejan de ser menores en estos, tal vez por los vientos contrarios que reinan y las angostas quebradas que comienzan, ó concluyen allí.

En los altos de Biconga y Oyon, que son esplayados, sucede lo contrario, pudiendo decirse que antes de llegar á su cima pasa uno sobre muchos cientos de metros de nieve. Ademas, en ellos se respira con dificultad, y desde las tres de la tarde empieza la atmósfera á cargarse de tanta electricidad que sobrevienen á veces tempestades borrascosas en que se electriza el viajero hasta el punto de erizársele los cabellos; — fenómeno llamado vulgarmente *avispa,* y contra el cual se precave el ginete formando un pararayo con la punta de la rienda.

La mina de Cinabrio se asegura la trabajaron los incas con el fin de estraer el bermellon que servia para pintar.

Es digna de llamar la atencion la corta diferencia que hay entre la altura de la mina de azogue de Huancavelica y la de Chonta, así como la identidad de terrenos,—lo que prueba ser una misma la capa de cinabrio.

CARTA A DON ALEJANDRO BRONGNIART,

SOBRE LA GEOLOGIA DE CHILE.

SR. D. ALEJANDRO BRONGNIART.

Mi respetable maestro y amigo

El año de 30 remití á V. algunas rocas de los alrededores de la ciudad de Santiago de Chile, y por su lisonjera
contestacion, llegada á mis manos, hace tiempo, me persuado que aunque se le roben algunos momentos, no dejará
V. de leer la descripcion que me propongo hacerle sobre
la posicion que ocupan dichas rocas, las que llaman la
atencion de cuantos geólogos visitan esos lugares. — Le
daré tambien á V. una sucinta idea sobre la constitucion
geológica del puerto de Valparaiso, y sus inmediaciones,
per ser en el dia uno de los puntos de mayor importancia
en el Mar Pacífico, tanto por su vasto comercio cuanto
porque es el depósito de los metales que se esportan para
Europa.

Emprendo este ligero trabajo, no con poca desconfianza
por la razon de que en las dos visitas que he hecho á este
pais, las circunstancias y el tiempo no me han permitido
dedicarme esclusivamente á semejantes investigaciones;
pero viendo que basta el dia ninguno de los viajeros
naturalistas nos han dado la menor razon de estos terrenos, no quiero dejar correr el tiempo sin comunicar á
V. mis observaciones, las que quizas estimularán á con-
traerse á un trabajo mas perfecto, que será útil y necesario á los individuos que se ocupan actualmente en buscar
minas, y precaverá de algun modo á los incautos que

alucinados por hombres que la echan de mineros, creen que en todos los terrenos y á cierta profundidad se encuentran metales de plata y cobre; proviniendo tal error de tomarse la *mica* y la *pirita de hierro* pura por minerales preciosos. Esto ha sucedido recientemente en las inmediaciones de este puerto y en el cerro de La Campana de Quillota. — En las escavaciones que se practicaron, se gastó en balde algun dinero, ya que hubo que dejarlas despues, como era de pensar por no encerrarse en las supuestas vetas indicios de plata. — La falta absoluta de conocimientos mineralógicos y geológicos es la causa primordial de las muchos desaciertos y pérdidas de capitales que se han originado con la esplotacion de minas. — Hace pocos años, se botaban escorias ricas, el cobre sulfurado, el gris, bronce y el pecho paloma; y solo el óxido rojo y el carbonato éran los que se fundian. — Piritas auriferas, y plomos sulfurados argentíferos no se benefician, porque no se tienen hornos aparentes ni conocimiento de las operaciones. — En las minas se observa que los directores y mineros viejos no pueden todavía distinguir con exactitud una *veta* de un *manto ó capa,* pues algunas veces tomando esta última la configuracion de las vecinas ó haciendo un *zig-zag,* se pone ya perpendicular, ya medio inclinada, en cuyos casos dicen que es una veta ó que ha cambiado el manto en veta, ó vice versa. En otras ocasiones sucede que la veta está orillada por una vetilla de diferente roca, y anda separándose de la direccion general, por haber sufrido un trastorno los terrenos contiguos. Como esto ocurre con frecuencia, no saben tales mineros donde buscar la veta, y en esta incertidumbre ó la abandonan ó dicen que se brocó.

En ninguna época mejor que en la presente me parece serian tan útiles los establecimientos mineralógicos en las Repúblicas Sur-Americanas, notándose ahora en todas ellas un movimiento general para las empresas mineras; buscándose, por todas partes, minas de *oro, plata ó cobre,* habiéndose descubierto infinitas y trabajándose algunas con buen suceso. — En esta República se funden los minerales de cobre que contienen, cuando menos, del doce al quince por ciento, en lugares donde hay proporcion de combustible y brazos, y se venden á los especuladores quienes los remiten á Inglaterra, con ganancia de veinte por ciento. El año de 34 han producido estas minas, — segun la memoria del Ministro de Hacienda, — en cobre semipuro en barra 77,265 quint⁰., de valor pesos 1,081,710 2 1/4 r⁰.; en mineral esportado 36,850 quint⁰. 24 libras, valor p⁰. 66,791; en plata piña (1) 164,935 marcos 1 onza, valor de 1,484,416 p⁰. 1r¹; en oro 3,852. mcs. 1 oza., valor pesos 525,231 con 6 r⁰.

Esta industria irá en progreso siempre que se perfeccionen los métodos descubiertos, poniéndose en práctica los conocimientos tan necesarios á la esplotacion subterránea, y obligándose á los mineros á observar los articulos de ordenanza acerca del laboreo. De lo contrario, se verá muy pronto que los mejores trabajos y las vetas ó mantos mas poderosos, que prometen saca por muchos años, se derrumban ó se opilan, por la impericia y codicia de los mineros.

Un Gobierno que mire por la prosperidad de esta industria y quiera contar con entradas efectivas y seguras, no debe abandonarla al arbitrio de personas que solo desean sacar cuanto pueden, sin atender á la vida de los operarios, ni á la ruina de propiedades que ha de evitar el Estado y cuya pérdida ó deterioro refluye en perjuicio de muchos pueblos.

He creido necesario, antes de entrar en el asunto que motiva esta carta, darle á V. una idea, aunque sucinta, del estado en que se encuentra en estos paises la ciencia del minero, y hacerle notar, al mismo tiempo, que los

(1) El mineral que da mas marcos en el dia es el de Chañarcillo en la provincia de Copiapó, descubierto en 18 de mayo de 1832. — Su metal es un cloruro de plata.

escritores sobre la escasa ley de nuestros metales y el
poco poder de las vetas, ó se han equivocado ó proceden
de mala fe cuando aseguran no podian prosperar las
compañías mineras formadas en Europa : lo que ha influido
mas en su ruina fueron los superfluos gastos que se
hicieron, desde el principio, y los pocos ó ningunos conocimientos que poseyeron las encargados de comprar ó
escoger las minas que tuvieron á su disposicion. Mucho
diría á V. sobre el particular, pero no siendo este mi fin,
paso al objeto principal.

La planicie de Santiago ó Llano de Maypo, cuya direccion es de Norte á Sur, se halla á la altura sobre el
nivel del mar, segun mis observaciones barométricas, de
unos 1,952 piés castellanos; pero por varios viajeros, y
últimamente por el *Repertorio Chileno* que ha publicado
una serie de observaciones, que se han hecho con el
barómetro de Gay-Lussac y que he calculado (1), se han
obtenido los diferentes resultados siguientes :

	Piés Castellanos.
Los oficiales de la espedicion de Malespina	2,463 00
D. Felipe Bausá en 1794.	2,864 00
Miers en 1819	1,849 72
Rivero y Piérola en 1830.	1,951 50
D. Felipe Castillo Albo en 1835.	1,709 47
Por las observaciones del Repertorio Chileno en 1835. .	2,129 66

Observará V. que la diferencia entre las dos primeras
medidas y las cuatro últimas es grande; y solo se puede
atribuir á lo imperfecto de las instrumentos de esa época.
Mas, en atencion á que las observaciones de Miers, las de
Albo, las mias y las del *Repertorio Chileno* se han prac-
ticado con buenos barómetros, y en vista de que ellas
forman el mayor número, se encontrará que la diferencia
es mucho menor; y así tomando el término medio de las
cuatro, que será lo mas seguro, podemos asignarle á la

(1) Tomando la altura que da Humboldt al barómetro en el Mar Pacífico.

ciudad de Santiago la altura de piés castellanos 1,910 sobre el nivel del mar.

El llano de Maypo tiene una estension considerable hácia el sur, pudiendo decirse que haciendo abstraccion de las colinas que se prolongan al oeste cerca de Raucagua, va hasta mas allá de Chillan. — Por el norte, como á 8 leguas de la capital, se encuentra séparado por una serie de cerros encadenados, que vienen tanto del oeste como del este y éntre los cuales asoma la cuesta de Chacabuco, célebre en la Historia de esta República por haber conseguido allí el ejército argentino el primer triunfo sobre las tropas españolas. — Estos cerros separan el valle de Cólina del fertilisimo y bien cultivado valle de Aconcagua.

Al este descuella la majestuosa cordillera cuya cima desigual y escabrosa está, casi todo el año, cubierta de nieve. — Despunta hácia el norte el cerro de Pirarugua ó volcan de Aconcagua que segun el capitan Fiztroy, de la *Beagle,* tiene una elevacion de 23,000 piés ingleses y es, por supuesto, mucho mas alto que el *Chimborazo.*

Al oeste lo limita la cadena de cerros graníticos y porfíricos de San Francisco del Monte, Pudaguel y Bustamante, en los que se encuentran vetas de piritas auriferas, de oxídulo de hierro, de carbonato de cobre y de un calcáreo azul que se calcina para la construcion de los edificios de Santiago. — Esta cadena se reune á la de Quillota (1) y á la de Aconcagua, y siguiendo la direcion Norte Sur, llega á confundirse con uno de los ramos de la Cordillera central, al sur de Coquimbo.

El ancho de esta planicie es de 8 á 9 leguas, contadas desde Apoquindo hasta el pié de la cuesta de Bustamante. — Los dos rios que corren por esta llanura y fertilizan sus campos son el Mapocho que divide la ciudad y el Maypo,

(1) El cerro llamado la Campana está sobre el nivel del mar, segun la medida geodésica del Capitan Fiztroy, á 6,200 piés ingleses; pero Mr Eeck que subió el año 51 con un barómetro, obtuvo por resultado una altura de 4,716 piés ingleses. Por mi cálculo, con los mismos datos obtengo 4,755 piés ingleses.

distante 6 leguas al Sur, los cuales reuniéndose mas abajo de San Francisco del Monte, desembocan cerca del Puerto de San Antonio.

Los cerros contiguos á Santiago y que forman por decirlo así las segundas gradas de la cordillera central son el aislado cerrito de *Santa Lucía*, desde cuyo pié comienza la poblacion; — *San Cristóval* al N. N. E. y *Santo Domingo* al N., situados ambos al otro lado del rio. — El primero tendrá sobre la plaza de la ciudad como 200 piés; componiéndose, en la parte superior, de un *basalto prismático* de 6 y 8 lados y de grandes trozos de forma irregular que se hallan como desprendidos sobre los costados del cerro. — Los prismas reunidos por grupos están pegados por una ó muchas de sus facetas, de tal modo que presentan la perspectiva de una escalera casi regular, con direccion del E. al O.

Esta roca es de un color gris; se raya fácilmente; es compacta y tenaz, y fundida al soplete da un esmalte gris. Descúbrensele pequeños cristales de piróxeno. Se descompone y entonces toma la forma esferoidal, separándose sucesivamente en capas delgadas que se convierten en una harina áspera de un color verdoso, debido seguramente al *piróxeno* que se presenta mas visible. Reposa sobre el *fonólito* compacto, de color verde oscuro, como se puede ver al pié del cerro, en el lado del O., punto donde se encuentran, ya en vetillas, ya en ciertas cavidades, la mesotipa y la estilbita cristalizadas y descompuestas. En la parte superior del collado se halla une roca blancoverdosa, muy semejante á la *diabasa* y que á mi entender es una *dolerita amigdalóida*.

Al N. N. E. subiendo por lo que se denomina el Alto del Puerto, se notará en el mismo camino la misma dolerita descompuesta y el basalto esferoidal verdoso.

En San Cristóval, elevado, segun mis medidas, de 321 varas sobre el llano, se encuentra, en la parte inferior, el basalto descompuesto, tomando el aspecto del trap, y en

ciertos sitios se observa estar mezclado con la mesotipa.—
Hácia el S. y á orillas de una acequia, aparece un *gres* rojo
(piedra arenisca), pero siguiendo el camino se nota por
todas partes el basalto. Si pasamos al E., veremos canteras
del argilofir ó pórfido ceniciento y rojo, de un grano
bastante grueso, el que sirve para enlosar y edificar en la
ciudad de Santiago. — En su cima se repiten los grupos
de basalto de Santa Lucía, los que reposan sobre el argilofir y una brecha porfírica. — Estas rocas se prolongan
al N. y forman capas casi horizontales con inclinacion al
E. —. Los cerros de Renca se componen de un esquito
cuarzoso de color parduzco en capas, con la misma inclinacion y direcion que los ya mencionados.

En el salto del agua y sus inmediaciones, se notan
tambien estos mismos mantos, pero, al bajar por el lado
del O., observé una roca de un blanco sucio acercán-
dose al verdoso; suave al tacto y tenaz para romperse.
Es semejante á una esteatita. Al acabar la cuesta encontré
el granito descompuesto bien caracterizado, sobre el cual
reposan esta roca y el argilofir.

El cerro de Santo Domingo está compuesto de melofir
muy semejante al traquito y de color blanco ceniciento;
es áspero al tacto y su pasta semiporosa y blanda contiene
fragmentos de cristales de feldespato descompuesto, mica
y anfibolo y no un carbonato de cal como dice Miers
en su obra. — Se notan tambien pedazos de un jaspe colorado oscuro y la mesotipa y estilbita radiadas, formando
costras de una y dos lineas de grueso. Por la facilidad
con que se labra y se saca de las canteras, se emplea
en la construccion de los edificios de Santiago. — No se
observan indicios de estratificacion en esta parte; mas soy
de opinion que esta roca solo difiere de las capas superiores
por su *contestura*, su color mas encendido y la ausencia
del feldespato.

La angosta quebrada de Colina, por la que corre el rio
del mismo nombre con direccion primeramente al N: y

despues al E., y á una altura considerable del Llano, dista 9 Leguas, al N., de Santiago, hácia el centro de la Cordillera. — El terreno de ambos lados de la quebrada es un esquito rojo porfirítico y una sienita descompuesta que pasa al pórfido. — Se encuentran en la primera formacion la estilbita, la mesotipa y un carbonato de cal semi-cristalizado. — Las aguas que brotan de esta roca indican poca variacion en su temperatura que es la siguiente.

Pozo del Rincon para beber.	. .	88° Term. de Fahr.
Baño 1°	.	88°
Idem 2°	.	88°
Idem 3°	.	87°
Idem de la izquierda.	. .	85°
Idem del medio.	. . .	82°
Idem de la derecha .	. .	84°
Aire á las diez de la mañana	.	64°

Estos baños tienen alguna celebridad para los que padecen del estómago. — Sus aguas no tienen sabor ni desprenden ningun gas; y dan por residuo un carbonato de cal y una sal que debe ser el carbonato de sosa. — El agua nombrada de *Grajales,* situada media cuadra mas abajo, es tibia, sin sabor ni olor : dicen causa náuseas; pero en mí no observé ningun síntoma de esto. De todos modos no seria estraño provocase á vómito, pues toda agua de temperatura baja, si se toma con esceso, engendra semejante efecto.

En Apoquindo, á pocas cuadras del convento, hay tambien unos ojos de agua salobre que manan de una brecha verdosa, — y contienen bastante carbonato de sosa. Embotellada este agua da, al cabo de algunos dias, un olor de hidrógeno sulfurado ó de huevos podridos. Su temperatura es muy baja.

Se me asegura que en lo que se llama la Desa, que comienza al pié de la cordillera, se encuentra el *carbon de piedra* en la arenisca (*gres rojo*). He visto pedacitos de esta sustancia en poder del descubridor.

La posicion que ocupan el basalto y el argilofir en medio de terrenos de orígen diferente del que se atribuye á estas rocas, es un fenómeno que no puede esplicarse, en mi modo de ver, por la teoría neptuniana, siendo su causa tanto mas difícil de indagar cuanto se encuentran aquellos en parajes aislados, lejos del centro de volcanes conocidos y sin el menor indicio de haber habido en sus cercanías erupciones volcánicas.

Si el fuego ha sido el agente principal que mantuvo primitivamente á nuestro planeta en estado de fusion, y el que, segun el cálculo de los sabios Fourier y Cordier, conserva su fluidez á 10 ó 12 leguas de profundidad y tiene á las 3 el fuego rojo, — lo que parece demostrado por la teoría matemática del calor y los varios fenómenos observados, — en ese caso, es mas probable atribuir al fuego mas bien que al agua la formacion del *basalto* en estos lugares : por otra parte, siendo esta roca mas fusible que el granito, el gneis y las rocas cuarzosas, necesitó menos grados de calor para mantenerse en fusion, si bien llegó una época (la que no es preciso calcular, pues como dice el célebre físico Fourier, *en el Universo el tiempo no se cuenta mas que el espacio*), en que disminuyó la temperatura, y se precipitó ó solidificó la materia basáltica, y el argilofir, quizas con mas rápidez por la corriente de la cordillera conducida á este punto por el canal ó chimenea natural' que forman los cerros de Sⁿ Cristóval, ó por otras causas como rocíos, etc., etc. Esta hipótesis podria tambien esplicar por qué á la parte del O. del cerro de Sª Lucía y de Sⁿ Cristóval, se encuentra el basalto en prismas pegados, indicando un enfriamiento mas lento que el que se nota en los trozos amorfes de la cumbre y del E., y observándose son menos compactos y mas susceptibles de descomponerse. ¿Será acaso por la razon de que sus partículas precipitándose confusamente, no tuvieron el tiempo suficiente para arreglarse entre sí y formar una masa mas sólida para poder cristalizarse y resistir como los prismas?

¿ No serán el *argilofir* y el *melofir* una variedad del granito, en que no llegó á fundirse el *cuarzo* quedándose en un estado arenoso y con el *feldespato* semi-cristalizado y mezclado?

¿ No será el basalto la misma sustancia con menos cantidad de sílice fundido por la potasa ó sosa? Note V. que el basalto prismático de Hessemberg contiene 2, 60 % de sosa, y que la mica, el feldespato y la mesotipa todas son fusibles y dan un álcali. — Se sabe ademas que la menor cantidad de sílice influye sobre la fusion de muchas sustancias en los hornos.

¿ Esplicará semejante hipótesis, con alguna probabilidad, la composicion, cristalizacion y posicion del basalto de Santa Lucía?. Espero que V. me ilustre sobre el particular y me dé su opinion.

La Bahía de Valparaiso, ó *Puerto Claro* de los conquistadores, cuya latitud y longitud son la 1ª de 33° 1′ 3″ y la 2ª de 71° 41′ 50″ segun el meridiano de Greenwich, está rodeada de cerros de una elevacion como de 1,000 á 1,400 piés ingleses y cuyas pendientes faldas se prolongan hasta el mar, á escepcion de la pequeña parte que ocupan las casas del Puerto y la playa del Almendral. — El primer sitio es tan estrecho que han tenido que cortar algunos cerros para edificar y hacer caminos, habiendo la industria hecho retroceder el mar en 12 á 14 varas.

La poblacion, diseminada en las quebradas y faldas de los cerros, presenta la vista de un anfiteatro pintoresco. — En la punta del N. N. E. está situado el castillo de Santa Antonio y á la del E. N. E. el del Baron; cruzándose sus fuegos.

Estas fortalezas se hallan sobre masas sólidas de un granito que, á primera vista, parece un *gneis* por lo abundante de la mica pardo oscura; pero como no presenta, en lo general, capas delgadas me abstengo de caracterizarlo por un verdadero *gneis*.

Este terreno constituye todos los alrededores de Valpa-

4

raiso y se estiende en la costa á muchas leguas del N. y S., como tambien al interior (cuestas de Topata y Bustamante). En la entrada del rio Maule, Lat. 35° 18', lo observé en la punta de Lobos y en lo que llaman las Ventanas.

Infinidad de vetas, casi paralelas, de un granito grafito, de feldespato color de carne y de un cuarzo amorfe cruzan este terreno, dirigiéndose en lo general de N. á S., con inclinacion al E. — El ancho es variable; muchas se descomponen perdiendo la mica y el feldespato, presentando entonces un *similis* de la arenisca : — esto puede verse junto al castillo de San Antonio, en el *Cerro Alegre*, en el de la *Cordillera,* en el patio del edificio de la Aduana y en otros muchos parajes de las quebradas.

. En el proyectado fuerte de la *Piedra sucia* (punta del *Traquiadero*) encontré, en vetillas muy delgadas, el anfibolo oscuro que pasa al negro, acompañado del *feldespato,* y en el alto del *Telégrafo de Señales,* elevado sobre el mar, segun mi observacion, á 1,435 piés castellanos, hallé el epidoto verde cristalizado en vetа embebida en el granito y á la superficie. — En Quebrada Verde, hácia el S. y á la parte del mar, noté en las escavaciones de que he hecho mencion al principio, una veta de cuarzo blanco semi-compacto con mica y talco, el que seguramente tomaron por el metal de plata. Tambien se ve en un ancho regular talco verdoso.

El terreno granítico se descompone con mucha facilidad; y la mica, tomando un color rojo de hierro oxidado, da á la superficie la apariencia de contener muchos minerales de hierro. — No deja de haber en estos terrenos *lavaderos de oro,* de los que se sacan, de tiempo en tiempo, cortas cantidades. En mi memoria sobre las minas del Oro del Chibato y rio Maule, que remitiré á V. muy pronto, verá V. el modo como estraen este precioso metal.

Con la mayor consideracion soy de V. S. A. S. S. —M. E. de Rivero.

Valparaiso, 1° de enero de 1835.

ANTIGÜEDADES PERUANAS.

ESTRACTO PUBLICADO EN 1841.

> La historia es el testigo de los tiempos,
> la luz de la verdad, la vista de la memoria,
> la mensajera de la antigüedad.

Cuando el infatigable Colon anunció al viejo mundo la existencia de otro en el que suponia gran emporio de riquezas capaces de saciar la codicia de los que quisieran pasar el Océano, y cuando los conquistadores españoles arribaron á las costas americanas, no fué poco su asombro al considerar que no eran tan solo tribus errantes y salvajes las que habitaban estas dilatadas regiones, sino que tambien se encontraban estados de numerosa poblacion, cuyos jefes poderosos y opulentos reunian bajo su dominio otros príncipes que, aunque de menor influencia, no por eso dejaban de gozar de los atributos de una verdadera soberanía.

A medida que aumentendo sus conocimientos y rodeados de inmensos y numerosos peligros, nacidos de la resistencia de los monarcas americanos, se avanzaban los europeos en el interior del continente, descubrian que tres grandes estados eran los mas influyentes en las dos Américas. En la Septentrional reinaban los Montezumas en la capital de Mezcuco; los Bochicas vivian pacíficos dominadores de las planicies de Bogotá en la Meridional, y en esta misma seccion seguia engrandeciéndose con increible prosperidad el solio de Manco Capac.

Estos tres estados poseian instituciones politicas y religiosas, que sus diferentes legisladores habian formado desde épocas anteriores, produciendo las costumbres nacionales y civilizacion que les eran peculiares. Mas en

4.

todos eran multiplicadas y cuantiosas las riquezas y haberes de los príncipes y nobles, en todos florecia en cierto modo la agricultura, en todos habia algunos conocimientos sobre las artes, en todos, aunque de diferentes modos, se conservaban monumentos que daban á conocer los fastos de aquellos imperios y la historia de sus preciosos tiempos. Las pinturas jeroglíficas mostraban la genealogía de los reyes mejicanos; y por los quipos, trasmitian los incas ancianos á sus hijos las historias de sus abuelos.

Gran parte de tan preciosos restos de la historia del hombre ya no existe. Los dominadores conservaban solo el oro y la plata, talaban las poblaciones y destruian los templos y los edificios públicos; lo que escapó de su vista y espada fué sepultado en el seno de la tierra, y en eterno olvido, por los mismos naturales que inspirados de veneracion por estos objetos, querian librarlos del genio devastador de sus opresores.

Cada dia se debe sentir mas la ignorancia y supersticion de los antiguos conquistadores del Nuevo Mundo, por habernos privado de los anales ó recuerdos de las naciones americanas, cuya falta nos pone en una completa perplejidad con respecto al orígen de estos pueblos, á su religion, á sus costumbres y á los grandes monumentos que encontramos por todas partes, y con particularidad en el Perú.

La historia de la primitiva poblacion del Anahuaca, dice Clavijero, es tan oscura y se halla envuelta en tanta fábula que no solo es difícil su solucion, sino aun totalmente imposible el poder llegar á descubrir la verdad. El erudito Feijóo en su Teatro Crítico se espresa así : « Despues de un largo estudio y un cuidadoso exámen de « muchas y estensas opiniones, no encuentro una que « tenga la apariencia de verdad y satisfaga á un juicio « prudente, y entre ellas hay algunas que ni aun poseen « el mérito de la probabilidad. »

Muchos autores, deseosos de encontrar el orígen de

las razas americanas, han emitido opiniones estravagantes y atacado quizás la impenetrable roca de la religion. Isaac Pereyre, Tomas Burnet y otros pretenden contra el mis mo sentido de la Escritura que toda la raza humana no desciende de Adan y Eva, y que la América fué poblada mucho antes del descubrimiento de la brújula.

Entre las fábulas citadas acerca de la poblacion Septentrional del Nuevo Continente, debemos notar con particularidad la de Votan, de que se ocupa D. Francisco Nuñez de la Vega, obispo de Chiapa. De ella dice « que « Votan condujo siete familias de Valun á aquel continente, « que les repartió tierras, que teniendo intencion de « hacer el viaje al cielo fué y volvió á Valun, que despues « pasó á España, á Roma, etc. etc. » De esta fábula se han encontrado figuras jeroglíficas en las ruinas de Palenque.

D. Antonio del Rio, capitan de artillería, mandado en 1786 por el rey de España Cárlos 3.º á examinar dichas ruinas, situadas en la provincia de Chiapa, en donde se encuentran magníficos edificios, templos, estatuas, acueductos y curiosos jeroglíficos, nos ha dado muchos de estos dibujos que han escapado á las ruinas del tiempo. Entre las figuras, hay dos que representan á Votan en ambos continentes; en la primera, el héroe tiene une figura simbólica enroscada en el brazo derecho, y que Rio interpreta como un significativo de sus viajes al Antiguo Continente. El cuadro en que se halla pintado el pájaro al centro, indica desde donde Valun Votan comenzó sus viajes y es una isla cuya significacion es de convenio entre los anticuarios. El pájaro es el símbolo de la navegacion, pues solo así podian emprenderse aquellos viajes.

En cuanto á la segunda figura, nos muestra á Votan de regreso á América, pues el pájaro con el pico vuelto hácia él lo denota. La deidad, que en el primer cuadro se hallaba arrodillada á sus piés, está sentada sobre un macizo cubierto de jeroglíficos; Votan le presenta con la mano derecha un cuchillo de piedra ytzly (cuartzo negro). De su mano izquierda cuelgan dos bandas, en las que están pintados tres corazones, que indican ser Votan la persona que lleva la banda, pues esta palabra significa en Tzendal corazon. Así dice Vega que este héroe es venerado como el corazon de los pueblos. (*Descripcion de las Ruinas del Palenque*).

Si esta fábula tuviese alguna probabilidad, podria conjeturarse que los antiguos peruanos eran descendientes de esta familia; pero ningun hecho ni tradicion histórica liga á estas poblaciones meridionales con las que vivian al norte del istmo de Panamá, no obstante que en sus relaciones politicas y religiosas hay semejanza entre los Astecas, Muscas y Peruanos. — Cada una de ellas cuenta con hombres misteriosos como Quetzalcoatl, Bochica y Manco Capac, aparecidos de diferentes partes, dando leyes y reuniendo las diferentes tribus que se hallaban esparcidas en tan vasto continente. Manco Capac sale de Tiahuanacu, que está en la laguna de Chucuito, con su esposa y hermana Mama-Ocllo-Huanco, y dirigiéndose ambos hácia el Norte, plantifican la ciudad del Cuzco que en la lengua de los indios quiere decir ombligo, y atrayendo unas tribus y conquistando otras, dan nacimiento al imperio de los Incas, de cuya grandeza, leyes y beneficios disfrutaron, por muchos años, los habitantes pacíficos de los Andes.

Algunos sabios y viajeros quieren persuadir que estos legisladores vinieron de fuera y que eran hombres semejantes á los Europeos, ó á los descendientes de los Escandinavos que en el siglo once visitaron las costas de Groenlandia y Terra Nova. El sabio Baron de Humboldt en su obra titulada *Monumentos de América* dice : « que « por poco que se reflexione sobre la época de las primeras « emigraciones Toltescas, sobre las instituciones mo- « násticas, los ritos del culto, el calendario, la forma de

« los monumentos de Cholula, Sogamozo, y Cuzco se
« infiere que no fué del Norte de la Europa de donde
« Quetzalcoatl, Bochica y Manco Capac sacaron el código
« de sus leyes; que todo parece conducirnos mas bien
« hácia el Asia, y á los pueblos que han tenido con-
« tacto con los Tibetanos, los Tártaros, los Shamnistas y
« los Ainos barbudos de las Islas de Fesso y Sachalin. »
D. Juan Ranking en sus investigaciones históricas sobre
las conquistas del Perú, Méjico, Bogotá, Natchez y Ta-
lomeco por los Mogoles; acompañados de Elefantes, en el
siglo trece, se espresa así : « Timougin, hijo de Pisouca,
« Jefe de una tribu de los Mogoles residentes á las orillas
« del lago Aaikal en Siberia, fué proclamado gran Khan
« con el título de Genghis, año de 1205. — Antes de la
« muerte de su nieto Kublai, el continente de Asia fué
« casi subyugado; la Europa se puso en consternacion; el
« Japon fué invadido, y por los efectos de un temporal,
« el Perú y Méjico fueron destinados para recibir á los
« generales y tropas que escaparon de esa poderosa espe-
« dicion.

« Cuando estos Mogoles llegaron á América, la en-
« contraron en un estado de completa ignorancia; pero
« repentinamente se fundaron dos Imperios con la pompa,
« ceremonias y grandeza de los soberanos asiáticos (1) :
« la arquitectura que compite con los admirables trabajos
« de los romanos; la elegancia en las obras de los pla-
« teros que sorprenden aun á la vista de las mas delica-
« das de los Europeos; el órden, justicia, subordinacion,
« leyes, instituciones civiles y militares, religion y cos-
« tumbres son tan idénticas á las de la familia de Genghis
« Khan que no puede dudarse por un momento su des-
« cendencia. Los Bogotanos, los Natchez y el pueblo
« de Talemeco sobre el Ohio, dan pruebas mas fuertes

(1) La opinion del autor es que Manco Capac, primer Inca del Perú, fué hijo
del Gran Khan Kublai, y que el abuelo de Montezuma fué un noble Mogol de
Tángut, — y muy posible es haya sido Askam.

« del mismo orígen. Todos los antiguos fuertes é inscrip-
« ciones descubiertos en América hasta Narragansset,
« cerca de la bahía de Boston, son probablemente de
« orígen Mogólico. ¿ Qué número de los invasores del
« Japon llegaron al Nuevo Mundo? Nunca se podrá saber;
« pero se presume, por algunos datos que contiene esta
« obra, que debieron ser muchos. Los mas de los lu-
« gares ocupados por los Mogoles conservan tradiciones
« de los conflictos que padecieron con los Gigantes
« (Elefantes). Huesos de estos y de mastodones se encuen-
« tran en muchas partes (1), y con tales incidentes que no
« dejan duda que los Mogoles fueron acompañados por
« cierto número de aquellos animales. El estado de estos
« restos corresponde con el acaecimiento; y las muelas de
« varios elefantes son idénticas á las que se encuentran
« en Siberia, que fué conquistada por los Mogoles. »

Garcilaso refiere que Pedro Cieza de Leon le dijo habia
oido en la provincia adonde habian llegado los Gigantes,
que estos desembarcaron en la punta de Santa Elena,
cerca de la villa de Puerto Viejo, y que por las tradiciones
de padres á hijos se sabia que venian por mar, en botes
de junco hechos como unas barcas, y eran tan altos que
de la rodilla para abajo parecian hombres de talla regular;
que llevaban pelo que les colgaba sobre los hombros;
que no tenian barba; que algunos iban desnudos y otros
cubiertos con pieles de bestias salvajes, y que no trajeron
mujeres con ellos.

Evitando entrar en el fondo de cuestion tan intrincada
y de tan difícil investigacion, y para cuya solucion se han
publicado muchas y variadas disertaciones desde la época
del descubrimiento de Colon hasta nuestros dias, así por

(1) Ademas de los de las localidades conocidas, tengo en mi poder huesos y muelas
desenterrados hace años por D Juan Besares, cerca del pueblo de Chicoplaya.
sobre el rio Huallaga, y tan bien conservados como todos los que saqué del
campo de los Gigantes, cerca de Bogotá, y los que se encuentran en Santa Cruz
de la Sierra y Punta de Santa Elena.

escritores españoles y americanos, como por muchos sabios europeos, — disertaciones de las que no se puede decir haya una sola que resuelva y responda á todas las objeciones; — evitando, repito, ocuparme en un asunto en el que no me seria quizas dado presentar nuevas ideas, me contraeré principalmente á hablar del imperio de los Incas y de los grandes vestigios que aun permanecen como signos irrefragables de su grandeza, poderío y prosperidad, y dejaré á los que con mas ahinco se ocupan en los pueblos que ya no existen, el que deduzcan todas las consecuencias que se les ofrezcan con los datos que pueda yo presentarles en mi descripcion.

Nada de positivo nos trasmiten los historiadores del Perú sobre los gobiernos, leyes, usos y costumbres de las épocas anteriores al establecimiento del imperio de Manco Capac. Garcilaso dice tan solo que los naturales del Perú eran poco mejores que bestias mansas, y que habia unos enteramente salvajes; que los mas civilizados vivian en grupos, sin el menor órden de plazas, calles, etc.; que otros, por temor de las guerras, habitaban sobre altos riscos, en valles y quebradas, en cuevas ó en huecos de árboles; que en cada nacion, en cada provincia, y aun en cada barrio, tenian por dioses piedras, montañas, árboles y bestias feroces, y que los dioses de los unos servian para los otros, pues decian que el dios ajeno, ocupado con las súplicas del devoto, no podia ayudarlos como el suyo propio. Hacian sacrificios bárbaros de hombres, mujeres y niños tomados en la guerra, y los Antis se alimentaban de carne humana; en fin, el primer atrevido ó mas suspicaz de entre ellos dictaba leyes y órdenes al antojo de sus caprichos, y se hacia obedecer, mas por la fuerza que por el convencimiento de los súbditos que querian gozar de alguna seguridad.

Parece que largo tiempo permanecieron en situacion tan lamentable, y habrian continuado siendo victimas de ella ó el juguete del mas fuerte, si un genio como Manco-

Capac no se hubiese presentado para sacarlos de la barbarie en que yacian (1).

Insistir sobre el orígen de este personaje (2), y sobre su venida de tierras lejanas ó larga residencia en la hermosa y estensa laguna de Titicaca, seria divertir la imaginacion y profundizar una materia de que quiero prescindir; basta saber que fué el primer Inca y que su política, si no fué la mas sabia, á lo menos contribuyó en gran parte á reducir en sociedad las diversas tribus errantes y hacerlas útiles á la humanidad, enseñándolas á obedecer y á respetarse entre sí. Dióles un Dios que adorasen, y cuyos beneficios fueran palpables aun para el mas ignorante. Dictó leyes para desterrar la ociosidad á que eran tan propensas, mostró el modo de cultivar la tierra y hacerla productiva para ellas, para la religion y para el estado, y en fin, formó una nacion en donde no encontró sino una masa informe; y como un arquitecto metódico que quiere

(1) En el *Nuevo Gazofilacío Real del Perú*, dispuesto por Don Alonso Rodriguez de Ovalle, se lee lo siguiente :

« Mama-Huanco, india ilustrada con mas racionabilidad que sus antepasados, conociendo la desenvoltura y licenciosidad de los Indios y su ninguna cultura, procuró el reducirlos á dominacion y separarlos de sus inicuas costumbres; con cuyo pensamiento y haber dado á luz un hijo hermoso, lo tomó por instrumento de obra tan acertada y provechosa.

« Crió al infante ocultamente hasta la edad que le pareció suficiente, y hallándolo proporcionado, en todas sus partes, á su premeditada idea, lo vistió con los mejores adornos que en aquella estacion se practicaban, adornándole las orejas, en las que le puso pendientes, una especie de gruesos zarcillos que llamaban *aco*, y los piés las *abarcas* conocidas por *unsias*, acomodándole en el pecho una figura del sol, de oro, y en la mano derecha una barra del mismo metal, cuyo artificioso ornamento, acompañado del bien formado cuerpo, hermoso rostro y respetuosa presencia del jóven, remedaba un papel digno de veneracion. En la alta cumbre de una montaña lo colocó con la mayor decencia, y llamando á su hermana Pilconsa le dieron adoracion hipócrita é hicieron creer á los moradores de aquellas campiñas era el verdadero hijo del sol que lo remitia para que lo reverenciaran, con cuyo ejemplo siguieron con facilidad los demas bárbaros. — Gobernó 35 años ó 40. »

(2) La palabra Manco la escriben Ulloa y Acosta Mango, y Sir W. Temple lo mismo. Mango es un nombre Mogol. Mango fué nieto de Genghis Khan y hermano de Kublai : este fué Gran Khan hasta el año de 1257 y murió en el sitio de Ho-Cheu en China. Polo escribe este nombre Mangu; de la Croix lo mismo y Marco Poló Mongu. — (*Conquistas del Perú y Méjico*, pág. 169).

construir un edificio, mezcló los diferentes materiales en proporciones fijas, y calculando lo que podian resistir cimientos tan heterogéneos, levantó un imperio que solo el tiempo y la codicia brutal pudieron destruir. Empresa fué de un genio nada comun para cualquier tiempo; pero lo que admira en su política es el haber podido imprimir en sus súbditos ese carácter que hasta el dia conservan, y que describe, elocuentemente y sin exageraciones, el ilustre viajero Humboldt en las líneas que hé aquí.

. « Entre los peruanos, con un gobierno teocrático que « protege los progresos de la industria, los trabajos « públicos y todo lo que indica una civilizacion en la « masa, se vislumbra el desarrollo de las facultades « intelectuales. Entre los Griegos, en el tiempo de « Pericles, se observa lo contrario; este desarrollo, tan « libre como rápido, no correspondia á los progresos « lentos de la civilizacion en la masa. El imperio de los « Incas se asemejaba á un establecimiento monástico, en « el que se prescribia á cada miembro de la congregacion « lo que debia hacer por el bien público. Estudiando « sobre los lugares á estos peruanos, que en el trascurso « de los siglos han conservado su fisonomía nacional, « llegamos á apreciar en su justo valor el código de leyes « dictadas por Manco Capac, y los efectos que ha pro-« ducido sobre las costumbres y felicidad pública. Habia « un desahogo general y poca felicidad privada; mas « resignacion para obedecer los decretos del soberano, « que amor por la patria; una obediencia pasiva sin valor « para las empresas atrevidas; un espíritu de órden que « arregla con exactitud las acciones mas indiferentes de la « vida. Nada de grande habia en las ideas, nada de eleva-« cion en el carácter. Las instituciones políticas mas compli-« cadas que presenta la historia de la sociedad humana, « habian apagado el gérmen de la libertad individual; y « el fundador del imperio del Cuzco, lisonjeándose de « poder obligar á los hombres á ser felices, los habia re-

« ducido al estado de simples máquinas. La teocracia
« peruana era menos opresora, sin duda alguna, que el go-
« bierno de los reyes mejicanos; pero ambos han contri-
« buido á dar á los monumentos al culto y á la mitología
« de los dos pueblos Andinos, un aspecto triste y sombrío
« que hace contraste con las artes y las dulces ficciones
« de los pueblos griegos. » *Monumentos de la América,*
pág. 40, *tomo* 1.

Fundado el imperio y reconocido Manco-Capac por
Señor de muchas provincias, ya sea por sus conquistas, por
los encantos de la persuasion, ó por la dulzura de costumbres, trató de dar ocupacion provechosa á los asociados,
destinando á unos al servicio de las armas y al cultivo de
las tierras, y á otros á la construccion del templo del Sol y
de la Luna, y á la de las fortalezas, caminos y acueductos;
mientras que á las mujeres y niños encargaba el hilado y
tejidos. Los mudos y ciegos no estuvieron tampoco exentos
del trabajo; y para hacer mas firme su imperio y que
tuviesen un fuerte apoyo sus mandatos, pues conocia á
fondo el corazon humano, ordenó que se adorase al Sol
como á padre y á autor de los inmensos beneficios que pro-
porcionaba con su luz y calor, dando frutos abundantes
y aumento en los ganados.

De estas sabias disposiciones y una exacta observancia
de las leyes y decretos dictados por el primer Inca y
cumplidos religiosamente por sus sucesores, á quienes en-
cargó él los guardasen é hiciesen guardar si querian ser
obedecidos, resultaron el órden, la moralidad, el adelanta-
miento de la agricultura, de las artes, y de consiguiente,
esa opulencia y tranquilidad que solo pudieron perderse por
la ambicion de aventureros que, sin cálculo ni meditacion,
destruyeron instituciones tan adecuadas al pais y á la
índole de sus habitantes.

Los muchos restos de monumentos que observamos por
todas partes prueban hasta la evidencia lo avanzadas que
se hallaban las artes con respecto á los otros reinos, sin

embargo de que no poseian ninguna maquinaria ni instrumento de hierro; pero en su defecto hicieron uso, para
levantar esas grandes masas que vemos en sus edificios,
del plano inclinado, como se observa en la fortaleza de
Huánuco viejo, y lo asegura tambien Cieza que viajó por
muchas provincias en tiempo de la conquista. El cobre y
cierta especie de cuartzo (pedernal) y rocas anfibólicas
suplian la falta de hierro. Los plateros conocian el arte de
fundir, vaciar y soldar el oro, plata y cobre, y he observado
en los idolos y piezas de estos metales que primero se rompe
el todo que despegarse la soldadura. Tampoco ignoraban
el arte de cubrir trozos de cobre con hojas delgadas de
plata; el tirar alambres de una longitud y sutileza que
parecen increibles; y el hacer vasos, estatuas y planchas de
dimensiones diferentes y de una sola pieza (1). Los alfare-
ros, en los vasos que trabajaban y que representan hombres,
frutas, animales de toda clase. instrumentos de viento etc.
sin el menor gusto ni diseño correcto, hacian mezclas que
pudiesen resistir al agua, al fuego y al tiempo; así es que
muchas personas, en el dia, se sirven de estos *huaqueros*
para los usos domésticos, y los prefieren á las ollas y
cántaros que se fabrican por nuestros artesanos (2).

Los tejidos de lana y algodon que encontramos en las
huacas no son menos sólidos y finos, siendo digno de notarse la permanencia y viveza de los colores despues de
tantos años. Conocian tambien el grabado sobre cobre,
pues no carece de probabilidad lo que refieren el baron de

(1) Francisco Pizarro escribió á la Corte desde Jauja. el 15 de Julio de 1534,
que ademas de los barretones y vasos de oro, habian encontrado cuatro carneros (a) y diez estatuas de mujeres del tamaño natural, de oro el mas fino, y tambien de plata del mismo porte, y una pila de oro tan curiosa que los asombró á
todos. — *El Conde de Garli*, volúmen 1º, pág. 276.

(2) En las huacas de Chancay, se encontró, hace poco mas de veinte años, una
vasija de barro con chicha, que por todas las apariencias manifestaba ser anterior
á la conquista.

(a) Entiéndase que son las llamas, pues no conocian lo que llamamos hoy carneros de
Castilla.

Idolo de oro.

Humboldt y Bompland, que Ramon Bueno, misionero franciscano, encontró en la cadena de montañas graníticas cerca del pueblo de Urbana en la lat. 7° una inscripcion, en la que cree haber reconocido varios caracteres en grupo, ó puestos en la misma línea. En una de las láminas de la coleccion se nota que en el gorro de la Estatua, hay como caracteres, de lo que no puedo salir garante por no haber

Huaquero de barro.

yo visto la figura; pero el encargado de sacar el dibujo era un hombre juicioso y muy formal que no tenia por qué agregar esos caracteres. Además se encuentran en todos los edificios públicos y en diferentes alturas de la cordillera, tanto en masas de granito y carbonato de cal como de arenisca y jaspes, grabados de animales, de hombres, del Sol y de la Luna.

Si los antiguos peruanos no tuvieron caracteres ó jeroglíficos como los mejicanos, no les faltaron medios de llevar sus cuentas y registros con alguna exactitud, por medio de hilos de diferentes colores y cuyo conjunto llamaron quipos (1). Por este sistema trasmitian á sus descendientes los acaecimientos mas notables del imperio y sabian el número de habitantes y ganado que habia en el pais : hasta el dia se hace uso de ellos en las estancias de ganado lanar, y á los que llevan la razon de las partidas que tienen á su cargo se les llama *quipos*.

Tuvieron los antiguos peruanos algunas nociones de Astronomía y llegaron á conocer, por medio de las ocho torres que construyeron al oriente y poniente de la ciudad del Cuzco, los solsticios de verano é invierno. Contaban sus meses por lunas; pero se regian para sus sembraduras por el año solar. Tampoco ignoraban la época de los equinoxios.

Llamaban al año *Guata,* y principiaban á contarlo desde junio, dividiéndolo en doce meses, como casi todos los pueblos del universo. Hé aquí una ligera idea de esta division.

El 1er mes era el de *Aucay Cuxqui,* correspondiente al de junio y destinado al descanso, pues no trabajaban ni hacian en él otra cosa que entregarse al placer y al regocijo.

El 2º (correspondiente á julio) era el llamado *Chayuar Vayques* y el destinado para labrar y aparejar las tierras que

(1) El príncipe de San Severo publicó en Nápoles un libro pretendiendo probar que los quipos servian de alfabeto, lo que impugnó el abate Panduro por no decir cosa alguna sobre el particular Garcilaso de la Vega.

Una de las objeciones que hay contra la opinion de que el Perú fué poblado por los Mogoles, es el no existir caracteres usados en Asia; y como no debe dudarse que los generales y oficiales que hubieran venido sabrian escribir debieran haberlos enseñado.

debian sembrar. Se derramaba mucha chicha en las acequias y rios, con la esperanza de que les viniera abundancia de agua para los riegos.

El 3° (agosto), nombrado *Cituaquiz,* se destinaba al sembrío de maices, papas y demas semillas y á praticar varias
ceremonias para desechar en adelante todas las enfermedades.

El 4° (setiembre), llamado *Puzquayquiz,* era en el que
tejian las mujeres todas las ropas de gala y se celebraba
una de las cuatro fiestas principales del Sol, denominada
Citna-Raymí.

El 5° (octubre) nombrábase *Cantarayquiz,* y era destinado á fabricar chicha para el siguiente mes.

El 6° (noviembre), llamado *Laymequiz,* era en el que
acostumbraban reunirse en las capitales y formar las asam-
bleas á las órdenes de sus señores ó caciques.

El 7° [diciembre] denominábase *Camayquiz :* en él se
reunian todos los capitanes con sus gentes de guerra, y jun-
tábanse con el Inca para trabajar en escaramuzas y ejercicios
militares, premiando y condecorando á los mas valientes.

El 8° (enero), nombrado *Pura Opiayquiz,* era en el que
se entregaban á la alegría, y se premiaba á los mas diestros
en los ejercicios corporales y sobretodo en la carrera.

El 9° (febrero), llamado *Cac-Mayquiz,* estaba destinado
á la preparacion de tierras para el sembrío.

El 10° (marzo) se designaba con la voz *Pauca-Ruaray-
quiz.* No nos dicen que en él se hiciese cosa señalada ; pero
era así apellidado porque se iban ya secando las flores,
yerbas y maices.

El 11° (abril), denominado *Ariguaquiz,* era el destinado
á las cosechas.

El 12° [mayo], llamado *Aymurayquiz,* era en el que
se hacia la conclusion de recoger las cosechas y se ponian
los vestidos de gala mas ricos, camisetas, plumas etc.

No carecían tampoco aquellos habitantes de algun grado
de instruccion, y aun tuvieron institutos establecidos por el
Inca Roca, 6° monarca del imperio. Segun un autor anti-

guo, estableció este príncipe escuelas en la ciudad imperial del Cuzco, dirigidas por *sabios* que enseñaban las ciencias á los príncipes de sangre real y á los nobles del imperio, no por enseñanza de letras, que no las tuvieron, sino por práctica y por uso cotidiano, para que supiesen los ritos, preceptos y ceremonias de su falsa religion, y entendiesen la razon y fundamento, el número y la verdadera interpretacion de sus leyes y fueros ; para que alcanzasen el modo de saber gobernar, se hiciesen mas urbanos y fuesen de mayor industria para el arte militar; para que conociesen los tiempos y los años, estudiasen por los quipos ó nudos las historias y diesen cuenta de ellas; para que pudiesen, en fin, hablar con adorno y elegancia, criar á sus hijos y gobernar sus casas. Enseñábanles Música, Poesía, Filosofía y Astrología, en lo muy poco que de cada una de estas ciencias alcanzaron. A estos maestros los llamaron *aumatas,* que es tanto como filósofos y sabios, y los tuvieron siempre en suma veneracion.

En el mismo tiempo, se dió tambien una ley imperial para que solo los nobles pudieran entregarse al estudio y al cultivo de las ciencias, prohibiéndose estos á los hijos de la gente comun, á fin de que no se ensoberbeciesen, y para que se viesen obligados, como se les obligaba, á seguir precisamente el oficio de sus padres; — disposiciones muy análogas á las dictadas por los legisladores del antiguo Egipto y de algunos pueblos del Asia.

Supieron igualmente los antiguos peruanos el arte de administrar remedios para el alivio de las dolencias. Sus medicamentos pertenecian, en su mayor número, al reino vegetal, y las virtudes de muchas plantas eran trasmitidas por los *aumatas.* Aun hoy se encuentran con frecuencia indios *camatas*, viajeros que atraviesan casi toda la América Meridional, visitando las repúblicas del Perú, Bolivia, Chile y Buenos Aires, con su pequeña coleccion de simples, y presentando, en las puertas de las habitaciones, preservativos y remedios que á veces producen un efecto saludable.

Lo que prueba mas la civilizacion pacífica de estos pueblos y su obediencia completa á los mandatos de los incas, son los grandes y costosos edificios y zanjas de regadío que encontramos asi en el centro de la cordillera como en la costa. Si se medita un poco y se comparan estas obras con las que se han hecho en nuestros tiempos, no podemos dejar de confesar ó que hubo muchos millones de hombres dedicados á estos trabajos, ó que el imperio de los incas tuvo una existencia mas dilatada de la que nos dicen los historiadores (1). Algunos literatos han negado el que antes de la conquista tenia el Perú una poblacion mucho mayor que en los años posteriores; pero argumentos incontrastables les contradicen. Ninguno de los valles áridos de la costa carece de vestigios de antiguos acueductos ; ninguna quebrada, por angosta que sea, del centro de la cordillera deja de manifestar señales de antiguo cultivo, lo que acredita que la agricultura de esa época fué mucho mas estensa que la actual; — y como no habia ninguna esportacion, era preciso que hubiese un número de habitantes capaces de consumir toda la gran cantidad de frutos que la tierra no podia dejar de producir. Ni se diga que tuvieron animales que podian gastarlos, pues las Llamas, Alpacas y Vicuñas no tienen otro alimento que los pastos de la alta cordillera.

He dado pues una idea, aunque rápida, de los conocimientos que poseyeron los primeros peruanos en las artes y ciencias, y paso á ocuparme en los edificios que he visto y examinado en los departamentos de Lima, Junin y Li-

(1) Segun Mr. Ranking, la monarquia peruana tenia de existencia 240 años. aunque otros autores le dan 400. Si se adopta la opinion del Señor Isaac Newton, calculada sobre observaciones, cada monarca no reinó mas que 20 años, en lugar de 33 como aseguran otros. El mismo autor dice que el cálculo del sabio ingles concuerda exactamente con la historia china datada desde la invasion del Japon en 1283. Los anales del Japon concuerdan con los de la China. Desde ese año hasta la muerte de Atahualpa en 1533 corrieron 240 años. y si damos algun crédito á la cronologia, esta confirma la identidad de los Mogoles con los Incas. (*Conquistas de Méjico y del Péru*, etc., etc., pág. 167.)

bertad, y de los cuales acompaño algunos diseños (1), dejando para la segunda parte los que existen en Tiahuanacu y el Cuzco que todavía no he visitado. Hacer aquí una descripcion minuciosa de ellos seria repetir, sin agregar cosa nueva, lo que Garcilaso, Pedro Cieza y últimamente mi amigo el Señor Pentland han publicado.

Las ruinas de mas celebridad que tenemos en los departamentos citados, son las del Templo del Sol en el antiguo valle de Pachacamac, conocido en el dia por el de Lurin, las del valle del Rimac, las de Huánuco viejo, las del Chimu y las de Chavin de Huanta. Haré mencion de algunas de las principales.

El celebrado Templo de Pachacamac, que quiere decir el que anima y da ser al Universo, existia bajo otro nombre antes de la venida del inca Pachacutec, y en él se sacrificaban hombres y animales, estando adornado con muchos ídolos en figuras bizarras, hasta que el inca mandó se venerase en él á Pachacamac, destruyendo sus dioses, y consultándosele en los negocios reales y de señores, reservándose los comunes y de plebeyos para el ídolo del Rimac. Al efecto, el general Capac Yupanqui, antes de llegar con su ejército al citado valle, hizo proposiciones de paz al Gran Señor de él, cuyo nombre era *Cuismanes.* Al principio no pensó este en aceptarlas, y se preparó para la guerra; mas despues, habiendo examinado su creencia y comparádola con la de los incas, halló que ambos reconocian un Supremo Hacedor, fuera de sus dioses secundarios, y desde entonces convino tambien en adorar al Sol.

Las ruinas del Valle del Rimac, que quiere decir el que habla, no parecen haber sido cosa mayor, pues los restos que encontramos en los de Lurigancho y Ate no lo demuestran. No obstante, se asegura que habia un ídolo en el templo, en figura de hombre, y que era consultado por los

_____

(1) Se hallan en la coleccion que aun no se ha publicado y de que se habla en la advertencia.

Embajadores y Señores sobre todo asunto. Los incas, despues que cónquistaron estos valles, lo conservaron con mucha veneracion. Historiadores españoles han confundido este Templo con el de Pachacamac, porque se hallaban muy cerca el uno del otro.

No son menos notables los restos de fortalezas de Herbay en el valle de Cañete, construidas á orillas del mar, y las acequias que se sacaron en la Nasca para regar aquellos arenosos campos. No podemos dejar de apreciar el talento y conocimientos prácticos de los antiguos sobre esta materia. Por todas partes, en los lugares mas escabrosos y estériles, observamos restos de estos canales que serian en el dia, sin la menor duda, si estuvieran en corriente, ó se descubrieran sus tomas, una riqueza efectiva para el Perú; pero, por desgracia nuestra, todo se ha destruido, no existiendo ya casi nada útil y quedándonos solo los tristes recuerdos de una nacion que vivia feliz, y cuyos dominadores no consultaron ni sus intereses racionales, ni los de los colonos, con los que era preferible hubiesen formado un todo compacto y homogéneo.

Si el departamento de Junin es célebre por las minas de plata de Pasco y Huallanca, no ocupa un puesto inferior por los restos de monumentos antiguos. Haciendo la visita de sus minerales, el año de 28, tuve ocasion de reconocer la mayor parte de aquellos. Muchos de estos se hallan en las pendientes y cumbres de las quebradas de Chavinillo y Chuquibamba, formadas seguramente, en su principio, por el poderoso Marañon, cuyo orígen está en la laguna de Lauricocha. La direccion general de las quebradas es de N. á S.

Desde el pueblo de Chavinillo comienza un sistema de fortificaciones, — ó *castillos,* como se llaman por estos lugares, — situadas en ambos lados de la quebrada. No he podido descubrir lo que movió á los incas á construir tantos lugares de defensa en esta parte del interior, y fuera del gran camino que conducia á Quito; mas presumo que

seria con motivo de las guerras ó invasiones que sufrieran
de las tribus que habitan las Pampas del Sacramento y
orillas de los grandes rios que riegan esas inmensas
llanuras; y como un comprobante de esto es que la
fortaleza de Urpis, que está en el interior de la montaña,
distante cinco leguas de Tuntamayo, camino para Monzon y
Chicoplaya, es la mas grande y mejor situada y construida :
— casi toda es de piedra labrada.

El primer castillo que visité por esta parte, fué el de Ma-
sor, cerca de Chavinillo, construido sobre una eminencia, y
cuyas paredes son de esquito micáceo mezclado con barro.
En los ángulos del gran cuadrado están unas garitas
redondas hechas del mismo material, de una altura de tres
varas y todas llenas de huesos; fuera de él se ven cuartos
redondos y cuadrados con alacenas : los umbrales son de la
misma roca. Tuvieron agua en esta eminencia, pues
existen los restos del acueducto.

En la parte opuesta y á la otra banda del rio se ven dos
de estos castillos; el primero se halla situado en la punta
de un cerro escarpado, y el otro un poco mas arriba. Entre
estos dos hay fortines que á la vista forman como graderías
y se comunican por caminos bien señalados.

Siguiendo el curso del rio con direccion á Chuquibamba,
pasé por los pueblos de Cagua, Obas y Chupan. En todo el
camino se encuentran restos de poblaciones y castillos
antiguos. Cerca del último hay uno de estos que tiene una
escalera que conduce hasta la cumbre y es muy ancha, de
poca pendiente y bien construida.

En la província de Conchucos Alto se halla el pueblo de
Chavin de Huanta, situado en una quebrada angosta que
corre del N. al S. Sus habitantes, en número de ochocientos, gozan de una temperatura benigna y de aguas
sulfurosas que manan de una roca arenisca, muy cerca del
rio Marías, señalando en el termómetro de Fahr. 112 grados, estando la atmósfera en 52. A pocas cuadras de la
poblacion se encuentran los restos de edificios antiguos

casi destruidos y cubiertos con tierra vegetal. Las paredes del esterior son de piedras labradas de diferentes tamaños y puestas sin ninguna mezcla; mas en el interior descubren ser de piedra redonda con barro.

Ansioso de examinar el interior de este castillo, me introduje, con varias personas que me acompañaron, por un agujero sumamente estrecho, y valiéndome de velas encendidas que se apagaban continuamente por la multitud de murciélagos que salian con velocidad, logré, pasando mil incomodidades y sufriendo el mal olor producido por los escrementos de estos animales, llegar á un callejon de dos varas de ancho y tres de alto. Los techos de este son de pedazos de arenisca medio labrados, de mas de cuatro varas de largo. En ambos lados del callejon principal hay cuartos de poco mas de cuatro varas de ancho, techados con grandes trozos de arenisca, de media vara de grueso y de 2 varas y media á 3 de ancho. Sus paredes son de dos varas de grueso y tienen unos agujeros que presumo serian para la comunicacion del aire y luz. En el suelo de uno de estos está la entrada de un subterráneo muy angosto, que segun las personas que se metieron con vela hasta una distancia considerable, conducia á la otra banda por debajo del rio. De este conducto se han sacado varios huaqueros, vasos de piedra, instrumentos de cobre y de plata, y un esqueleto de un indio sentado. La direccion es del E. al O.

A distancia de un cuarto de legua al oeste del pueblo y en la cumbre del cerro llamado *Posoc* que significa cosa que se madura, hay otro castillo arruinado que en su esterior no presenta sino escombros; pero dicen que en lo interior se encuentran salones y un socavon que comunica hasta el castillo arriba mencionado. Se asegura que un español sacó un tesoro con el que se fué á la capital, y antes de morir en el hospital de Lima entregó un itinerario que ha corrido por muchas manos. Algunas personas intentaron entrar, pero fueron detenidas por el desplome de una piedra que les impedia el paso. La mayor parte de las casas de Chavin y sus alrededores están construidas sobre acueductos. El puente que se pasa para ir á los castillos está hecho de tres piedras de granito labrado que tiene cada una ocho varas de largo, tres cuartas de ancho y media de grueso, y están sacadas de estas fortalezas. En la casa del cura existen dos figurones tallados en la piedra arenisca; tienen de largo dos varas y de alto media, y se hallan colocados á cada lado de la puerta de la calle, adonde se trajeron del castillo con este objeto.

Fatigado y al mismo tiempo complacido de mi penosa investigacion, tomé descanso sobre unas lajas de granito de mas de tres varas de largo, grabadas con ciertos signos ó diseños que no pude descifrar, y que encontré al salir del subterráneo, muy cerca del río. En estos momentos mi imaginacion recorria, con la rapidez del relámpago, todos los lugares antiguos que habia visitado, y los grandes sucesos que tuvieron lugar en tiempo de la conquista. Levanté mis lánguidos ojos hácia las ruinas de este silencioso sitio, y vi las tristes imágenes de los destrozos cometidos por nuestros antiguos opresores.

No han bastado tres siglos para borrar de la memoria los infinitos males sufridos por los pacíficos y sencillos habitantes de los Andes, y todavia me parecia que veia el agua del pequeño torrente, teñida con la sangre de las víctimas; que los escombros de sus orillas eran montones de cadáveres en que se sentó el fanatismo y erigió su trono la tiranía, y desde donde daban ambos gracias al Cielo por haberse logrado la obra de destruccion.

Entregado á tan tristes meditaciones y compadeciendo la suerte desgraciada de una nacion tan laboriosa y sagaz, creí oir del fondo del subterráneo una voz que me decia. Viajero, ¿qué motivos os mueven para vagar por estos sitios del descanso, remover escombros y pisar cenizas que el tiempo ha respetado, ya que los hombres se complacen en despreciarlas? ¿ No son suficientes los datos que teneis en las historias para probar nuestra grandeza, sencillez, hos-

pitalidad y amor al trabajo? ¿ Por ventura, los restos de
monumentos escapados de la sangrienta espada del con-
quistador, serán mejores testigos de la opulencia de nuestros
antepasados que el robo de nuestros tesoros, el saqueo de
las ciudades, las traiciones, la muerte de nuestro Inca y
la de nuestros nobles? El que niegue lo que fuimos, las
persecuciones y tormentos que padecimos, el mal que se
hizo al Perú, á las artes y á la humanidad, será preciso
que pruebe primero que el sol, nuestro padre, no contribuye con su calor vivificante al desarrollo de los seres
que se mueven, y que la alta y majestuosa cordillera no
encierra poderosas vetas de metales preciosos, causa primordial de nuestra ruina.

La historia de la conquista del Perú no nos presenta mas
que cuadros tristes de venganzas, de pasiones mezquinas,
y un prurito de destruir todo aquello que podia ilustrar á
las generaciones venideras; así es que por mas que hemos
consultado varios autores de épocas diferentes, estos ó
repiten lo que otros han dicho, ó pasan en silencio las
cosas mas notables; y como poco antes de la llegada de los
españoles pereció á las manos de Atahualpa el inca Huascar,
y casi toda la nobleza, que, segun se deja dicho, eran los
únicos que estaban instruidos en la historia del pais y en la
lectura de los Quipos, hemos quedado en completa ignorancia sobre el orígen de estas naciones y del gran Con-
quistador y Legislador Manco Capac. Sírvanos esto de
ejemplo : tratemos siquiera de conservar reliquias preciosas de nuestros antepasados. No nos acriminen las
generaciones futuras de indolentes, destructores ó igno-
rantes.

Si despues de haber sacudido el yugo castellano, tuvieron los buenos peruanos halagüeñas esperanzas de que
la patria podria marchar por el sendero del progreso,
dando ansa á todos los veneros de prosperidad nacional,
es preciso, aunque desagradable, confesar que la historia
de tres lustros de independencia no ha presentado mas que

fúnebres escenas que deberíamos entregar al mas perpetuo y eterno olvido. Esperemos, no obstante, que escarmentados con tanto sufrimiento y con tan lamentables desórdenes, que ya demandan una terminacion positiva, volvamos sobre nosotros mismos y haciéndonos dignos de llamarnos nacion soberana, puedan algun dia escribirse, eon honor, decoro y orgullo, los fastos de nuestra historia.

EMPERADORES O INCAS DEL PERU,

Y TIEMPO DE SU REINADO.

	Reinó.		Murió.
Manco Capac.	36	años	1054
Sinchi Roca.	30	»	1084
Lloque Yupanqui	30	»	1114
Mayta Capac.	38	»	1152
Capac Yupanqui.	42	»	1194
Inca Roca.	52	»	1246
Yahuar Huaccac.	35	»	1281
Viracocha Inca.	52	»	1333
Pachacutec	52	»	1385
Yupanqui.	40	»	1425
Tupac Yupanqui	45	»	1470
Huayna Capac	50	»	1520
Huascar	8	»	1528
Atahualpa.	2	»	1533

Habiendo consultado varios autores sobre el tiempo exacto que reinaron estos emperadores, no he podido averiguar con certeza la época en que murieron. La precedente noticia está sacada de un manuscrito que poseo, y seguramente se escribió poco despues de la conquista.

Descripcion de las dos láminas que van en el testo.

LAMINA 1ª.

Es un ídolo de oro; todo él hueco y bien soldado por el espinazo y piés. Tiene en la cabeza un adorno que consiste en un cilindro compuesto de pedacitos de una piedra blanquizca jaspeada, de 5 líneas de largo y tres de ancho, y todo él amarrado por un alambre de plata que da varias vueltas. El largo de este idolo es de diez pulgadas; su peso ocho onzas. Se encontró, hace como tres años, en un sepulcro de las islas de la Laguna de Titicaca. Pertenece al Museo Nacional de Lima.

LAMINA 2ª.

Huaquero que representa un ciego que tiene en las mejillas y narices algunas labores y lleva en la mano una rama que parece ser de algun fruto. En la cabeza se le ve una especie de gorro redondo terminado con una borla de alguna magnitud. Están las espaldas cubiertas con una manta, y sale del espinazo el tubo hueco que en los huaqueros sirve para echar el agua. Se compone todo de un barro muy fino, habiéndose encontrado en una huaca cerca de Trujillo, hace poco tiempo. Pertenece al Sr. Condemarin.

QUIPOS.

Sensible es, en verdad, que hasta el dia no haya llamado de un modo esclusivo la atencion de los sabios europeos y nacionales un objeto tan importante. — ¡Cuántos bellos descubrimientos no se hubieran hecho sobre el orígen de los americanos y, por consiguiente, de nuestros compatriotas, que parece, por mil caracteres, haber sido el mismo; sobre los progresos de su civilizacion, legislacion y costumbres; en una palabra, sobre la historia de esta bella porcion de la tierra, tan ilustre por la sabiduría de las leyes que han llegado á nuestro conocimiento y que en el concepto de un sabio publicista frances, el abate Mably, colocan á Manco Capac entre los mas acreditados legisladores del mundo, y tan notable por la dulzura del carácter de sus habitantes, por su geografía física, por sus producciones en los tres reinos y por un sinnúmero de circunstancias que la llaman á tener un lugar distinguido entre las naciones !

Todo lo que Garcilaso de la Vega nos dice sobre los Quipos en sus *Comentarios,* solo sirve para llenarnos de confusion y atizar mas nuestra curiosidad, sin poderla satisfacer. La Quipografía que escribió en italiano el príncipe San-Severus, si bien llena de erudicion y de miras sabias é ingeniosas, abunda en suposiciones visionarias, como que carece de los datos necesarios para discurrir con acierto y acredita una grande ignorancia en la lengua *quechua.* Aun debemos deplorar el desgraciado viaje que Mr. Godin hizo con su esposa, atravesando toda la América Meridional, pues se dice impidió á este sabio ejecutar su proyecto de dar un diccionario completo y razonado de la lengua del Perú y algunas noticias sobre los Quipos, en que tanto él como su esposa estaban instruidos, y acerca de los cuales poseian materiales preciosos.

La etimología de la palabra Quipos ha sido analizada por algunos filólogos. Por todos citaremos al célebre autor del *Mundo Primitivo,* tom. I de las disertaciones, pág. 534.— « Los Quipos, dice él, esta palabra tan célebre y por la cual

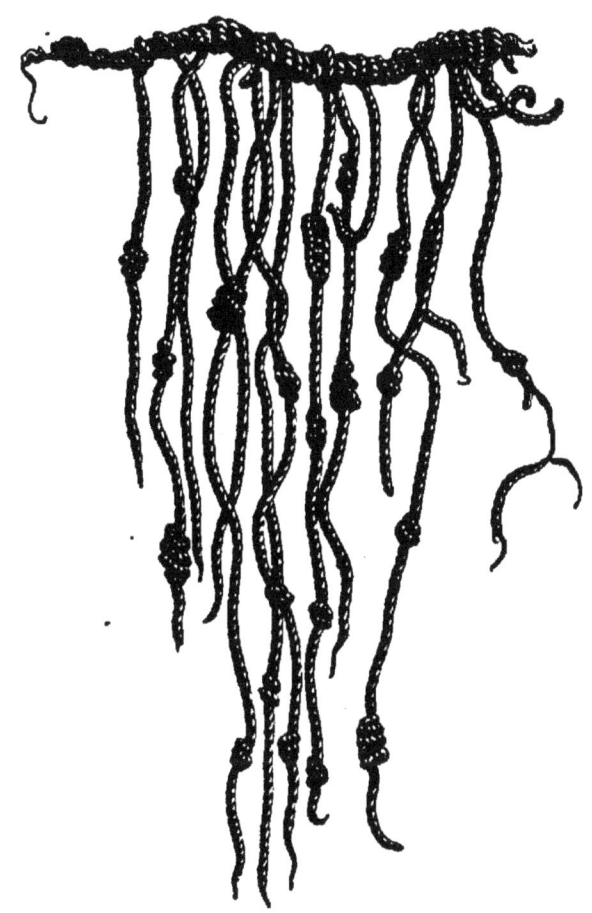

« los peruanos designan los nudos que semejantes á las « cuentas de un rosario, les servian de escritura, es una « de las palabras que no nos atrevemos á analizar por « falta de elementos. Se compone sin duda alguna de QUI « y de POS ; pero ¿ qué significan estas dos palabras « separadas? Es muy notable que una escritura igual se

« llame en China COUE. Pero esta palabra significa en la
« lengua oriental *Elemento*, y PO en oriental significa 1.°
« *la boca,* 2° *la palabra. Quipos* ¿no querrá decir, pues,
« *elementos del discurso*, caracteres que juntan la pa-
« labra? No nos atrevemos á asegurarlo. »

Sea lo que fuere respecto de la etimología, por la palabra
Quipos se entiende una coleccion de nudos formados en
unos hilos de varios gruesos y colores, con mas ó menos
vueltas, los que se reunian en manojos y servian sin duda
alguna para el mismo uso que los caracteres que emplea-
mos para cálculos y para recordar los anales de la historia.
El verbo *quipuni,* que significa *contar por nudos,* es
evidentemente un derivado de la palabra Quipos.

Que estos hayan sido una especie de escritura, bien
singular á la verdad, y que tambien se halla en la China,
segun nos lo asegura Court de Gibelin en el trozo que
hemos traducido, es un punto de que nadie duda. Toda la
dificultad y el objeto de nuestros deseos consiste en llegar
á entenderla, y poder descifrar los muchos manojos que
existen en los gabinetes de algunos curiosos y que aun se
sacan de las huacas, como lo hemos visto en nuestros
primeros años, aunque en el dia recordamos con dolor el
poco cuidado con que se estraian y el desprecio con que se
tiraban por el campo. Hace poco tiempo, ha llegado á
nuestras manos el prospecto de una pequeña obrita
inglesa, en que se anuncia la posibilidad de llegar á
entender esta escritura. Por esto nos apresuramos á
ponerla en noticia del público, con la traduccion de los
quipos que se han descifrado y que parece bastarán para
llegar, con algun estudio, á traducirlos todos en nuestra
lengua. Pero, ante todo, es preciso decir algo sobre las
historia de la invencion de los quipos que nos suministra
la misma obrita.

« Estos Quipos, dice el autor, fueron descubiertos por
« Rosemberg Vestus en la familia de un Cacique de Chile,
« de la tribu de los Guancus, que se asegura ser descen-

« diente de los incas que huyeron del Perú á la llegada de
« los españoles. Vestus tuvo maña para escaparse con sus
« quipos á Buenos-Aires, en donde se los compró Roberto
« Baker, que los trajo á este pais (Inglaterra), y dando
« noticia de ellos hizo fueron otra vez comprados y tradu-
« cidos por su actual dueño.

« Constan de siete manojos ó nudos de varios tamaños,
« colores y figuras, conforme á la significacion de cada
« nudo. Son de cuerdas hechas de tripas de animales sal-
« vajes, y refieren, á lo que se asegura, la historia del
« Nuevo Mundo hasta el descubrimiento de Cristóval Colon.

« Tienen agregado una especie de Diccionario ó Glo-
« sario compuesto de cinco rollos de badana, pintados
« con varios géneros de nudos á lo largo de los bordes. —
« Al lado opuesto á cada nudo está el vocablo ó significa-
« cion en latin, que se supone escrito con sangre, y los
« lugares intermedios, ó entre nudo y nudo, están adorna-
« dos con diferentes figuras. Se cree que este trabajo haya
« sido hecho por algun misionero. »

Le acompaña tambien una caja grabada y dorada cuyo
destino sin duda fué para guardar los anteriores artículos.
Por un lado hay un modelo de un edificio gótico, que se
sospecha ser el templo del Sol construido en honor de
Mancó Capac, fundador del imperio del Perú. Por el otro
lado se ve otro modelo del templo de la Luna, que se dice
existia en Méjico : en un canto se ve la figura de la Luna
con un hombre en el centro, que parece haber sido su dios ;
y al otro una figura del Sol tambien con un hombre en el
centro, que debe ser el dios de los Peruanos. El hombre del
centro sirve de llave á una graciosa chapa, en cuyas esqui-
nas hay la figura de un jefe, viéndose en el fondo curiosas
figuras de serpientes y sobre la tapa un hombre echado de
espaldas, que tal vez representa el famoso sueño pronós-
tico de que el imperio seria conquistado por personas desconocidas; y hallándose todos los espacios intermedios
llenos de figuras de cuadrúpedos, pájaros etc. Se asegura

que todas las piezas que se acaban de describir formaban una parte principal de la librería real de los incas, en la que se descubre el compendio de la historia antigua del Nuevo Mundo antes de la llegada de Colon.

Hé aquí el prospecto á que hemos aludido.

PROSPECTO

De la Quipola ó esplicacion de los Quipos presentada á la opinion del público; impreso en Lóndres por J. Phaer en 1827.

Manojo Primero.

Este manojo empieza con una larga descripcion de la guerra entre el Sol y la Luna, en la cual se representa al primero como señor y director de la tierra, y á la segunda como señora y directora del mar: tiene tambien una descripcion sobre la elevacion de las aguas del mar, que sin duda hace referencia al Diluvio Universal; poco tiempo despues del cual aparece que vinieron los primeros hombres al Nuevo Mundo, y al cabo de muchas calamidades se establecieron en lo interior del pais, escogiendo por su rey un tal llamado Args, dando á aquella region el nombre de reino y formando sus cabañas y guaridas en los troncos y cuevas, y en las copas de los árboles, para ponerse á cubierto de la voracidad de las fieras.

Manojo Segundo.

Da principio con una larga descripcion del palacio y ciudad de Args que parece ser la primera poblacion de entidad que se construyó en el Nuevo-Mundo. Un tal llamado Lado parece haber sido el primero que dió el ejemplo de formar una habitacion, segura y cómoda, en los troncos y cimas de los árboles, para guarecerse de las fieras: otro llamado Latr, hijo del rey Args, es el primero que dió ejemplo de gusto y ornato. — La jóven Zela se descubre ser la que enseñó á hacer telas para vestirse. Despues de esto sucedió una grande escasez y hambre, y el rey ya viejo, no pudiendo vencer esta calamidad, promulgó una proclama declarando que el que la remediase sería el héroe ó genio mas hábil: se presenta con este motivo Ronr, esclavo y prisionero por causa de ciertos amores, y logra cumplir su palabra.

Manojo tercero.

Refiere los talentos y proezas de Ronr, por los cuales se le eligió rey despues de Args, el que parece haber vivido como 1,000 Lunas, y haber muerto 4,000 despues de la guerra entre el Sol y la Luna; da razon de Rana hijo de Ronr, que parece haber sido el inventor del arco y la flecha; y tambien de que la ciudad, habiéndose aumentado de modo que ya no podia sostenerse la poblacion, Ronr aconsejó y fomentó la emigracion, que en efecto se verificó bajo la conducta de las familias de Melo, Lado, Palo y Latr, que tomaron diferentes caminos y fundaron para ellas nuevos reinos. La de Palo habiéndose encontrado con una gran cascada, tuvo que navegar un rio desconocido sobre balsas de madera; estableció cuatro reinos nuevos y reconoció á Args por capital. Con el tiempo las ciudades llegaron á aumentarse tanto que tuvieron que hacer nuevas emigraciones, y se fundaron otros muchos pueblos : por último, el reino de Milo se estendió tanto hasta el norte que encontraron unas fieras de un tamaño desmedido, las que devoraron mucha gente. Esto sucedió como 7,000 lunas despues de la muerte de Args.

Manojo cuarto.

Empieza con la destruccion del reino de Milo hecho por las fieras, y la estension de los reinos hasta las orillas del mar. Se descubre la tierra de Méjico, que fué erigida en nuevo reino por Febor que inventó el modo de hacer vestidos de yerbas, cortezas de árboles y plumas de pájaros. El reino de Febor se estendió tanto hácia el Sur que se descubrió la América del Sur, en donde Lune fundó el reino del Perú y fué el primero que inventó los quipos. Esto sucedió como 6,000 lunas despues de la destruccion del reino de Milo por las grandes fieras. Se da noticia del desembarco de una gente blanca en la costa del Este del reino de Febor, la que fué bien recibida por el rey y formó un pequeño reino, construyendo una ciudad, que por su descripcion· debe haber sido la ciudad de Méjico, la que se llamó Zemron.

Manojo quinto.

Zemron, el rey del pueblo blanco, acaba su ciudad fabricada en un grande y conveniente estilo. Esto sucedió como 5,600 lunas despues de la fundacion del reino de Lune. Pasado cierto tiempo, el rey de Febor envidió la hermosa ciudad de Zemron, obligó á este á cambiar sus ciudades, y despues que Zemron dejó su hermosa ciudad para trasladarse á la rústica construida por los naturales, murió y le sucedió su general Tito. Este dejó el reino al cuidado de uno de sus principales jefes para hacer un viaje al pais de sus antepasados en el antiguo mundo, de donde trajo mas gente y cosas útiles; mas no habiendo, á su regreso, encontrado el reino que dejó, tuvo que establecerse en otro lugar del pais, en la cumbre de una montaña alta, y edificar una nueva ciudad y reino; y despues que hizo una muy bella segun el modelo de sus antepasados, el reino de Febor estendiendo sus límites al nuevo reino de Tito, descubrió este su antiguo reino y pueblo que habia antes dejado, vino y se estableció en su nuevo reino. Al cabo de cierto tiempo murió Tito y le sucedió Mincor.

Manojo sesto.

Este manojo refiere que Mincor buscó y encontró oro para adornar su ciudad. Un hombre que vivia en la playa, llamado Ralton, descubrió y formó la idea de que la Luna gobernaba el mar, y habiendo dado á conocer su opinion, fué esta el objeto de una nueva religion; se adoró á la Luna como á Dios, y se le construyó un templo en la ciudad de Zemron : el templo tenia la forma de una Luna nueva con un estanque ó lago en el centro : la descripcion parece representar una figura hecha en uno de los costados de la caja. Esto sucedió como 1,200 lunas despues de la muerte de Zemron. Tras esto el pueblo blanco vino y se estableció en la costa nordeste de América y comerció con los naturales. Estos por quitar al pueblo blanco sus tesoros le hicieron la guerra, y fué muerto todo el pueblo blanco. Esto sucedió como 1,752 lunas despues de la construccion del templo de la Luna. Todos los reinos del norte se hicieron la guerra por dividirse los despojos del pueblo blanco; los cinco reinos del norte fueron destruidos, y el pueblo se dividió en varias tribus. Esto sucedió como 3,552 lunas despues de la construccion del templo de la Luna. El rey de Febor declara la guerra y conquista á Tito por causa de las mujeres, y el rey de Lune destierra de su reino al pueblo grande, por perturbador. Esto sucedió como 4,752 lunas despues de la construccion del templo de la Luna. Estalla una guerra entre todas las tribus del Norte y el reino de Febor, por causa de las mujeres blancas; el ejército de las tribus es ahogado en un lago. Esto sucedió como 5,772 lunas despues de la construccion del templo de la Luna. El pueblo blanco de Febor hace una conspiracion que, por hazañas de las mujeres, los hace dueños del reino, y destruye al templo de la Luna. Esto sucedió como 6,552 lunas despues de la construccion de este templo. El reino de Lune se aumenta tanto que se divide en diferentes tribus y se estiende hasta los límites de la Gran-Tierra. Esto sucedió como 7,272 lunas despues de la construccion del templo de la Luna. Se encuentran en las orillas de Sunland un hombre blanco, que sin duda fué algun náufrago que pudo salvarse despues de haber perecido toda la tripulacion.

Manojo séptimo.

Este manojo empieza con el hombre blanco, llamado Oran, que el pueblo creia haber descendido del Sol. Esto sucedió como 7,752 lunas despues de la construccion del templo de la Luna. Oran hace una larga relacion de su vida, por la cual aparece haber sido un sacerdote en alguna parte del Antiguo Mundo; y refiere un sueño muy notable, al que debió su primer origen la religion que tiene por objeto el culto del Sol. Oran construye un templo en honor del Sol y altera el modo de contar el tiempo por lunas é introduce el de años. Oran enseña los quipos y muere 30 años despues de su desembarco. Casko, de la secta de Oran, viene á Lune en donde se establece y por último se hace rey. Esto sucedió como 434 años despues del desembarco de Oran. Se suscita una guerra entre las tribus vecinas á Sunland y los discipulos de Oran; el ejército de las tribus fué destruido por los terremotos. Esto sucedió como 449 años despues del desembarco de Oran. Sunland y Lune se unen y se construye un templo al Sol en Casko. Esto sucedió como 500 años despues del desembarco de Oran. Todas las tribus de los contornos de Lune hacen la guerra á la familia de Mungo-Capo por quitarle los tesoros del templo del Sol, y el ejército de las tribus es destruido por la esplosion del fuego de las montañas. Esto sucedió como 525 años despues del desembarco de Oran. Se suscita otra gran guerra entre el pueblo de Exodo ó Febor y las tribus del Norte, que al fin fueron derrotadas. Esto sucedió como 550 años despues del desembarco de Oran. El rey de Lune hace la guerra á las tribus del Sur y es derrotado. Esto sucedió como 600 años despues del desembarco de Oran. Thomas, el gran viajero, llega á Lune desde las regiones frias. Hay, en todo, una noticia como de once reinos diferentes, y cerca de cien eminentes familias de reyes ó poderosos Caciques, ademas de muchos, grandes é interesantes objetos y notables sucesos, etc. etc.

Aunque la interpretacion que precede ha de parecerle á cualquiera sobrado aventurada, en virtud del conocimiento que tenemos que los oficiales llamados *quippucamayocs* encargados de anudar y descifrar no eran capaces de ejercer su arte, en trátandose de quipos de otras provincias, pues en ese caso debian recurrir á intérpretes de estas, me limitaré, hasta que se posean mejores datos, á dar una idea de los hilos que forman el *quippu* gigantesco que desenterramos en las inmediaciones de Lurin cerca del templo de Pachacamac, y cuyo diseño y descripcion damos á continuacion conforme á lo que hemos publicado en nuestra obra *Antigüedades Peruanas.*

El *quippu* á que aludimos consiste en un hilo ó cordon grueso que sirve como de tronco, y en hilos mas ó menos delgados de lana torcida que le están amarrados, y en los cuales hay nudos hechos á cierta distancia unos de otros. Los ramales, que vendrán á tener de dos á tres piés de largo, son de diferentes colores, indicando el *rojo* la guerra; el *amarillo* la plata; el *verde* el trigo ó el maiz, etc.

En general, en el sistema aritmético un nudo indica en los *quippus diez;* dos nudos simples juntos *veinte; ciento* el nudo doblemente enlazado; *mil* el triplemente enlazado etc.

La ciencia del *quippucamayoc* debió ir progresando bajo el influjo del tiempo y de la esperiencia, logrando dar cuenta de la historia del imperio, número de sus habitantes, cantidades de granos almacenados, sumas recaudadas por impuestos, cabezas de ganado, etc., y de cuanto hacia relacion á los intereses de la Hacienda Pública.

Todavía se encuentran hoy dia en las punas los *quippucamayos* que llevan cuenta cabal y exacta del número de ovejas que están á cargo de los pastores, así como de las nacidas ó perdidas que se notan en las majadas. Tambien en ciertas parroquias de indios se hace uso de estos cordones pegándolos á una tabla, para indicar el número de habitantes, con distincion de sexos y edades, y las ausencias que hacen los feligreses en los dias de enseñanza de la doctrina cristiana.

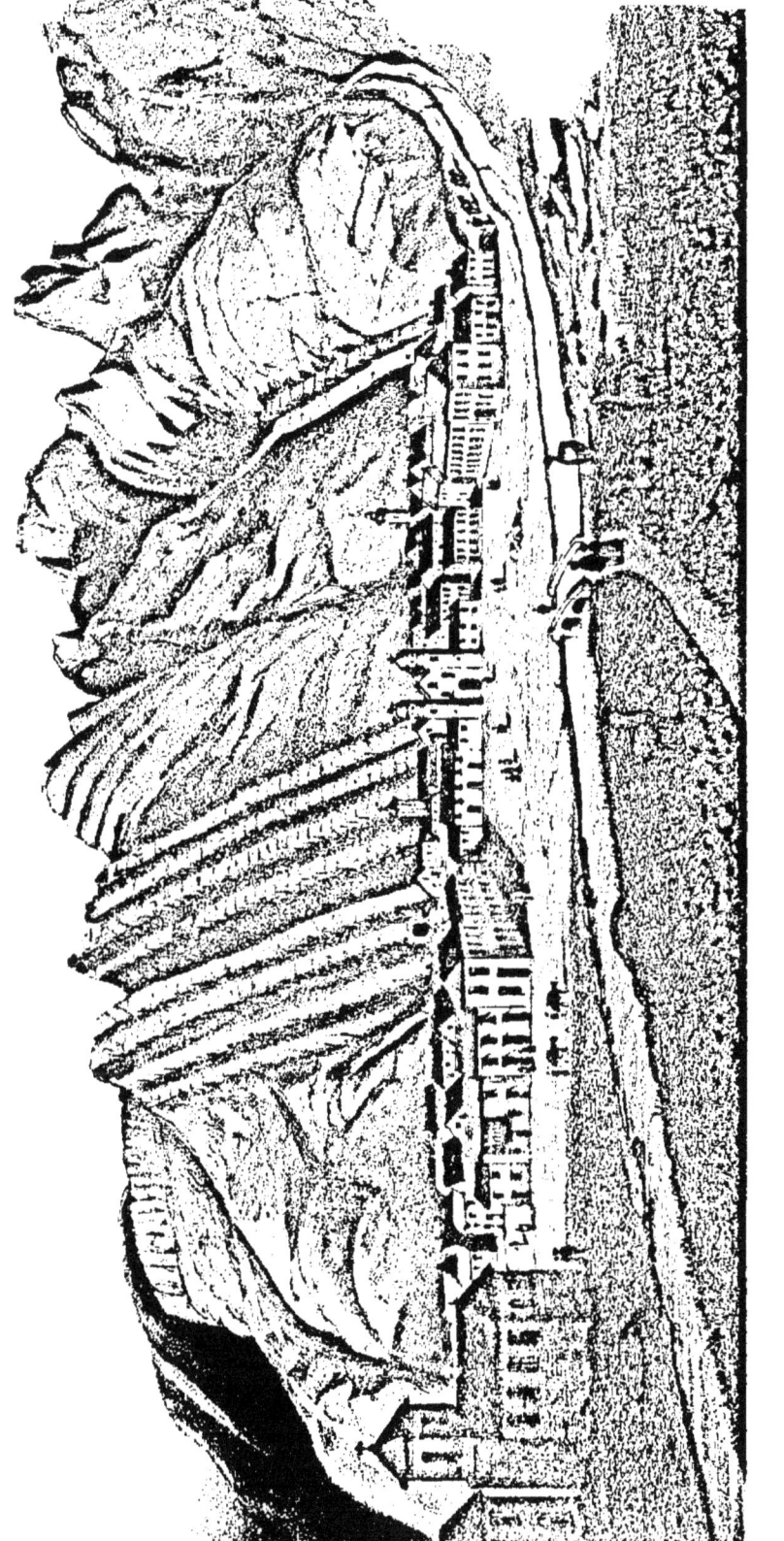

MEMORIA

SOBRE LA MINA DE AZOGUE DE HUANCAVELICA.

Segun los historiadores, conocíase desde el tiempo de los Incas el Cinabrio con el nombre de *Llimpi,* usándolo para pintarse los rostros; mas ninguno hace mencion de que lo destilasen para obtener el mercurio, á pesar de que se me asegura que en las inmediaciones de la célebre mina de Santa Bárbara hay restos de hornos muy pequeños en figura de retortas, en que destilaban el Cinabrio los súbditos de los Emperadores Peruanos. Pero lo que se cree comunmente es que un portugues llamado Enrique Garcés, en el año de 1566, siendo Gobernador del Perú el Capitan General Presidente de la Audiencia Licenciado Lope Garcia de Castro, lo descubrió en poder de un indio. Tambien dicen otros que fué el indígena Navincopa, dependiente de Amador Cabrera, no faltando quien pretenda que por los años de 1564, Pedro Cárdenas y Garcés habian encontrado un pedazo de cinabrio en Pataz. Varios autores afirman que en 1570 vendió Cabrera al Rey de España la mina de Santa Bárbara en 250,000 ducados; pero lo que hay de positivo es que el Virey Toledo, autor de las Ordenanzas de Mineria, consideró todas las minas como pertenecientes á la Corona, dejando solamente el usufruto para los descubridores y sus descendientes. El venero de Santa Bárbara, sea por compra ó porque el Rey, como dueño de los de Almaden, considerase que las minas de este metal debian esplotarse por cuenta de la Corona, fué trabajado por real órden, y desde entonces se nombraron para su Administracion oidores y personajes de instruccion y de saber con el título de Superintendentes, hasta el año de 1735 en que tuvo á bien Felipe V. nombrar gobernadores de la mina con el mismo dictado, los empleados que venian elegidos desde la Península. Algunos papeles de los Archivos de Huancavelica espresan que Amador Cabrera vendió á Juan de Sotomayor, Pedro Contreras Rodriguez y otros, en el año de 1580, la mina descubridora, la dé Santa Ines, Santa Isabel y Socavon de la Trinidad; — es decir diez años despues de la pretendida venta al Rey (1).

En ciertas épocas se trabajó por cuenta de la corona la mina de Santa Bárbara; en otras se entregó al Gremio de Mineros, con la obligacion de que llevasen semanal ó mensualmente todo el azogue que se estrajese, al precio de cincuenta hasta ochenta y cinco pesos el quintal, habilitándolos con sumas crecidas; de lo que resuló una deuda en favor del estado y contra el gremio, incobrable por haber desaparecido los primitivos deudores y pasado á otras manos las minas hipotecadas (2). Convencido el Gobierno Español de que era perjudicial á los intereses de la Corona y de sus *locos* mineros que permaneciese cerrada la mina de Huancavelica, mandó en 15 de Marzo de 1785 á D. José Gálves, superintendente general del ramo de Minas, para que diese la órden al visitador general del Perú, de que se habilitase dicha mina y se procurase el descubrimiento de otras. Entre varias prevenciones decia el superintendente : « que por « la falta de azogue que habia, particularmente en Nueva « España, donde el consumo anual se reputa en 25,000 « quintales; y como quiera que una de mis primeras aten- « ciones desde que tomé posesion de la superintendencia « general del ramo de minas de este ingrediente, ha sido « facilitarlo sin escasez y fomentar el laboreo de las de oro « y plata en todos los dominios de S. M. bajando una mi- « tad del precio á que se espendia, sin embargo de la pér- « dida que por una razon sufre el Real Erario, reconociendo « las cortas producciones de las minas de Almaden, y de-

---

(1) Véase el discurso de D. Juan Ignacio García de los Godos.
(2) Véase la nota A al último de esta Memoria.

« seando, por cuantos medios son posibles, evitar los cla-
« mores repetidos de mis Subdelegados en dicho ramo;
« consecuente á lo que manifesté á V. S. en treinta de
« noviembre de setecientos ochenta y tres, le participo
« ahora que la Cámara Imperial de minas de Alemania in-
« tenta formalizar conmigo contrata, bajo doce condiciones
« por seis años, obligándose á poner en Cadiz á mi dispo-
« sicion en cada uno, de diez á doce mil quintales de azo-
« gues al último precio de cincuenta y tres pesos fuertes
« quintal, con mas cinco por ciento, siempre que esta Mo-
« narquía esté en guerra con alguna que actualmente se
« halla en paz, ó que haya hostilidades marítimas, aun sin
« preceder declaracion formal. Y reflexionando que el
« REY á impulsos de su munificencia hace la gracia de no
« exigir los derechos que le corresponden por la introduc-
« cion de este ingrediente, y que agregándose al precio re-
« ferido los costos de su conduccion por mar y tierra, aun
« logra la minería proveerse de azogue con abundancia á
« precio mas moderado que lo recibia anteriormente de la
« mina de Huancavelica, cuyo alivio no es fácil proporcio-
« nar de otro modo : Prevengo á V. S. comunique lo rela-
« cionado, con las reflexiones que juzgue oportunas deducir
« de todo, á los Oficiales Reales de las cajas espendedoras
« del enunciado ingrediente en ese Reino, á efecto de que
« imponiendo de ello con individualidad á los dueños de
« minas, ó sus diputados en los respectivos distritos, es-
« pongan estos sin perder tiempo por mano de V. S. si les
« conviene tomar alguna porcion de los diez á doce mil
« quintales de azogue de Alemania al costo y costos que
« tenga, ya que S. M. manda darlo en conformidad de la
« ley 8ª. título 13, libro 6°. — Lo que participo á V. S.
« para su puntual cumplimiento, advirtiéndole que por
« esto no debe omitir diligencia alguna que pueda contri-
« buir al restablecimiento de la citada mina de Huancave-
« lica y descubrimiento de otras de su especie. — Dios
« guarde á V. S. muchos años. — El Pardo 15 de Marzo de

« 1785.'—José de Gálves.—Señor Visitador General del « Perú.—Es copia de su original, así lo certifico : Lima, « octubre 15 de 1785.—Por indisposicion del Señor Secre- « tario,—Manuel Jorge Gallegos.—Comprobado.—Una « rúbrica. »

Los vireyes en la Relacion de sus gobiernos siempre te- nian el mayor cuidado de dar cuenta del estado en que se hallaba la mina y de las cantidades que se estraian ó que te- nian en depósito las Cajas Reales.—El virey Amat dice á su sucesor : — « Uno de los mayores cuidados que tienen los « vireyes es la mina de Huancavelica; pues de este ingre- « diente como de manantial pende la fecundidad del reino. « — En todo tiempo ha tenido esta atencion ocupada la de « de mis antecesores.—Cuando entró el Señor Virey Mar- « ques de Montes-Claros se sacaban únicamente novecien- « tos quintales de azogue, y esforzando toda su autoridad « consiguió fuese muy grande la estraccion.—El Príncipe « de Esquilache refiere al número 35 de la relacion de « su Gobierno, el estado de ruina que amenazaba la es- « presada mina, por haberse aprovechado de los estribos « los mineros, tanto que le obligó á nombrar por Gober- « nador de aquella Villa al Oidor D. Juan de Solorzano, « quien ocurriendo al reparo, puso estribos de cal y piedra, « viéndose precisado á suplir caudal de sus sueldos venci- « dos para habilitar semejantes labores.—Siendo Virey el « Marques de Mancera, que entró á gobernar en 1639, « llegó de todo á cerrarse la referida mina, por no tener « respiracion y morirse los trabajadores; por lo que puso « su mayor conato y actividad en que se continuase el so- « cavon (Belen) (1) que se habia principiado anterior-

(1) En la visita del marques de Casaconcha. intendente de Huancavelica, en el año de 1728, se dice que el real socavon nombrado Nuestra Señora de Belen se principió en 1601, gobernando el conde de Monterrey. Lo mismo dicen Escalona y el marques de Mancera; mas Solorzano que visitó y gobernó la mina en 1617, asegura que se empezó la obra en ese año y se concluyó en 15 de abril de 1642, habiendo costado al mineraje mas de un millon de pesos.

« mente, cuya gran obra se concluyó en 15 de Abril
« de 1642.

En el año de 1795 mandó el Rey se procediese inmediatamente á una visita general del interior y esterior de toda
la mina, y se levantase un plan, con el objeto de restable-
cer el trabajo, y en 1797 el Ingeniero Pedro Subicla, en su
nota de 24 de Abril, se espresa, tocante á dicha mina, en
estos términos. — « La mina, Señor, puede compararse á
« una ciudad antigua de cuya plaza salen como de un cen-
« tro muchas y varias calles sin órden, y que giran, vuel-
« ven y revuelven sin guardar proporcion alguna, y en
« estas calles hay diferentes casas de todos tamaños, ya
« bajas, ya altas, y comunicándose muchas de ellas entre
« sí, por su mala construccion. — Si se supone que esta
« ciudad ha padecido en todos tiempos muchas y conside-
« rables ruinas que han soterrado gran parte de ellas; en
« esta hipotésis, si se pretende buscar y encontrar para
« saber el perfecto estado de tales y tales casas ó sitios,
« sin cuya noticia no puede de ninguna suerte cono-
« cerse aquel, será necesario tomar luces para el efecto
« de personas instruidas ó por propia vista ó por práctica
« ó por tradicion, porque de otro modo no es posible pueda
« conseguir el fin por todas las reglas del arte el facultativo
« mas instruido (1). »

(1) El intendente Lázaro Rivera, en un informe presentado al virey Abascal en
1811, dice : « El descubrimiento de la veta real, fecunda en metales ricos, fué el
fundamento de la prosperidad que reinó en aquella época y se sostuvo con
muchas providencias útiles que manifiestan la cordura y buen talento de aquel
intendente. — Alucinados sus sucesores con el gremio de mineros que estableció,
y que en mi concepto no tuvo tiempo de perfeccionar, creyeron que debian formarlo para no abandonar las empresas felices que esperaban de un plan, que
tarde ó temprano debia desquiciar todo el órden del Mineral. — Como este Gremio
no formaba cuerpo ni reunion de fuerzas, y cada individuo dirigia sus operaciones por separado, sin mas reglas ni principios que los que inspira la codicia y
el interes personal, no hubo cosa de que no abusase. Los socorros dados á los mineros para el fomento de sus labores, iban invertidos en objetos criminales; las
propiedades eran presa del mas poderoso; los verdaderos mineros estaban con-
fundidos con los que solo lo eran en la apariencia, y unos y otros gozaban de
los mismos privilegios; nadie dirigia las obras con método; todos aspiraban á
enriquecerse en un momento, socavando los mismos puntos de apoyo que soste-

Nombrado el baron de Nordenflicht en 1790 para el reconocimiento, espidió su informe en 1791, siendo virey Gil y Lemus, y propuso un plan de reforma para el trabajo de la mina que fué aprobado por el Rey en 5 de Agosto del mismo año; mas no se llevó al cabo por el intendente conde Ruiz de Castilla.

En 1786 el intendente marques de la Plata arregló el cómo debian los pueblos contribuir con brazos ó dinero, y surtir de paja el asiento mineral que, por cálculo, necesitaba 590 pearas.

Daban las intendencias y subdelegaciones, para el laboreo de esta mina, unas dinero, y otras indígenas, llamados *mitayos*. — La de Tarma contribuia con 10,522 ps. 1 real, y debia desde 1782 la enorme cantidad de 105,201 pèsos 2 reales; — la de Tayacaja con 2,750 pesos; — la de Huanta con 1,600 que el Subdelegado sacaba del arrendamiento de tierras sobrantes. — Las otras Subdelegaciones, que no podian dar en dinero el contingente, tenian indispensablemente que remitir mitayos.

Por decreto de 26 de setiembre de 1792 el virey Fray Francisco Gil mandó que todos los vasallos pudiesen trabajar minas de azogue y plata á la distancia de 10 leguas de la de Huancavelica, habiendo suspendido su laboreo, por decreto de 1792, la de Huachacolpa, distante ocho leguas de la mina real.

En 1793, Ruiz de Castilla permitió el *Pallaco*, es decir, buscar en los escombros los metales de Cinabrio, no ob-

nian el enorme peso de las minas; resultando de aqui las consecuencias mas funestas en las desgracias de los operarios, y en muchas labores ricas que dejaban obstruidas, las cuales no podian restablecerse ni ponerse corrientes sin grandes gastos,—cuyas empresas, con otras de mas consideracion que ofrecen estos cerros en el descubrimiento de nuevas vetas, no podian ser la obra de un hombre solo. — Entonces se reconoció que el gremio estaba mal organizado y que sus movimientos irregulares, inciertos y pasajeros todo lo habian trastornado, poniendo las cosas de modo que ya no se emprendian mas que obras superficiales, por la falta de recursos en que repentinamente se vieron los mineros, no pudiendo sus trabajos dar mas metales que los que correspondian á la recompensa de los jornales, anticipaciones y riesgos.

stante la oposicion de la junta que formó de los principales empleados é ingenieros. — Se introdujeron en los almacenes reales, á consecuencia de este permiso, 359 quintales 53 libras, estraidos de 1959 hornadas, pagando el Rey á setenta y tres pesos el quintal. — Desde 1°. de enero hasta fin de octubre se destilaron 1,151 quintales de 9,593 hornadas; prueba de lo imperfecto de las destilaciones y de lo que quedaba en los residuos, pues hasta la fecha se ocupan muchos pobres en *pallacar* los desmontes antiguos.

Sin embargo del mucho interes que tomaba el Gobierno Español en el trabajo y conservacion de la mina de Santa Bárbara, porque se la consideraba la joya preciosa de la Corona, no pudieron precaverse las continuas ruinas que se esperimentaban mas bien por codicia, descuido y falta de conocimientos en el arte de esplotar, que por la poca solidez de los terrenos que encierran la capa ó manto metálico. — Si desde un principio se hubiera ordenado el trabajo, formando galerías ó calles, de distancia en distancia, comunicándolas por lumbreras é impidiendo con penas severas que se destruyesen los puentes y estribos, se habrian precavido esos desplomes que han sepultado muchos operarios y metales ricos, que para ser estraidos necesitan ahora algunos miles.

Recuérdanse como muy notables los desplomes de Santo Domingo de Cochapata, en la parte mas baja, en los que quedaron sepultados mas de 100 indios mitayos de la Provincia de Chumbivilcas; los de la Capillita, los de Hoyonegro y los de San Jacinto. De estos últimos se asegura cayó tanto metal que produjo al gremio á quien se le vendió, 3,000 quintales de azogue libres, — siendo gobernador el Marques de Casa-Concha (1). La ruina de no menos consideracion, fué la del Brocal, llegando á verse el Sol en la labor de San Joaquin, que está bien abajo y cuyas obras costaron mas de 80,000 ps.

(1) La ruina de 19 de noviembre de 1681 ocurrió siendo virey el Duque de la Palata.

Llama tambien la atencion la ruina de Santa Rita en el Brocal (sin hacer mencion de las de San Antonio, Jesus María y Carhuayona) Ocurrió en 1786, en que cayendo las labores altas llevóse las inferiores, resultando un vacío de mas de 60 á 70 varas de altura. Abrióse una puerta que se nombró de Guadalupe, en el gobierno de Ordosgoyti, y que despues se confundió con otras ruinas de esta gran oquedad. — En el dia se conocen con el epíteto de ruinas de Marroquin, como principal causante de ellas por haber sacado los estribos que contenian buen metal. — Murió Marroquin en la cárcel, habiéndosele confiscado 18.042 pesos entre dinero y alhajas, los que existieron en depósito en las Cajas Reales hasta el año de 5.

Seguia el trabajo de esta mina por cuenta del Estado ó de particulares hasta que en 1806, por una real órden reservada de 9 de enero del mismo año, se dispuso que por medios indirectos se inutilizasen las labores, bajo el pretesto de que debian esplotarse las minas de Castrovireina. D. Juan Vivas, á quien fué encomendada por Soler la proyectada destruccion, no pudo llevarla á debido efecto, temiendo grandes consecuencias. — Desde la emancipacion del Perú quedó abandonada la mina, habiéndose retirado los mitayos que las provincias vecinas mandaban para su cuidado y conservacion, y cuyos jornales fueron satisfechos por las Cajas hasta el año 20. — En 1836 se formó una Compañía á cuya cabeza se puso el minero D. Demetrio Olabegoya, bajo los auspicios del Gobierno Protectoral que la cedió no sé por qué número de años. Esta tenia fondos suficientes, prometiendo para lo futuro dar quizas todo el azogue que necesitase el Perú para el beneficio de sus metales de plata. — Desgraciadamente para el pais y para esta industria, se disolvió aquella sociedad por el Gobierno Restaurador en 1839, si bien formándose otra con menos probabilidades de buen resultado, ya que contaban entre sus miembros generales, coroneles y otras personas que no prestaban garantías, por sus conocimientos, al trabajo dé empresas subterráneas. — Era de esperarse que semejante compañía nunca pudiese llevar al cabo sus compromisos, ni que los accionistas contribuyesen con sus cuotas religiosamente. — Constituida una sociedad con elementos tan hetereogéneos y no contando con fondos suficientes para el progreso de labores que exigen tiempo, constancia y dinero, se calculó, con mucha probabilidad, que fracasaria muy pronto; así es que impuesto el Supremo Gobierno de que los fondos de la *Compañía Minera-lógica,* en que tenia parte el Tesoro, se habian malversado, y que segun la visita mandada practicar en la mina de Santa Bárbara, se estraian metales de estribos y puentes, sin cuidar de la seguridad de sus labores, la disolvió el Prefecto Montoya, en el año de 41, reemplazándola con otra compuesta de pocos miembros de la Compañía Huancavelicana. Mas con motivo de las revueltas políticas, no pudieron realizarse sus trabajos, y por último resultado tuvo á bien el Gobierno arrendarla á D. Luis Flores, en la cantidad de 1.000 pesos, por el término señalado por las leyes.

Esta es en compendio la historia de la célebre mina de Santa Bárbara, que tiene dado tanto mérito para que se escribieran miles de pliegos en tiempo del Gobierno Español; ocasionándose disputas acaloradas entre directores de las labores, superintendentes y gremiantes, tanto por la mala versacion de los fondos, cuanto porque no se esplotaba, segun las reglas del arte. — Proponer recapitular todo lo que se ha dicho sobre el particular seria cansar á mis lectores, que no sacarian provecho alguno de relaciones y disputas que no son del caso para el objeto que me propongo, y que se reduce á dar á conocer los terrenos que contienen el manto metálico de Cinabrio, su composicion, el método que se sigue en la estraccion y destilacion del metal, lo que cuesta y lo que ha producido la mina desde que se empezó á trabajar con formalidad, y lo conveniente que seria que una compañía con bastantes fondos continuase la esplotacion, poniendo al mismo tiempo un banco de rescate y habilitacion, para que los mineros del asiento que poseen metales de una ley mayor que los de Santa Bárbara puedan beneficiarlos ó descubrir otros.

La antigua intendencia de Huancavelica, erigida en Departamento por decreto de 28 de abril de 1839, cuenta entre sus provincias la de Castrovireina, Tayacaja, Angaraes y Huancavelica que tienen por límites los departamentos de Junin, Ayacucho y Lima, y se hallan situadas en el *Cuarto Contrafuerte* ó nudo que forma la Cordillera en el Cuzco, entre los paralelos de 14 á 15 grados, con la direccion al Norte y 80 grados al Oeste. — Este nudo, cuya altura se inclina al N. E., dice el Baron de Humboldt, presenta por consiguiente un verdadero codo casi dirigido del E. al O., de suerte que la parte de los Andes al N. de Castrovireina está reculada hácia al O. mas de 240.000 toesas.

Este contrafuerte, á los 14 grados de latitud, se divide en dos ramales al E. y al O. del rio de Jauja que tiene su orígen en la laguna de Reyes ó Junin y toma el nombre de la Oroya, Jauja, Iscuchaca, Pampas y Mántaro, hasta desembocar en el rio Apurimac. — El ramal del E. va por Ocopa, Tarma, y Paucartambo, en el que se ven los cerros nevados de San Jerónimo, de Tupin, Huaruncho y otros, teniendo en su declive los pueblos de Cómus, Monobamba, Andamarca, y Valle de Vítor. — El del O. pasa por Huancavelica, Huarochirí, Yauli etc. en el que señorean los nevados de Paypay, de la Viuda, de Oyon y Queropalca (1). — Encierran estos ramales mesetas, ó llanos apellidados *Pampas de Junin* y atravesados por colinas de poca elevacion, cortadas por el rio de la Oroya ó de

(1) Del alto de Tucana. que es el punto mas elevado del camino de Queropalca á la laguna de Lauricocha. presenta la Cordillera del O. la vista mas imponente por los Cerros nevados de Carbuacocha, Mamajirca y Ayajirca, y por los picos sobresalientes de Huarupaja.

Jauja. — Parece imposible que este haya podido profundizar tanto la angosta quebrada de Iscuchaca.

Parte de estos llanos ocupan las lagunas de agua dulce, que aunque no tienen como la de Titicaca 448 leguas cuadradas marinas, pueden ser navegables por lanchones ó botes, atendiendo á su profundidad que no baja de 508 varas. — Si se calculara el desnivel entre Jauja y la Pampa de Junin, se hallaria que hay muchas mas varas.

Entre los 10 y 11 grados de latitud se reunen los dos ramales ó eslabones y forman el nudo de Huánuco y el de Pasco, principiando este á una legua al Sur del Cerro. — Prolóngase el llano al N. O. como dos leguas mas. — En esta reunion se notan, como en los otros contrafuertes, quebradas que siguen la misma direccion que la Cordillera · formándose con las trasversales que vienen á reunirse á ellas, lo que comunmente se llama *Tingos*. — Las de Huariaca, Villo ó Yanahuanca, Quiparacra etc. son notables por su profundidad, y por dar curso al rio Huallaga que pasa por la ciudad de Huánuco y mana del Cerro, célebre por las ricas minas de plata. — Las pampas de Bombon ó de Junin, de 17 á 18 leguas de largo, y de 6 á 7 de ancho, se hallan sobre el nivel del mar á 1800 toesas, y en ellas se cuentan muchas lagunas, siendo la mayor la de Reyes ó Junin. — Los llanos que presenta el centro de los Andes constituyeron probablemente otros lagos ó mares interiores. — Los de Titicaca, Jauja y Junin miden 3500 y 1300 leguas cuadradas de superficie. — El primero está cerrado por un sistema de colinas del que no puede salir el agua, sino por evaporizacion ó por el conducto subterráneo que no se sabe donde va á parar y es conocido por el *Desaguadero*. — Los segundos están tambien atravesados por cerros muy poco elevados, y el único desagüe ó acueducto natural es el que han hecho las aguas del rio de la Oroya ó Jauja. — Si se considera que este ha sido el solo agente para perforar terrenos tan compactos, atravesando inmensas moles de rocas de cientos de varas de elevacion, no podemos dejar de asombrarnos del ímpetu y cantidad de las que cubrieron las planicies, y cuyos restos existen hasta el dia, induciéndonos á creer que se han formado estas quebradas por un levantamiento sucesivo y prolongado de los terrenos adyacentes.

Al Departamento de Huancavelica lo tiene favorecido la naturaleza con metales de plata, azogue, cobre, plomo, hierro y carbon de piedra ; pudiéndose por la razon que acompaño al fin de esta memoria y formaron en 1785 dar á conocer las minas que se encuentran en sus provincias. — Adviértase que las de carbon no se conocian en esa época. — Da por contribuciones y ramos eventuales al año 75,350 pesos, y sus gastos suben á 40,061. — Tiene por capital la villa de Huancavelica que los Incas llamaban *Huancavilca*, y que se halla situada en una quebrada profunda, que corre del E. al O. ancha como de 20,00 varas, á la altura sobre el nivel del mar de 4,536 varas y 2/3 y en la latitud de 12°. 53′ 30″ y longitud de 68° 45′. Se fundó en 1572 por Francisco de Angulo, con el título de *Villarica de Oropesa,* siendo virey D. Francisco de Toledo. Su temperamento es bastante rígido, esperimentándose lluvias continuas y tempestades que causan todos los años algunas desgracias. — En el mes de octubre señala el termómetro de Fahr. 54° á las siete de la mañana, 56 á 57 á las doce, y por la noche entre 11 y 12; —48°, por término medio. — Hierve el agua cerca de la plaza á los 182° y en la boca de la mina de Santa Bárbara á 178. — La ciudad está dividida en dos parroquias y cuenta seis iglesias que fueron de religiosos, á escepcion de la matriz. — Tiene en la plaza una pila de piedra, y posee un hospital y un colegio para jóvenes en que debian enseñarse con preferencia la física, química y mineralogia. — Una muralla construida por los españoles, al pié de los cerros de Santa Bárbara, sirve para precaverla de las avenidas que pudieran causar daños á la poblacion en tiempo de aguas.

En los alrededores de la villa, edificada sobre una

especie de pudinga ó conglómera, se encuentran aguas termales. — La temperatura de estas es en el pozo de San Cristóval de 82° del termómetro de Fabr., y en el de Santa Ines de 78, estando el aire á 80. Tienen depositados desde tiempo inmemorial el carbonato de cal y el óxido de hierro, formando una roca sumamente porosa, con la que se han construido y construyen todos los edificios de la poblacion y que cortada en cuadros de 3/4 de largo y dos de ancho, fragua perfectamente con la cal viva y arena. — Estos depósitos calcáreos ó incrustaciones tienen en algunas partes el grueso de mas de 10 á 12 varas, y ocupan un espacio de muchos cientos de varas; notándose en las concavidades estaláctitas y estalácmitas. — No es de estrañar semejante formacion, ni que abandonen las aguas diariamente esta sustancia, si se atiende á que en todos los cerros contiguos se observa la piedra caliza, que disuelta por el agua caliente y por el ácido que pueda contener al estado libre, los abandona, en cuanto se enfría y se evaporiza. — Los cerros inmediatos á la villa, que con frecuencia se cubren de nieve, encierran capas ó mantos metálicos del Cinabrio, piritas sulfúreas, cobre sulfurado y de plata, galenas y vetillas de óxido de hierro. — Las quebradas por el lado del S. las forman los cerros de San Jerónimo, Santa Ines y Santa Bárbara; en este último está la célebre mina del mismo nombre á la altura de 5448 varas, habiendo una diferencia, segun Ulloa, de 912 varas y 1/3 entre el plano de la villa y la mina. — Por el N. el de Potocchi el de Quiraquisca y el de Calqui. — El rio que pasa por la villa y sobre el cual hay un puente de tres ojos de calicanto construido en tiempo de los Españoles, crece tanto en el invierno que no puede atravesarse por otro sitio. Lo único que producen aquellos altos, y esto en ciertos parajes abrigados, es un poco de mielga ó alfalfa; sus habitantes en número de 5000 se ocupan esclusivamente en la esplotacion del Cinabrio.

Los terrenos de que se componen estos cerros son ca-

lizos, esquitosos y porfíricos, alternando unos con otros
y formando capas ó mantos de un grueso considerable. —
Su direccion es la de N. S. y la inclinacion al oeste,
presentándose con frecuencia en lo mas alto de la Cordillera, en riscos escarpados y en las llanuras casi horizontales. — La formacion de la piedra caliza y arenisca se
prolonga á muchos centenares de leguas, tanto al S. como
al N., notándose sinuosidades ó contorsiones bizarras, así
en la llanura de Bombom, ó de Junin, y en el Valle de
Jauja, como en las cercanías de esa Capital. — Las capas
mas ó menos anchas alternan, como he dicho antes, con
la arenisca y con el conglómera y pórfiro. — La caliza es
en algunos parajes compacta, blanquizca y azulada, y la
atraviesa un cuarzo semejante al pirómaco; contiene
conchas pelágicas de diferentes tamaños, en la mayor altura
de la Cordillera, lo mismo que la arenisca. — Estas rocas
tambien las he observado desde Puno hasta la provincia de
Huamalies, y son las que contienen el Cinabrio, no
dudando se prolonguen hasta Chachapoyas y Cuenca, donde
se asegura encontrarse este metal. — Lo mismo se observa
en las famosas minas de Almaden y de Alemania. — Vense
capas que alternan con un pórfiro rojizo y verdoso, como
en la subida á Acobambilla, alto de Sinchillay y bajada á la
quebrada de Huancavelica, de donde se descubre la Cordillera á una larga distancia, presentando la vista mas
imponente é interesante para un geólogo. — El pueblo de
Huando entre Iscuchaca y Acobambilla está sobre un terreno
traquítico que reposa sobre el pórfiro rojo, prolongándose
hasta el alto de Sexse. — En la bajada á Iscuchaca, se nota
un manto de yeso y el granito. — La formacion traquítica
es tanto mas notable cuanto que no se presenta sino en muy
pocas partes, como en las inmediaciones de Arequipa y Hauy-
llay, á distancia de 7 leguas al S. del Cerro de Pasco, formando columnas, riscos escarpados y murallas perpendiculares que se asemejan á fortificaciones de un grosor y estension
considerables, reposando sobre el calcáreo y conglómera.

La profunda quebrada de Iscuchaca, distante 8 leguas de Huancavelica, y á la altura de 3668 varas y 857 bajo el nivel de dicha ciudad, cuenta en sus cercanías minas de Cinabrio, en el mismo terreno, observándose en su profundidad el granito que pasa unas veces á la sienita y otras al gneiss, al calcáreo y al pórfiro. — Se ve tambien sobre el camino para Huancayo la misma capa de yeso blanquizco, semi-cristalizado, reposando sobre el pórfiro y cubierta con la piedra caliza, con las filtraciones y depósitos de la caliza porosa y con estalácticas en forma de racimos y cortinajes curiosos. — Son de observarse las concavidades y figuras de esta especie en Tarmatambo, cerca de Tarma, en la bajada para Huánuco viejo y cercanías de Aguamiro, y de la Oroya á Yauli, donde constituyen salones muy espaciosos. — Esta piedra es conocida en Tarma con el nombre de *Singa*.

Segun informes y datos positivos, en las inmediaciones de Huancavelica, se cuentan 41 cerros que encierran metales de Cinabrio y han sido reconocidos y rumbeados, como consta de la adjunta razon.

CERROS cateados y rumbeados por Cinabrio en la misma veta y contornos de la Real Mina de Santa Bárbara.

Números.	CERROS.	Rumbos.	Leguas.	
1	La real mina de Santa Bárbara.	»	»	»
2	Trinidad.	S.	»	1/4
3	Titicasa	idem	»	1/2
4	Calvario	idem	»	1/4
5	Carnicería	idem	1	»
6	Azulcocha	idem	1	1/2
7	Sillasa.	idem	2	»
8	Terciopelo	idem	4	»
9	Miguel-Pata.	idem	5	»
10	Chontallia	idem	5	1/2
11	Huachocolpa.	idem	8	»
12	Ticllacocha	idem	9	»
13	Huatupa	idem	10	»
14	Chochumpla.	O.	8	»
15	Chuchan-Cruz	N.	»	1/4
16	Chaclatacana.	N. O.	»	1/4
17	Amaro-Pata	N. N. O.	»	1/2
18	Quistiquicha.	N.	2	»
19	Cuchimachay	N. N. O.	2	1/4
20	Yuchilla	idem	2	1/2
21	Yana-Padre	idem	3	»
22	Munilla ó San Francisco . . .	O.	»	1/4
23	Caoramachay	idem	»	3/4
24	Paloma	Poniente	»	1/2
25	Ayamachay	O.	1	»
26	Parcocancha.	idem	1	1/2
27	Tupsa.	idem	»	1/4
28	Quilloquillo.	Poniente	1	1/2
29	Huaman-raco	S.	5	»
30	San Jerónimo	P.	1	1/2
31	Tesorero	idem	2	»
32	Tacracancha.	N. E.	1	1/2
33	Quishuara, manto real al frente de Santa Bárbara	P.	»	1/2
24	Quillacocha	S.	2	»
35	Sᵗᵃ Teresa, partido de Angagaes.	N.	12	»
36	Guasanguia	idem	14	»
37	Paria.	N. O. E.	15	»
38	Laria	idem	16	»
39	Corisuto	N. O. E.	18	»
40	Quero.	idem	18	1/2
41	El Farallon de Santa Bárbara, fuera de los intereses de la Mina Real, tiene varias minas particulares de cinco á seis cuadras.	N.	»	»

Total. Cerros 41

Se puede decir, sin exageracion, que á la distancia de diez leguas de la ciudad, en todas direcciones se encuentran mantos de Cinabrio mas ó menos ricos, y que el principal se estiende á muchas leguas, habiéndose reconocido y esplotado en Pumabamba, cerca de Pucará, (Yauli), en Antocallana, á veinte leguas del Cerro sobre la laguna de Lauricocha, en Quipan, inmediaciones del Cerro de Pasco, en Chonta, y como generalmente se asegura en Pachas, Chachapoyas y Cuenca, en el mismo terreno, direccion é inclinacion (1). — Por el S. refieren varios mineros antiguos que se encuentra cerca de Puno y en una de las provincias del Cuzco. — No hay duda que el Perú posee esta preciosa sustancia mas que ningun otro pais, y lo que necesita es capitales y brazos para introducir al mercado los quintales que sean necesarios para el beneficio de los metales de plata, y esportar el sobrante al estranjero.

La república de Chile, desde el tiempo del Gobierno Español ha estado con la pretension de que posee metales de cinabrio en abundancia, cerca de Punitàqui, en la provincia de Coquimbo, donde se han gastado muchas sumas en diferentes épocas y últimamente por una compañía á cuya cabeza se hallaba el Dr. Casanova. — Para probar que dichos veneros pueden competir con los de Huancavelica, in-

___

(1) El minero Federico Montes, encargado de la Mina Grande en tiempo del intendente Castilla, reconoció el cerro de Paria á 8 leguas al N. de la ciudad de Huancavelica, y encontró minas de cinabrio en la roca arenisca-calcárea. Inspeccionó el socavon que corre de N. á S. perforado en una capa de una vara de ancho. En distancia de 15 leguas descubrió una boca-mina, y en el centro una capa ó manto de 8 á 10 varas de ancho en el pórfiro. En el cerro del Tesorero, al O. de la ciudad, hay otras capas de cinabrio que se descubrieron de una mina que está al S. El cerro se compone de piedra caliza, y corre el manto de N. á S.

D. José Santiago Alvarado y D. Mariano Alvarado pidieron registro, en 1790, de una capa de cinabrio en el cerro de Toclla, frente al pueblo de Ongos, provincia de Castro-Vireina. El antiguo y abandonado mineral de Michipata, á tres leguas al S. del cerro de Santa Bárbara, merece la atencion de los especuladores por los ricos metales que encierran aquellas minas, que se entregaron en tiempos pasados á los *Humaches*, es decir, á indios llamados Busconeros.

sertamos al último el informe que el ingeniero Subiela remitió al Rey de España en 1792 (1).

DESCRIPCION DE LA REAL MINA.

No siendo posible dar una descripcion de todas las labores antiguas de esta mina por hallarse muchas destruidas y abandonadas; y deseando se tenga un conocimiento de toda su estension, me valdré de los reconocimientos antiguos, y copiando el que se hizo en 1785, que juzgo es el que da una idea mas exacta, agregaré las observaciones que pude hacer en mi visita al mineral, el año pasado.

« La Real Mina de azogues, situada en la cumbre del cerro de Santa Bárbara, á donde hizo descanso, manifestó su grandeza, y principiaron su laboreo. Es una veta real encajonada que corre de N. á S., con corta diferencia al N. y SE., la que por la parte septentrional baja, ostentándose en penachos, con un hermoso Farallon que forma mucho mas ancho por fuera que por dentro de la mina, y pasa á la otra banda de San Cristóval dividida con la quebrada que parte el rio de esta villa de Huancavelica, y vuelve á seguir su curso al cerro de enfrente, en la misma forma de penachos y farallones, en rumbo recto hasta su primer descanso, y para mas adelante como una legua, y de ahí confusa : cerro digno de emprenderse trabajo, respecto de ser la misma veta real y estar con metales de azogue desde la superficie de la tierra, y principiada á laborear, de la que últimamente sacaron nueve libras de una hornada.

« Al pié de este cerro de Santa Bárbara que cae á espaldas del barrio de S. Agustin, está dirigido un socavon con veta en mano, por disposicion del Sr. Ulloa al rumbo S. 4.° al SE., propio rumbo de dicha veta real ; empresa grande, pero muy contingente por lo poco que ofrece hoy por dentro de la mina á ese frente.

« Por la parte meridional, como en otra legua, pasa por la haz de la tierra entre panizos, encapamientos y zambullidas, rumbo recto hasta el cerro de Azul-Cocha donde fenece. A este cerro se le introduce por el N. una veta cuantiosa asimismo de azogue, la que tambien forma un gran farallon como todas las demas vetas de estos contornos ; aunque no todos los farallones sean vetas cuando no corresponde la piedra amoladera en

(1) Segun un Estado del Tribunal de Mineria, formado el año de 821, se remitieron á Chile por órden del Gobierno en 1816, 1336 frascos de azogue con 909 quintales 75 libras, é importó todo 53,486 pesos 5 reales.

ellas; esta se hace junta ó aspa que llaman, y es tanto su vicio que sus panizos y metales arrojan azogue, plata y plomo.

« Algunos poco versados ó especulativos quieren fantásticamente interpretar ó figurar que el dicho farallon del cerro de Santa Bárbara es caja de desmonte, que divide las vetas que van encapadas, y que por ambos lados entran vetas que hacen junta en el brocal donde descubrió la grandeza de sus metales. Pruébase lo contrario : lo primero es que el farallon todo es piedra de metal, y con azogue en partes mas, en otras menos y en otras nada : lo segundo, que en el paralelo de las fraguas, donde principia dicho farallon, hácia la parte del E. como del O., saliendo del cuerpo de la veta se hallan en la misma superficie piedras de cajas, las que abrigan al metal del farallon : lo tercero es que por dentro de la mina concuerdan y se corresponden con estas superficiales, las cuales se manifiestan abrazando al farallon, y en su medio todas sus labores.

« Por la del Sol, todo el costado del desmonte de Santa Rita en el Brocal corresponde á la escalerilla del Sacramento en el comedio ; y últimamente á San Camilo, Labores de Diaz, Polonio, San Juan de Dios ; y mas adelante, por la del Sombrío el costado de desmonte de las labores del Señor D. Cárlos III, — donde se verifica, por el Socavon ó lumbrera, emprendido á la parte de Chaclatacana, estar todo en desmonte ó pizarra — corresponde á San Basilio, en el Brocal de Dávila, Yacochinga, en el comedio, Santa Catalina, Santa Ines, Cochapata y cañon de Salazar en San Camilo, en donde se patentiza el ancho de la veta que consta de *sesenta y dos varas de caja á caja.* Y para mayor prueba de esto se confirma con el socavon de San Javier, que partiendo la caja del Sol, con mas de trescientas varas, no se halla metal alguno hasta el centro de la veta, y por consiguiente con el famoso socavon de nuestra Señora de Belen, que partiendo igualmente la del Sombrío con mas de quinientas cincuenta varas, donde cortaron la veta no se halla vestigio de metales ; bien que por la falda del O. de este cerro hay varias ramazones de metales en piedra de cajas que no llevan fundamento, rumbo ni subsistencia, ni pasan á sus chiles como lo demuestra el socavon real referido que pasa por debajo del paralelo de estas, como son la Trinidad con otros varios agujeros que pasan hasta Botija y Punen inclusive. Asimismo sucede por la parte del E. con el paraje de Cabramachay, siendo esta parte de la caja de desmonte ó pizarra que abriga á la veta real, donde crió naturaleza iguales ramazones que, repartidas en guias sin fundamento, parecen y desaparecen y se pierden profundando.

« Volvamos ahora al Brocal donde principiaron su laboreo y manifestó su grandeza. La razon primera es, segun práctica (aunque no hay regla sin escepcion), que hace ya descanso el dicho cerro. Y la segunda es, como va dicho, mas ancho por fuera que por dentro de la mina ; hácia la parte del N. á la del S. se manifiesta la veta mas angosta, por lo que generalmente se observa en todas las vetas tener á proporcion de su grandeza metales mas ricos en sus angosturas, y no en las anchuras donde parece que la misma exorbitancia y desórden forma vicio que

hace que pierdan ó desvanezcan de ley sus metales, y mas cuando
pertenecen á la flaqueza del cerro, como se prueba visiblemente por
dentro de la mina, que cuanto mas se trabaja á esta parte van minorando de ley sus metales. La tercera es que por la parte del S. va á
cuerpo de cerro encapada de desmonte y de zambullida, con la oblicuidad de media barreta ó hipotenusa de cuarenta y cinco grados, poco
mas ó menos, y en esta misma conformidad baja por la del N. que
parece que va despidiendo los cinabrios de su punto vertical : pruébase
la oblicuidad referida por estas operaciones hechas á vara, nivel, plo-
mada y brújula desde el fronton de Machao en Santa Ines, estremidad
N., hasta el plan del último pique de Cochapata, el antiguo, á donde
yace el curso del laboreo. A esta parte hay cuarenta y ocho varas
horizontales al rumbo de la veta, y otras tantas verticales : otra desde
el fronton de San Juan de Dios, estremidad S. y último plan de la mina
que era, como cita la entrega, hasta el paraje de San Juan Nepomuceno,
hoy último plan de ella, hay de distancia mas al S. de diez y ocho varas
horizontales y otras tantas verticales : luego claro está que dichas operaciones dan de manifiesto la hipotenusa de cuarenta y cinco grados
esféricos, y á este tenor puede conjeturarse todo lo restante de la mina,
segun parece.

, « Hé aquí la formacion de la mina por dentro y fuera : ¿ y qué se dirá
de su centro? Que la parte del S., donde tuvo sus metales ricos, está
acabada y confundida de reparos, su medio convertido en laberinto de
calles formadas de empalizadas y mampostería, que ni en sus costados
se halla hoy cosa de provecho por estar todo consumido, y cuando por
casualidad se hallase algun retazo de metal bueno, nunca podria subsistir por no tener parte sólida en que estribarse : solo existe el pobre
frontispicio N. que, como se ha dicho, se dirige á la flaqueza del cerro,
aunque conforme se va bajando desde el Brocal va tomando mucho mas
cuerpo, pero (sin alma como se está viendo) por mas cañones que se han
corrido en tiempo de la administracion real, en metales tan pobres, que
no se hubieran trabajado sin duda alguna en tiempo de particulares ; no
se ha hallado en ellos ni en sus travesias y piques metales de provecho
alguno. Tambien existe el plan de esta mina que se halla en vírgen, cuyo
espacio á lo largo, desde el plan indicado de Cochapata el antiguo hasta
el de San Juan de Dios, consta de doscientas setenta y cuatro varas línea
recta, con la diferencia de setenta y dos varas verticales, y lo demas
segun queda dicho, así de largo como de ancho : todo el referido plan se
halla igualmente desvanecido á imitacion del frente ó costado ya mencionado N. que, aunque en él se han abierto piques y travesías que se
han corrido y actualmente se están trabajando, tampoco se ha hallado
cosa de provecho, antes, sí, mayor decadencia, como se está esperimentando en las fundiciones.

» Con esta inteligencia y conocimiento á fondo, viendo el miserable
estado de esta mina, se dispuso por el director ingeniero D. Mariano
de Pusterla, y con aprobacion del señor visitador y superintendente

general D. Jorge Escovedo, se abriese en la estremidad S. fronton de
San Juan de Dios, una calle con su correspondiente contracalle para
su ventilacion, hasta romper la caja de desmonte del E. por estar
inmediata; é introduciéndose por ella con mayor facilidad y menos costo
que á barrenos, en metal malo, se siguiese el curso de la vela con la
esperanza de salir de las malas brozas y de hallar metales ricos en lo
mas interno y profundo de ella. Hecha esta diligencia en debida forma,
se aplicaron las puntas de barreneros en el espresado fronton, el que
á la vara y media se bojeó á una calle antigua entre el metal y la caja
dicha de desmonte, la que hallándose con umpe, fué preciso darle
communicacion hasta el paraje donde no consentia velas, y dada esta
por otra tambien antigua, anduvo dicha calle el espacio de treinta y
tres varas en los rumbos siguientes : primeramente al S. 3, E. 6, S.
SE. 10, O. 10, OSO. 4., todo en caja de desmonte, hasta que volvieron
á cortar la veta y formaron un pique de cuatro varas de diámetro y
otras tantas de profundidad, que se limpió por hallarse lleno de tierra,
y se reconoció ser de metal malo : pasado este pique, seguia la calle
terraplenada con la direccion hácia al O. en travesia, y limpiándola,
volviendo á faltar viento se habilitó con otra communicacion al mismo
paraje, cerrando la antecedente para mayor fuerza de su ventilacion,
y siguiendo diez varas mas al OSO, con las cuatro del pique inclusive,
y otras diez mas al O. á media barreta en metal y tres mas en desmonte, viendo que se desviaban del tronco de la veta, revolvieron
otra vez á ella, al E., las tres varas de desmonte, donde formaron otra
laborcita con dos y media varas de fondo, y por hallarse tambien con
metal malo se presume hubiesen terraplenado. Hasta aqui se conoce
que siguieron los antiguos el curso de la veta, en solicitud de metales
ricos, al mismo intento de la empresa de la obra de san Juan de Dios
referida, como se ve de manifiesto desde el paraje de Loreto por estar
el socavon que llaman del Vicento, seguido en esta misma forma,
rompiendo la caja de desmonte para mayor facilidad de su internacion,
dando recortes y trechos, como son primero en San Camilo y San
Prudencio ; segundo, plaza del Señor Jáuregui, que tomó ese nombre
en su gobierno por ignorarse los antiguos, donde se halló una plaza
irregular, al parecer abandonada á medio terraplen, de donde se han
sacado muchos metales que ban producido cantidad de quintales de
azogue ; tercero en las claraboyas; cuarto en San Juan de Dios hasta
San Juan Nepómuceno, última labor referida, la cual despues de haber
trabajado á barrenos, ensanchado y seguido hácia el S. cuatro varas
mas, viendo lo poco que se adelantaba y su mucho costo se dispuso
continuar dicha calle en desmonte, desviándose un poco de metal la
que actualmente se está siguiendo á media barreta, rumbo S. 4º al
SE., la que tiene ya corridas quince varas á comba y cuña, donde se
ha principiado ya nuevo recorte al metal.

» Parece ser esta última diligencia único arbitrio que se puede
tomar, bien para buscar mejoría de una mina tan sostituida, ó para

desengaño de su Real Magestad (que Dios guarde), incluyendo que de esta misma suerte se puede hacer, á la parte del N., por el paraje de San Juan de Dios : á desandar lo andado por debajo de la plaza de Jáuregui y todo San Camilo. Asimismo en Cochapata de Diaz, — por estar esta plaza en el centro de la mina, — á buscar los chiles de profundidad y descubrirle la quilla, y por consiguiente en todos los parajes mencionados donde se manifiestan cajas por dentro : aun por fuera, desde el pié de este cerro, á imitacion del socavon del Sr. Ulloa, con graduacion de las alturas donde pareciere mas conveniente. •

El Baron Nordenflicht el año 90 dice :

— « La Real Mina de azogues se halla en el cerro de Santa Bárbara hácia al S. distante un cuarto de legua de la villa. Dicho cerro corre de Levante á Poniente, es bastante elevado, y su masa es toda de pizarra azul parda, y por el Poniente tiene sobrepuestas amplísimas capas de piedra de cal blanca y azul pardo compacta; de suerte que si no se examina con cuidado la posicion de dichas capas, podria tomarse por un cerro cuya masa fuera de piedra pura de cal. Allí es donde se halla la poderosa veta que aquellos mineros computan del ancho de 80 varas que corre N. NE. á S. SO ; y la encontrada compuesta de piedra arenisca en parte de grano muy menudo, y tambien de grano muy grueso, salpicado de mineral cinabrio. Los mineros prácticos de aquel cerro afirman que tienen trabajadas sobre la misma veta como 500 varas en su profundidad hasta llegar al socavon, y otras 500 debajo de él en una longitud de 80 varas, de donde deben haber sacado muchos millones. »

Por descuido de un director que sirvió bajo las órdenes del Marques de la Palata, gobernador que fué de aquella provincia, se quitaron varios estribos del mineral de mediana ley, lo que ocasionó un vasto hundimiento de la mina , en cuya estension se encerraron varios frontones superiores al socavon, y ha resultado asimismo haberse embarazado el comedio de la mina con copia de desmontes, que no hacian la entrada fácil por todas partes, y en muchas no la permitian absolutamente.

Los minerales de azogue que se han encontrado arriba en el socavon y debajo de él, en todos los frontones que se han seguido, son de tan corta ley que no merecen ser sacados fuera de la mina, ni menos trasportados á los hornos de la fundicion. No hay frontones seguidos en el rumbo de la veta, porque, contra todo principio, favorecidos por la amplitud de ella, han ido desflorándolos y profundizando pozos al modo que acostumbran de ordinario los mineros de América.

En 1784 el director de ia mina D. Mariano de Pusterla asegura que siendo muy pobres los metales de esta mina, propuso al intendente laborear los planes en el sitio de San Juan de Dios, tirando cañones en algunas direcciones, y observó que el metal se hallaba en bolsonadas, contenido en la veta entre dos cajas de desmonte, dirigida, aunque con desigualdad de anchura y rumbo, próximamente al N. ó S., pues ya se ve en las oquedades resultantes del laboreo, la interrupcion de diversas calidades de piedra donde se ha formado cinabrio con mucha variacion. El mismo Sr. de Pusterla observa que solo debajo de las calles del Señor y la mayor parte de sus planes á cuerpo de cerro, ha quedado metal de buena ley. Tambien dice que por sus conocimientos prácticos y medidas geométricas, ha venido á saber que desde su descubrimiento en el Brocal, y mas alto del cerro, está con oblicuidad ó con inclinacion al Sur á media barreta, y no perpendicularmente como muchos han creido. Se halla unido el cerro de Santa Bárbara al Sur con otros de mucho cuerpo, y por el Norte cortando con la quebrada profunda por donde corre el rio de Huancavelica. Y es de parecer dicho Sr. que desde las labores mas profundas de la mina debe aplicarse el trabajo, dirigiéndolo al Sur con preferencia á otro rumbo, para lo que dispuso, antes que lo relevaran de su cargo, se abriese una calle desde el sitio inferior de las claraboyas para dar mas ventilacion al de San Juan de Dios que es el mas profundo.

Resulta de estos reconocimientos antiguos que la mina está situada en el cerro denominado Santa Bárbara, y trabajada en mucha estension y profundidad, considerándose el lecho metálico como una veta y no como un *manto* ó capa. Por el exámen que tengo hecho en varios puntos y lugares de la República afirmaré, sin titubear, que la pre-

tendida *veta* no es sino un *manto* que corre paralelo con las
capas de caliza, arenisca y conglómera, con la misma direccion é inclinacion que estas, prolongándose á distancias
considerables. Esplicar la diferencia que hay entre la veta y
el manto seria herir el amor propio de los verdaderos mineros y mineralogistas para quienes escribo, y por lo tanto
pasaré á dar una razon de mi visita al interior de esta célebre mina.

Si se echa una ojeada sobre el plan que acompaño de los
contornos de Huancavelica, se notará que los mantos de
Quichuahuayacu, el de de Santa Ines y el del Farallon,
cortados por la profunda quebrada en que está situada la
ciudad, se reunen ó hacen descanso en el cerro de Santa
Bárbara, — que es el mas elevado, — constituyendo lo que
se llama el Farallon, que tanto al N. como al S. contiene
metales de ley variable, sin notarse diferencia de composicion y situacion entre ellos y los que se estraen de los otros
mantos.

Desde que se deja la ciudad de Huancavelica, se empieza á subir por una quebrada angosta entre los cerros de
Santa Bárbara y San Jerónimo, en la que reconocí el
esquito pardusco, el pórfiro rojo, el conglómera con
pedazos de pedernal y piedra caliza, la caliza blanquizca y
azulada, y la enorme formacion de arenisca ó gres, que es
de grano mas ó menos fino y de un color blanco sucio y
constituye el célebre Farallon. Reposa, ya sobre la caliza,
ya sobre el conglómera, con mas ó menos cantidad de
cinabrio. Llegado á la falda del cerro de Santa Bárbara,
donde se encuentra la entrada del ancho socavon de Belen,
penetré en él, acompañado por el arrendatario de la mina y
otros individuos. La portada de esta hermosa obra de
calicanto se halla adornada con las armas del imperio
Austríaco, las de la Monarquía Española y las de la ciudad
de Huancavelica. A diez varas de ella se encuentra un
porton de madera, y en la parte superior se ve un San
Cristóval, esculpido en la arenisca, en una posicion que

parece estar sosteniendo todo el cerro y aun la bóveda del socavon. Este tiéne de largo como 700 varas, sobre tres á cuatro de ancho, y aun mas de alto en algunos lugares : se encuentra perforado con direccion E. O. en el conglómera que encierra pedazos de calcáreo azul de diferentes tamaños, en la piedra caliza y en la arenisca, alternando estas capas con mas ó menos grueso (1). Puesto en el punto de Toctocasa, donde principia la capa metalífera, se comienza á descender por una gradería y calle relejada hasta la plazuela de San Francisco; y de allí, tomando á la derecha, bajando por Chiricalle y atravesando el cañon de Quevedo y plazuela de Santa Ines, llegamos á las labores de Cochapata, en las que se nota mucho sulfato de hierro y rejalgar mezclado con cinabrio. De este punto subimos á las labores de Santa Catalina, reconociendo los relejes y ademes puestos por el arrendatario para la seguridad de estos sitios. Continuando por los piques de Santa Cruz, se baja al cañon de Reyes, donde hay reparos para sostener los desplomes de las grandes masas de greda que gravitan encima. En seguida visitamos (subiendo siempre) el cañon del Sol de Villa, examinando al mismo tiempos los ademes puestos en esa calle de cal y piedra. Volviendo á bajar por la calle de San Bruno á la denominada Real, que se dirige al Brocal, nos hallamos en el sitio de la Pulperia y Toctocasa, y regresamos, por el mismo socavon á la casa de la Quilca. En el reconocimiento de estas labores y muchas mas, no encontré un sistema de laboreo como lo prescribe el arte, ni menos frontones que diesen metales de una ley regular. Enormes salones ó escavaciones profundas, pozos, calles y estribos, regularmente relejados con mucha madera y piedra caliza, es lo que atrae la atencion del viajero. El manto en esta parte mide 50 varas de ancho; contiene cinabrio diseminado en la piedra arenisca.

(1) Acabó de perforarse el socavon en el gobierno del marques de Mancera, siendo su director Juan de Vielza.

Examinada esta parte de la mina, subimos por Cha-clatacana á la cima del Farallon, en donde se halla situada la puerta de Cárlos III, la mayor altura de la mina. Reconocí los escarpes llamados del Brocal, sobre los que construyeron los Españoles largas y anchas paredes á fin de impedir que los terrenos movedizos de sus costados aumentasen el hundimiento causado por Marroquin, y posteriormente por las aguas en tiempo de lluvias, saliendo por las acequias hechas al intento.

En seguida bajamos á la labor de Jesus María por una gradería formada en el mismo terreno hasta la plazuela ó capilla del Rosario, donde se ve una Vírgen de bronce con el niño en los brazos, tan negra y sucia como el carbon : los trabajadores indígenas la veneran con mucho respeto. Se dice que el obispo de Ayacucho Lopez Sanchez llegó á este sitio y le concedió indulgencias. Siguiendo nuestra visita, bajamos á la plazuela antigua de Cárlos III, deno-minada hoy del general Gamarra por el actual arrendatario, quien la limpió y estrajo de ella algunos metales. Recono-cimos el cañon de san Judas y el de Bedrimana. De aquí subimos á la misma plazuela del Rosario, y tomando por la derecha bajamos á las labores de Pucacocha, Santa Cruz, Oqueda, san Hijidio y Lambras hasta el estribo *Llama-cuncan*, el que representa un verdadero pescuezo de Llama. Contiene este el mejor metal que he reconocido en toda la mina, y el único que subsiste con las marcas que le puso el ingeniero Subiela cuando levantó el plano.

Todo el terreno reconocido de esta mina se compone de piedra arenisca con cinabrio, de capas de greda media azulada y de caliza blanquizca, siguiendo la direccion constante N. y S. inclinándose al O. El manto metalífero tiene en muchas partes de 40 á 50 varas de ancho; así es que las grandes escavaciones que se han hecho desde la entrada por la puerta de Cárlos III hasta sus planes, son tan anchas que parecen mas bien cuevas naturales, habi-tadas por animales feroces; no existiendo estribos ni puentes que sostengan sus bóvedas; y como una prueba de lo que espongo y de la poca inteligencia y órden que adoptaron los encargados de esplotar este rico mineral, copiaré lo que dijo el ingeniero subterráneo D. Pedro Subiela en 18 de Mayo de 1795, en una representacion reservada que dirigió al Rey de España.

« Por haber ampliado dicho Gobernador los permisos para el trabajo « de minas á todos los que quieran dedicarse á este ejercicio en las « inmediaciones de la mina grande nombrada Santa Bárbara, adjudi- « cando á los particulares tambien la nombrada la Trinidad, que se « ha trabajado hasta ahora de cuenta del Real Erario, y con utilidad, « la cual se halla á un tiro de pistola de la de Santa Bárbara, ha cre- « cido de tal suerte el desórden en el laboreo de todas, sin quererse « sujetar á unas reglas seguras para su disfrute, que aseguro á Su « Majestad que no pueden disfrutarse dentro de pocos años, segun lo « que observo con la mayor admiracion, y segun tambien mis conoci- « mientos en las de esta clase; y tambien aseguro á Su Majestad, que « si yo me produjese en estos términos en algun informe que se me « pidiese sobre el concepto que formaba del estado actual de seme- « jantes trabajos, me tendrian por un loco ó por un ignorante; porque « la sabiduría de los mineros de Huancavelica y de los que mandan « este gobierno, solo se reduce á disfrutar las minas sin principios, « sin reglas y sin precauciones que afiancen su duracion; haciendo « en ellas un lamentable destrozo, pues toda la preocupacion de ellos « es sacar azogues en abundancia, y en este principio fundan los « Gobernadores la felicidad de sus gobiernos, y los mineros en apro- « vechar en sus dias todas las riquezas de sus minas, sin atender á su « permanencia, y sí al pronto aprovechamiento de sus producciones; « de cuyo errado principio y de la tolerancia en permitir desórdenes « en las minas de este reino, generalmente ha provenido la ruina de « muchas, cuyas riquezas quedan sepultadas en sus senos perpetua- « mente, sin arbitrio de poder disfrutarlas. »

Si se recorre el plan subterráneo que formó este inge- niero se verá que sus labores presentan un caos y que no es posible formarse una idea completa de ellas sin mucho trabajo y estudio (1).

La comunicacion con el socavon Belen se halla espedita

(1) En solo reparos de la mina y sueldos de los encargados se gastaron, desde 1690 hasta 1722, 1,447,845 ps. 2 y 1/2 rs.

por esta parte; mas no las labores de la ruina de Marroquin, sin embargo de haberse intentado introducir á ellas por el empresario Olabegoya y el actual arrendatario D. Luis Flores, el que tiene dos puntas de barreteros en sus comedios.

Ademas del socavon de Belen hay el de San Javier, con su portada de piedra labrada, el de San Nicolas, tambien con su portada, y por el que desaguan las acequias de los escarpes; su direccion, como el de San Javier, es la de E. O. El de la Minilla, distante algunas cuadras de la Mina grande, se trabajó en tiempo de los Españoles, y lo pasó la Compañía Huancavelicana; su direccion es N. S. La Mina de la Ventilla, distante tres leguas al S. sobre el mismo manto de Santa Bárbara, tiene tambien su socavon que fué limpiado y continuado por la dicha Compañía : comunicó á las minas de Santiago y Ferrusa, sin encontrar metales.

La mina de Sillacasa en el declive del Farallon y á pocas cuadras de la grande, dió buenos metales, pero en la actualidad se halla destruida y abandonada.

La obra de Mitucalla y de la Trinidad, que emprendió la misma Compañía, fué abandonada despues de un corto trabajo.

Encuéntranse en las labores ojos de arsénico sulfurado ó rejalgar colorado que contiene cinabrio, y el *muqui* ú oxido de hierro que muchos lo tienen por el cinabrio en polvo; — minerales que no entran en los hornos, el primero por el temor bien fundado de que los vapores arsenicales enfermen á los operarios, y el segundo porque no contiene el mercurio.

La estraccion del metal se hace por indios llamados *Apiris,* llevándolo sobre sus hombros por pasos caracoleados y mal dirigidos frontones, á razon de un tanto por cajon. — Se practica el pallaqueo ó division en las *acomodanas* y de allí á la *quilca,* para la conduccion á los hornos.

— Podrian emplearse en los socavones carros ó carretillas de mano, lo que facilitaria y economizaria su estraccion.

—Se emplean en la actualidad en esta mina mas de 250 operarios entre barreteros, horneros y cargadores. — Segun el informe del arrendatario, da, sin embargo de ser pobres los metales, de 450 á 500 quintales al año, teniendo de costo de 100 á 110 pesos quintal, gastando en cada año de 40 á 45,000 pesos en estraer y fundir el mineral que produce, por término medio, diez libras y media en cada hornada.

En tiempo del Gobierno Español contribuían para el trabajo de esta mina las Provincias con mitayos, ó con dinero, como se ve por el Estado que sigue.

Razon de las cantidades de dinero é Indios efectivos con que contribuyen anualmente por razon de mitas á esta Real Mina los Partidos.

PROVINCIAS.	PARTIDOS QUE MITAN EN DINERO.	PESOS.	Rs.
Huamanga..	Parinacochas.	1,417	4
	Lucanas	6,900	»
	Vilcas Huaman.	5,100	»
	Andahuaylas.	900	»
	Huanta	4,096	7
Cuzco	Aymaraes	6,605	5
Huancavelica.	Castrovireina	1,000	»
	Tayacaja.	5,044	4
	Cobrables en cada año. . .	29,064	2

	PARTIDOS QUE MITAN CON GENTE EFECTIVA.	INDIOS.
Cuzco	Cotabambas	57
	Oropesa	8
	Chumbivilcas.	100
	Indios que vienen al año. . . .	165

PARTIDOS QUE ANTES CONTRIBUIAN EN DINERO, HALLANDOSE.
AHORA ENTORPECIDO SU COBRO.

Lima. — Yauyos pagaba anualmente 675 pesos; mas hace años que se ha entorpecido su cobro. El espediente de esta materia rueda en el Superior Gobierno del Reino.

Tarma. — Jauja contribuia con 10,522 pesos 1 real anuales; pero hace mas de 21 años que no satisface cosa alguna. La resolucion de este asunto pende del Superior Gobierno.

Todo lo que consta de los respectivos espedientes que existen en la Secretaria de mi cargo, con cuya vista he formado la presente razon, en virtud de lo mandado. — Huancavelica, enero 12 de 1804. — *Joaquin Fernandez.*

Para que se tenga una idea de la estension con que se llevaban los trabajos de la mina, agregaré al fin de esta Memoria los Estados, por un mes, de los gastos de albañiles y jornaleros y de los artículos que se consumian bajo la denominacion de *Ratas y Desmontes* (1), como tambien de los de estraccion de metales y de las bajas á los hornos. — Calcúlase que el año de 90, como el de 91, no bajaron los gastos de la mina y de fundiciones de 250 á 300,000 pesos. En el año de 1805 con la compra de azogues subió el total á 304,964 7 y 1/2, siendo de advertir que en empleados innecesarios se consumian 4394 pesos. En sínodos, Hospital de San Juan de Dios, limosnas al convento de San Francisco, sueldo de inválidos y refacciones de la mina se gastaron en el año de 1804, 28,429 pesos 6 reales, subiendo todo á 335,144 pesos y un real y medio.

La mina, segun informes adquiridos, se trabajó por cuenta del Rey hasta el año de 93 y permaneció cerrada hasta agosto de 99, continuando despues su esplotacion hasta 1806. — Por decreto de 2 de agosto de 99, se ordenó pagase la caja de Huancavelica á los mineros 85 pesos por quintal, y á virtud de esta órden se introdujo en Reales Almacenes hasta fin de junio de 1805 la cantidad de 16,513 quintales 98 libras.

Segun la Razon que formó bajo el número 4 la Diputacion de Minería, se trabajaban, en el año de 46, 45 minas de Cinabrio, cuyos metales se destilaban en 93 hornos sin contar los 18 del Estado. — Las minas de la Trinidad son las que dan metales de mejor ley así como las del cerro de

(1) Bajo esta denominacion se conocia tambien la antigua deuda del Rey por habilitacion y reparos de la mina que el gremio pagaba en azogue. Véanse los 9 estados marcados con la letra F.

Núm. de piedras.	Importe á dos pesos ciento.	Importe de maderas.	Cotabambinos.	Importe de varios útiles.	TOTALES.	
					Pesos.	Reales.
3,590	ps. 71-6 $^{1}/_{4}$	» »	ps. 130	» »	489-6 $^{1}/_{2}$	
1,520	30-3	ps. 51-1	65	ps. 6	693-5 $^{1}/_{2}$	
3,340	66-6 $^{1}/_{4}$	389-1 $^{1}/_{2}$	65	2-4	1,029-5	
»	» »	403-1 $^{1}/_{2}$	65	1-4	971 $^{1}/_{2}$	
»	» »	301-1	65	» »	649-1	
1,030	20-4 $^{3}/_{4}$	694-2	65	11-7 $^{1}/_{2}$	1,336-2	
»	» »	98	65	» »	421-1	
»	» »	614-3	65	» »	1,211-3 $^{1}/_{2}$	
					6,802-1	

y tres cuartillos reales (36,503 pesos 2 y $^{3}/_{4}$ reales).

)on José Luis Abregú y por el interventor de Real Hacienda Don José
n la Real Mina, desde 1° de enero hasta 30 de abril de 1789, del gobierno

CONSUMO EN LOS MESES QUE SE REFIEREN.

Bancos.	Palos.	Cal.	Arena.	Bermellon.	Piedras.	Velas.	Pólvora.	Acero.	Canales.	Losas.
291	977	987 $\frac{1}{2}$	1,812	1,282	30,240	447 $\frac{2}{8}$	1,572	55 $\frac{1}{2}$	»	»
347	721	522	1,073	730	30,920	357	1,870	56	»	»
235	1,485	820 $\frac{1}{2}$	1,488	1,066	26,695	474 $\frac{7}{8}$	2,464	74 $\frac{1}{2}$	»	»
143	744	206	506	131	2,200	232	886	32 $\frac{1}{2}$	»	»
016	3,927	2,536	4,879	3,209	90,055	1,511 $\frac{1}{8}$	6,792	218 $\frac{1}{2}$	»	»

	Bermellon.	Piedras.	Velas.	Pólvora.	Acero.	Canales.	Losas.
	3,249	95,855	4,752	6,955	225	119	1,920
	3,209	90,055	1,511 $\frac{1}{8}$	6,792	118 $\frac{1}{2}$	»	»
	0,040	5,800	3,241	0,193	006 $\frac{1}{2}$	119	1,920

de sus especies, segun consta del documento Núm....   Es copia.

ues, en el Gobierno del Sr. D. Pedro de Tagle, cuya operacion se form
or de ella D. José del Pedregal que se han traido á la vista.

Cal.	Velas.	Acero.	Canales.
209¹/₂	234³/₈	48	7
167¹/₂	186²/₈	59¹/₂	»
195¹/₂	357⁷/₈	74¹/₂	1
195	332¹/₈	72	1
243¹/₂	316⁷/₈	63	»
525	396³/₈	77	»
276¹/₂	502³/₈	68	20
407	251⁷/₈	58	12

ena.	Bermellon.	Piedras.	Velas.	Pólvora.	Acero.	Canales.	Lo
890	454	15,940	3,260	12,041	509	121	1,2
706	454	14,940	2,378¹/₈	12,007	500	39	
184	000	1,000	881⁷/₈	34	9	82	1,2

diferencia en algunas de sus especies; y la razon es que, así en las mensuales formadas por
sacan sus existencias por regulacion prudente.
el manejo de la real mina en 1771.

s,

Calzas de herreros pesos.		Importe de caliches y Calzas.		Libras de Pólvora.	Importe.		Sueldos de Empleados.			Importe de papel.	Gastos estraordinarios.	TOTAL.	
												Pesos.	Reales.
»		»		»	»		134	5	1/2	»	»	134	5	1/2
28	4	35	1	200	87	4	194	5	1/2	»	»	1,384	1/2
1/4 41	2	48	6	400	175		194	5	1/2	52 5	22 2	2,212 6	1/2
1/4 41	2	48	4	400	175		194	5	1/2	»	»	2,032 2	
41	2	48	3	400	175		194	5	1/2	»	»	2,031 7	1/2
1/4 26	2	32	7	300	231	2	194	5	1/2	»	»	1,278	1/2
1/4 41	2	48	2	300	231	2	194	5	1/2	»	»	2,077 3	1/4
1/2 31		33	6	300	231	2	194	5	1/2	»	»	1,250 4	
44		51	4	400	175		194	5	1/2	»	»	2,116 5	
												14,519 2	3/4

y un cuartillo (98,963 pesos 2 rs. 1/4).

Quirarquichqui, y particularmente la que trabaja D. Luis Flores, que produce de 40 á 45 libras por hornada.

La ley de los metales de Santa Bárbara, en general, ha sido escasa, no obstante que se han presentado en diferentes épocas bolsonadas de una ley mas que regular. — En la actualidad el ancho del manto que se calcula por los mineros antiguos y modernos de 70 á 80 varas, no pasa en su ley de 1/2 al 1 por ciento. — Favorece su estraccion el precio de 100 á 110 pesos, en que en la actualidad se vende en el mismo mineral; y como he dicho anteriormente, tendria menos costo si se empleasen otros medios de los que usan para la estraccion de la mina, conduccion á los hornos y destilacion.

En el año de 90 daban las lavas de 10 hasta 15 libras por hornada, y se regulaba el costo de 33 cajones, siendo cada uno de quintal y medio, en 118 reales, — sin incluir el sueldo de empleados, — é importando la produccion 12 libras, que al precio de 85 pesos quintal valen 85 reales; resultando una pérdida efectiva contra el Erario, que se recuperaba con la mayor suma de marcos de plata que se estraian de los minerales.

DE LA DESTILACION DEL CINABRIO.

Desde el tiempo de Teofrasto, trescientos años antes de la venida de Jesucristo, se conocia el Cinabrio de España. Vitrubio, que vivió en tiempo de Augusto, habla de las minas de Almaden, y se calcula que se trabajan dichas minas desde mas de dos mil años; pero no se fija la época en que se empezó á destilar. — La Mina de Huancavelica se comenzó á esplotar desde 1570, destilándose sus metales desde 1.º de enero de 1571. Hace pues 277 años que está en posesion del Estado.

Los hornos donde se destila el Cinabrio, ademas de estar

8.

mal construidos, ocasionan con sus materiales porosos pérdidas considerables, por la facilidad con que absorben los
vapores mercuriales; así es que en las rendijas, en los adobes, y aun en los techos de paja con que están cubiertos,
se descubre el azogue y su óxido en no pequeñas cantidades, causando al mismo tiempo enfermedades con dolores
agudos en el infeliz operario. Las junturas de los cañones
de barro ó *aludelas* cubiertas con un poco de ceniza ó barro
y el poco largo de estas, son otras tantas causas que in-
fluyen en la pérdida que se esperimenta en la fundicion ó
destilacion de los metales.

Si se construyesen hornos como los de Idria, ó siquiera
como los de Almaden, no hay la menor duda que con la mitad del costo se estraerian mayor número de quintales,
precaviéndose al mismo tiempo las pérdidas que suceden
diariamente. —Encuentro una sola dificultad para establecer oficinas como las de Idria, y es la escasez de leña, porque la paja denominada *icho,* de la que hacen uso, no puede
dar un fuego tan activo para las cantidades de metal que
se introducen en dichos hornos; — siendo constante que,
aun en los pequeños de Huancavelica, siempre queda una
porcion de Cinabrio sin descomponerse.

El método seguido hoy dia para la destilacion es el mismo
que tenian en práctica los españoles. — Favorecido yo con
una copia de la Relacion que hizo el contador mayor Becerra el año de 92 comparando los modos de fundir en Almaden y en Huancavelica, me limitaré á copiarla; pues se
encierra en ella todo lo que se desee saber sobre el particular.

Existen en la actualidad 18 hornos pertenecientes á la
Mina grande y 93 de particulares. Se destilan en los primeros 7 quintales semanales de 65 á 70 hornadas, cousu-
miendo cada una ocho pearas de paja que valen 2 pesos.
El término medio que dan los metales en estas fundiciones
es de 10 á 12 libras; pero la mina de la Trinidad Chica
que está al O. del Farallon, perteneciente á las Señoras

Ponces, está dando de 20 á 25 libras por hornada. Por el Estado Nº 1 se tendrá un conocimiento de lo que se ha gastado en la fundicion en cada año de los 9 y 1/2 que espresa, como tambien de los gastos por menor; así mismo por la razon Nº 2 se verá el número de hornos y lo que destilaban.

Segun dicho Estado costaba la destilacion de cada quintal 33 pesos y 3 reales y 1/2 y con los gastos de la mina subia hasta 93 pesos. El arrendatario actual de la mina asegura que le tiene de costo cada quintal de 100 á 110 pesos hasta ponerlo en badanas. En la construccion de una parada de hornos se gastan 500 pesos, y hay que refaccionarla cada año.

DE LO QUE HA PRODUCIDO LA MINA.

No siempre se puede calcular con exactitud lo que produce una mina, aunque se hayan asentado en libros las partidas obtenidas de los beneficios, porque sabido es lo que sustraen los operarios y mayordomos, estimulados por el precio mayor pagado por los rescatadores; quedando esto comprobado por las quejas que daban los intendentes al virey, al hacer presente que los comerciantes del Cerro de Pasco llegaban á la villa de Huancavelica, con cantidades no muy pequeñas, á comprar el azogue que debian dar los mineros á las Cajas, fomentándose un contrabando imposible de cortar de raiz. Mas como no hay otros documentos que puedan suministrar datos exactos, presentaré la Razon sacada de los libros de la Tesorería de Huancavelica desde el año de 1571 hasta el de 90, sobre lo que se estrajo de la mina de Santa Bárbara en quintales de azogue y es la cantidad de 1,040,469 q^s. 30^a. que avaluados á solo 73 pesos el quintal importan 75,954,257 pesos. (Véase el nº 3).

Para saber lo que ha producido el Mineral, desde esa fecha hasta el año de 1846, he tenido que valerme de otros documentos y de noticias que, aunque sean dadas por personas de concepto, ni son, ni pueden ser, por haber trascurrido muchos años, tan exactas como las que constan por libros de cajas. Sin embargo puede calcularse sin exageracion que hasta el año 20 el mineral de Huancavelica produjo, término medio, 2,000 á 2,500 quintales cada año, y que desde el año 36 en que la compañía de Olabegoya emprendió su trabajo hasta el de 39 no dejaron de destilarse 1,200 quintales al año.

Los trastornos políticos desde el año 20 hasta el de 35, y los esperimentados del 40 al 44 paralizaron el trabajo de las minas, siendo muy aventurado fijar el número de quintales que pudieron haberse estraido en dichas épocas.

Si avaluamos á 85 pesos quintal, como se mandó desde el año de 99 segun la segunda Razon, tendremos por su valor 5,590,118 pesos 4 reales que agregados á los del primer Estado, se obtendrá la suma de 81,544,375 pesos 4 reales, y 1,106,235 quintales 40 libras, estraidos así de la mina de santa Bárbara, como de las demas que se hallan en sus contornos. —No se traen á consideracion los quintales sacados de contrabando.

A pesar de que los mantos metálicos se estienden á muchas leguas, como se ha dicho, y no obstante la proteccion que prestaba el Gobierno antiguo á los mineros, nunca pudieron estos dar abasto á los asientos minerales con los quintales de azogue que necesitaban para la estraccion de la plata. Por la razon bajo el nº. 4, formada por el Tribunal de Minería en 1804, se verán los quintales que se espendian en las cajas del vireinato. Tomando el término medio del último quinquenio, necesitaban las minas 5631 quintales en cada año, los cuales debian dar 562,000 marcos, si es positivo lo que dicen los mineros que por cada marco pierden una libra de azogue. Esta cantidad de marcos debe haberse aumentado en el dia por la razon bien obvia de que el precio de la piña es mayor, y de que se emplean máquinas y mas brazos en la estraccion de metales, agregándose aun á esto los nuevos inventos que acceleran los beneficios (1).

Como prueba de que mi cálculo no es exagcrado, espondré que en el año de 90 rindieron los minerales del Perú 412,117 marcos, contáudose 399 Haciendas ó ingenios, 112 piruros ó quimbaletes de oro y 850 minerales de ambos metales, en los que habia 184 de plata y 69 de oro, y se veian 728 mineros en ejercicio.

El solo distrito de Pasco en el año de 46, contaba 93 Haciendas en corriente y 211 ingenios, y entre cortes y minas 2,039, habiendo producido en el mismo año 281,011 marcos 2 onzas, y, desde el año 28 hasta el indicado, 4,647,052 marcos y 6 onzas y media.

MEDIDAS QUE PUEDEN TOMARSE PARA

AUMENTAR LA ESTRACCION DEL AZOGUE.

Reconocido el lecho metálico en su estension y poder, y probada la estraccion del sinnúmero de quintales que se ha hecho en tan corto espacio de tiempo, no puede dudarse que empleando los medios convenientes, el Perú obtendrá todo el azogue que necesita para el beneficio de sus metales de plata y oro. A fin de conseguir objeto tan importante, es conveniente se entregue la Mina Real á una compañía que reuna un capital por lo menos de 200,000 pesos y emprenda la esplotaciou en grande, continuando el socavon de Ulloa, y dirigiendo al mismo tiempo sus investigaciones

(1) El marques de Casaconcha en su Memoria manuscrita dice que por despacho de 5 de abril de 1720, dirigido al príncipe de Santo-Bono, consideraba S. M. ser suficientes 5,000 quintales de azogue cada año para consumo de las minas de plata y oro del Perú. Solorzano juzgaba necesarios 6 á 7,000 quintales: el príncipe de Esquilache en su Relacion del Reino 6,000, y Casaconcha, segun las cantidades estraidas en un quinquenio desde 1720 hasta 1724, asegura no consumirse mas de 5,500 quintales en cada año.

á la parte del Sur, en la cual, segun todos los informes, se encuentran metales de mejor ley que los que proporcionan las labores actuales.

Los sugetos de conocimientos é inteligentes en el arte del minero puestos á la cabeza de la Sociedad no solo establecerán máquinas, proporcionando herramientas útiles, brazos, etc., sino que arreglarán los trabajos subterráneos con la mayor economía y construirán hornos adecuados para una perfecta destilacion. Por otra parte, convenciéndose de la abundancia y riqueza de sus metales, no trepidarán en poner un banco de rescate, con el que se ensanchará la escala de las labores y se aumentarán los especuladores, activándose el comercio, creciendo la poblacion, y, como consecuencia natural, las entradas del Erario.

La esperiencia ha demostrado que para estas especulaciones la reunion de individuos que dedican cortas sumas, produce las mayores ventajas, sin comprometer sus fortunas ni esponerlos á quedarse arruinados. Ningun Gobierno debe entrar en negocios mercantiles ó industriales, porque perjudica directamente á sus mismos súbditos, y no puede distraer las cantidades que son necesarias para sus gastos naturales, no siendo sino depositario de los intereses nacionales. Si el Monarca Español hubiese arrendado desde un principio la mina de Huancavelica á compañías con suficientes fondos, en lugar de darla al Gremio de Mineros que carecia de ellos y de conocimientos científicos y solo trató de arruinarla para saciar una vergonzosa codicia, ¿cuántos millones de pesos se habrian ahorrado, y cuántos robos, vidas y vejámenes se hubiesen evitado con los infelices mitayos que se llevaban al sacrificio?

Causas·tan justas y de conveniencia recíproca obligan y obligarán, en todo tiempo, al Gobierno á disponer de las minas del Estado, ya sea en venta ó arrendamiento, ó cediéndolas por cierto número de años sin ningun premio, pero, sí, con condiciones que refluyan en beneficio de la industria minera.

El plan que á mi juicio puede adoptarse es el de entregar la mina de Santa Bárbara, y las demas del Estado, á la compañía ó compañías que las pretendan, exigiéndoles den el azogue á los mineros á un precio fijo que no pueda alterarse durante la contrata, y establezcan unos hornos mas grandes y'económicos, que dejarán despues á beneficio del Estado, y un banco de rescate en el asiento mineral, estipulando el precio á que debe pagarse á los mineros.

Si, por intereses privados ó por error de concepto, no se quisiere que el Estado ceda esta propiedad por período determinado, los que se opongan causarán daños positivos á la minería por la escasez de este ingrediente, y á la nacion porque cerrada la mina ó entregada al comun de los mineros, se verá completamente destruida en corto tiempo.

Ofrecí el año pasado presentar al Supremo Gobierno una Memoria sobre el importante mineral de Huancavelica y la mina de Santa Bárbara. He realizado este trabajo con algunas dificultades, á causa de no tener á la vista todos los datos que deseaba. No pretendo que se le considere como una obra perfecta y acabada, ni que agrade á muchos su lectura; el asunto es árido, no prestándose á que la imaginacion, por rica y ardiente que sea, lo haga ameno. Las bellezas y agudezas espresadas con tintes vivos, no se hermanan bien con la exactitud de los principios en que se apoyan los conocimientos positivos; lo que buscan el minero, el mineralogista, el geólogo y el economista son observaciones ó comparaciones en los lugares desconocidos, á fin de descubrir los mantos cinábricos. El economista hallará datos curiosos sobre la riqueza mineral, y el metalurgista ó especulador un método para emprender sin mayor costo la destilacion del cinabrio.

El conocimiento de los terrenos y *formaciones* es de suma importancia para el minero á fin de precaverse de gastos inútiles que arruinen su fortuna y de emplear el tiempo en vano. Para apoyar mas esta idea, que puede ser muy útil á los estranjeros que se propongan trabajar nuestros veneros, copiaré lo que dice el sabio Humboldt en sus viajes á las regiones Equinocciales. « He creido deber dar « un gran desenvolvimiento ó desenlace á la descripcion « geognóstica de la América del Sur, no solamente por « causa del interes de las novedades que se nos inspira con « el estudio de las *formaciones* en las regiones Equinoc- « ciales, sino particularmente en razon de los esfuerzos « honrosos intentados últimamente en Europa para vivifi- « car y estender el laboreo y beneficio de las minas en las « cordilleras de Colombia, Méjico, Chile y Buenos-Aires, « para cuyo objeto se han reunido grandes fondos. Cuanto « mas agrande y consolide la confianza pública estas em- « presas, de las que ambos continentes podrán sacar ven- « tajas reales, tanto mas deben los que poseen un conoci- « miento local de aquellas regiones, publicar materiales « capaces de hacer apreciar la riqueza relativa de los sitios « de minerales en las diversas partes de la América Espa- « ñola. Falta mucho para que el buen éxito de las asocia- « ciones para el laboreo de las minas y el de los trabajos « ordenados por los gobiernos libres dependan únicamente « de la perfeccion de las máquinas empleadas para el agote « de las aguas y para la estraccion de los minerales; de la « distribucion regular y económica de las obras subterrá- « neas, y de las mejoras en la preparacion, amalgamacion « y fundicion. Este feliz éxito depende tambien del cono- « cimiento profundo de los diferentes terrenos sobrepues- « tos. La práctica del minero está íntimamente ligada con « los progresos de la geognosia; y puede probarse que se « han gastado locamente en la América Equinoccial muchos « millones de pesos fuertes, á causa de la profunda igno- « rancia de la naturaleza de las *formaciones* y del sitio de « las rocas en que se dirigian los trabajos de investiga- « cion. »

Si logro con este imperfecto trabajo coadyuvar en algo al progreso del mineral de Huancavelica y á la mayor estraccion de quintales de azogue y de marcos de plata, no exijo otra recompensa que la indulgencia de mis lectores y el aprecio de los sensatos.

NOTA. Para que se tenga tambien un conocimiento del mineral de Chonta, agregaré á esta Memoria, como apéndices, el oficio que pasé al Gobierno el año de 45 y una Razon y Estado que demuestran el número de las minas en actual trabajo, y el de las libras de azogue que resultó en 1846.

He añadido la Razon de los minerales del departamento de Huancavelíca y las vistas de dicha ciudad, para ilustrar mas el asunto de mi Memoria.

METODO DE FUNDICION DE METALES

DE AZOGUE DE HUANCAVELICA.

Los hornos en que actualmente se funden metales de azogue en Huancavelica, ascienden al número de 76, distribuidos en trece distintos asientos ó parajes á diferentes distancias, algunos á una legua : 57 son de dueños particulares, á quienes se paga por cada uno 25 pesos de arrendamiento al año, y ademas el costo de habilitacion, siendo de cuenta de los dueños reparar las oficinas de su servidumbre y ascendiendo dicho arrendamiento anual á 1,425 pesos. — Anteriormente se tuvieron hasta el número de mas de 100. — Los 19 restantes son propios de S. M. corriendo de su cuenta el mantenerlos con sus oficinas, y regulando por cada uno de ellos los mismos 25 pesos que cuesta el arrendamiento de los de los particulares, importan 475 pesos, que unidos á la suma anterior hacen el total de 1,900 pesos al año, ademas de los costos de su composicion.

Lo efectivamente pagado, por arrendamiento de hornos, á los dueños de ellos, desde que la mina corre por cuenta de S. M. hasta lo vencido en el año de 1791 inclusive, importa 15,562 pesos 1/2 real, sin incluir los costos de su composicion, que son de mucha consideracion y difíciles de averiguar, ni los de los útiles y cañones de su servidumbre.

Estos hornos, con otros que se ven arruinados en gran número, por varias partes de las inmediaciones de esta villa, y distancias de una y dos leguas y mas, fueron construidos en diversos tiempos por individuos del antiguo Gremio de Mineros de aquella poblacion, y otros que se llamaban Buscones y vendian el azogue á los gremiantes, ó le introducian á su nombre en los Reales Almacenes.

Algunos de estos hornos están por sí solos; pero, por lo general, se hallan apareados, de dos en dos, en un mismo edificio que forma un gran cuadrilongo.

Este edificio está techado sobre pilares de adobes, así como lo están, con bastante abrigo, sus fogañas.

Los vasos de los hornos se hallan formados de sola una rosca ó hilada de adobes en figura cilíndrica, regularmente imperfecta, terraplenados con tierra y escombros los gruesos ó macizos que median entre vaso y vaso y los muros del edificio.

Estos vasos tienen diferentes cabidas, por su mas ó menos diámetro, y en muchos hay muy notables defectos de desigualdad en el círculo y perpendículo.

Por el frente del edificio y parte inferior del terreno, y mas abajo del piso, tiene cada horno su fogaña ó cenicera por donde se le da fuego á la caldera, ó piso del horno, con paja llamada icho, que es el útil y único combustible mas abundante que proporciona lo árido del pais.

A las 2 y media ó 3 varas de altura de la caldera, está la red ó *arquillos* sobre que se cargan los metales; en cuya altura tampoco hay reglas fijas de unos á otros hornos, si bien pocos pasan de 3 varas.

En ella tiene el horno, por el costado del muro, una puertecita por donde se descarga la escoria del metal y bolas, despues de cocido, y que durante la fundicion está cerrada con cascotes y barro.

De los arquillos á su remate ó boca superior hay 3 varas, con corta diferencia, y un diámetro de 6 cuartas.

Antes del remate, se ven cuatro conductos que salen del horno por lo interior del muro, mediante 8 *alvecas* ó cañones largos ingertados á razon de dos en cada conducto, que por la parte inferior del horno está angosto como el puño de la mano, con tope en la union de dichas alvecas, al paso que en su salida á lo esterior al plan de las cañerías ofrece el diámetro de una cuarta con corta diferencia.

Desde dichas alvecas concluye el horno en forma de bóveda de medio punto con su boca circular en lo superior por la cual se introducen 500 ó 600 bolas mas ó menos, segun la cabida del horno y porcion de metal que se le echa, cuando no se carga el todo con solo bolas.

La figura de estas (que hacen con las manos las indias) es de un pan regular ó esférica por arriba y plana por abajo, y procede del polvillo recogido ó desgrane que el metal da al arrancarle en la mina, y al tiempo de partirle ó trozearle fuera de ella en pequeños pedazos, y de tierras que se recogen en varios parajes de fuera de la misma mina y tienen algunas partículas de cinabrio.

METODO DE CARGAR EL HORNO.

Siempre que se carga el horno, se baña primero con barro, cuyo barniz le va angostando cada vez mas, hasta que hay necesidad de componerle, que entonces se le quita esta grande costra.

Sobre los arquillos ó red del horno se pone una capa de escoria de metal cocido; encima de esta otra de metal

crudo de inferior clase ; despues contornándose al rededor
del horno, dos ó tres filas de bolas y poniendo en medio del
horno un cañon derecho, se echa á su inmediacion metal
inferior. En seguida se coloca otro cañon sobre el primero,
y á su inmediacion el mejor metal, siguiendo el contorno
de bolas y continuando en todo el horno, echándose metal
inferior en cuatro clases ó tamaños de mayor á menor,
se concluye con el que llaman *cierra* que es muy menudo. En fin, se ponen las bolas del légamo de una concha,
y raspas ó cenizas recogidas del plan de cañerías, cuando
las hay, colocándolas cerca de las alvecas, mediando de
estas á la carga del horno el hueco de una cuarta sobre
corta diferencia de mas ó menos.

En la colocacion de metal y bolas se lleva el cuidado de
dejar correspondientes respiraciones para que el fuego
pueda subir y penetrar el cargo.

Concluida dicha operacion se cierra la boca ó puerta del
costado por donde se descarga el horno, y en la superior,
por donde entran las bolas y metal, se ponen atravesados á
lo largo dos cañones de los regulares de cañería, que se
enlodan alrededor, dejando solo entre ellos dos agujeros ó
respiraciones del hueco como el puño de una mano cada
uno, para que por ellos respire el horno.

De cada una de dichas alvecas se ensarta una hilada de
14 á 15 cañones y cuando mas 16 (ovalados como de dos
tercias de largo), habiendo yo visto en varias ocasiones algunas cañerías con solo el número de 12 ó 13,—abierta cada
una de estas líneas de cañerías al aire libre por su último
cañon,— en cuyo borde de la boca esterior, no obstante el
corto producto de la fundicion por la suma pobreza de los
metales, he hallado siempre azogue en las diferentes veces
que lo he observado en todos los hornos.

El cargo regular de un horno es de 15 cajones de metal,
que tendrán de 6 á 8 arrobas de peso cada uno, y lo demas
de bolas, hasta el completo, en todo, de unos 50 quintales
de peso por hornada, computados unos hornos con otros,

segun lo tiene observado el notorio celo del actual Señor Gobernador Intendente.

Un horno regular tiene el diámetro de 6 cuartas; su altura de la fogaña á los arquillos es de dos y media á tres varas, y de allí á su remate hay otras tres varas escasas.

Cargado y cerrado el horno, y colocadas sus cuatro cañerías en dicha conformidad, se le da fuego, no cerrándose los dos conductos ó respiraciones superiores que llaman prueba, por donde sale gran porcion de humo, hasta que al tacto de la mano se conoce no lleva humedad, por haberse espelido con el fuego la que tienen los metales, bolas y paja, estando abiertos á este fin de 3 á 5 horas, poco mas ó menos, segun el cuidado del que se llama *oyarico*, ó práctico, y humedad del cargo y combustible.

Cerrados dichos agujeros ó registros de prueba con unos pelotones de ceniza ó lodo, se mudan estos y se abren las respiraciones diferentes veces para observar el estado de la *cochura* y fundicion y parar el fuego y abrir el horno. Sirve al propio fin un agujero llamado *punto,* que tiene en el óvalo el tercer cañon de dos de dichas cuatro cañerías, y por el que se observa cuando corre la fundicion, ora en su principio, ora en su fin.

Otra observacion se tiene en los mismos dos cañones del cierro de la boca superior del horno, metida la mano dentro de ellos, y conociéndose por su mas ó menos calor cuando el fuego está apoderado de lo alto del cargo de metales y va, por cocido, aflojando el calor.

Cuando se contempla bien apoderado el fuego en los metales, se suspende su continuacion y se cierra con cascote y lodo la puerta de la fogaña, para que recogido el calor de la brasa fomente el del mismo horno apoderado de los metales, dejándole una respiracion ó agujero, á fin de que no se sofoque, y sí circule y se agite con el ambiente el fuego apoderado del cargo, haciendo espeler su sustancia en humo por las cañerías, — cuyo agujero se va luego agrandando para el propio fin.

En el plan de las cañerías pegado al muro de cada uno de los dos hornos, se tiene una botija ó vasija de barro con agua.

Despues de parar el fuego se empieza á dar *chaucho* ó lo que es lo mismo á coger un hisopo de pellejo ó trapo, colgado de una soguita, y servirse de él para ir — desde encima del muro del horno—mojando con agua, de rato en rato, el primer cañon de cada una de dichas cañerías que está introducido en la alveca que sale del muro. Estiéndese tambien, por lo regular, esta humedad al segundo cañon.

El *chaucho* debe durar hasta que por los citados agugeros de prueba se conceptua no exhala azogue el horno, porque no se ve cuajado ó blanqueado en el referido peloton mojado de prueba. Abresele entonces por la boca superior y la del descargadero, para que se refresque, se recoja el azogue y vuelva á cargarse en el mismo dia ó el siguiente.

El fin del citado chaucho es refrigerar los cañones del calor que se les comunica del horno y con el que sale el humo, á fin de que se condense el azogue y no se escape fuera de las cañerías.

Estas operaciones de cochura se hacen indiferentemente de dia ó de noche.

CONSUMO DE PAJA.

En cada cochura ú hornada se consumen, por lo general, de 75 á 80 cargas de paja de *icho,* único combustible con que se da fuego al horno, siendo la carga de *llama* ó *carnero* del pais, y regulándosela por lo que abraza una medida ó correa de cuero de 5 cuartas de largo. Algunos hornos no necesitan por su cabida tantas cargas y á otros no les son suficientes á veces para que queden bien cocidos los metales. Hay tambien, para el mas ó menos consumo, las circunstancias de estar mojada ó seca la paja, hallarse el horno bien ó mal cargado, encontrarse con mas ó menos dureza de metal y saber dar el fuego.

RAZON me**recibido en los asientos de fundir azogue, tareas de bolas (paja y tareas de bolas que se han gastado en las hornadas* q**ubre hasta el dia de 31 diciembre de 1791.*

Asientos.	as de e.	Metal may. gast.	Polvillo idem.	Piaras carg. id.	Metal exist^a.	Polvillo idem.	Piaras idem.	Carg.
Radina	1	29	1650	57,15	»	»	»	»
Rey		6	»	22,10	»	157	»	»
Quevedo. . . .	9	111	»	41 »	»	98	»	»
Diaz	20	45	»	24 »	»	581	»	»
Molino pata. . .	0	»	66	51,58	1	»	»	»
Elizalde	7	182	»	47,10	»	161	»	»
Barranca menor .		120	»	65,50	»	86	»	»
Villasp^a. y B^a. mayor		384	»	59 »	»	401	»	»
Vega	7	»	1610	71.5	1	»	»	»
Dávila		»	1569 ¹/₂	70,5	49	»	»	»
Soldevilla . . .	3	»	520	50,50	72 ¹/₂	»	»	»
Villegas	3	265	587	69,2	»	»	»	»
Arbolitos. . . .		432	»	97,50	»	678	»	»
		1583	5802 ¹/₂	687,15	123 ¹/₂	2162	»	»

NOTA 1^a. — (8 libras por las medidas de los Asientos, y en la Real Contadur, diferencia de pesas á medir este ingrediente. Nota 2^a. — A mas que se hallaban en los asientos, así del año anterior como de gregan á los polvillos para que puedan unirse para la fábrica de or tener Cinabrio. Nota 3^a. — Las 687 piaras 15 cargas de paja cargos que hacen los mayordomos, por cuya razon resulta dic tanteo hecho el dia de hoy. — Huancavelica y diciembre 31 d

ornadas de ndicion.	Azogue estraido.	Ley en particular.	Idem en general.
303 »	47 »	15 08 $\frac{56}{303}$ ons.	
237 »	33 50	14 02 $\frac{380}{237}$	
254 »	34 50	13 08 $\frac{176}{254}$	14 lbs. 01 $\frac{313}{1287}$ ons.
249 »	33 50	13 07 $\frac{65}{249}$	
244 »	52 68	13 06 $\frac{72}{244}$	

Compra de paja y útiles.	Asientos de fundicion.	Pesos. Rs.	TOTAL de gastos.
677 3 3/4	825 7	3,660 7	
375 5	696 6	2,831 4 1/2	
399 4 1/2	765 »	5,771 2 1/4	17,327
321 2 1/2	759 6 1/2	3,282 1 3/4	
204 2 1/2	692 5 1/2	2,565 4	
» »	» »	1,015 4 1/2	
» »	» »	200	
1,978 1 3/4	5,740 1		
» »	» »	1,125	
» »	» »	83 5 1/2	1,785 6 1/2
» »	» »	102 1	
» »	» »	475	

TOTAL GASTO. . . . . Ps.

ESTRACTO P diciembre del año próximo pasado de 1791,
así de los caj, como de las hornadas vencidas, con su ley,
productos y g

L.

	rnadas.	Asogue.	Ley.
Se ban recibido des,287		181 qs. 18 lbs.	14 lbs. $1\frac{313}{1287}$ onzs.
Consumo en dicho			

BRE.

	rnadas.	Asogue.	Ley.
Recibido en dicho	372	1,787 qs. 68 lbs.	15 lbs. $11\frac{5316}{11372}$ onzs.
Consumo y product			

.

En dicho mes de d 19,112 6 ¹/₂
Importe de 181 qls 15,226 1
5,886 5 ¹/₂

J

IEMBRE.

Caudal gastado en 210,211 5 ¹/₄
Importe de los 17 130,500 5
79,711 6 ¹/₄

NOTA 1.ª — Ad ales, polvillos y paja que resultan en las demostraciones
de este estracto, les y polvillos estraidos y bajados en este mes, y los que
manifiesta la pri la mina al topeo en el cajon que para el efecto bay en los
asientos de fundic tar distantes de la real mina.—3.ª De la pérdida mensual
de 5,886 ps. 5 ¹/₂ aña á este estracto, como tambien los anteriores de esta
naturaleza del a o—*Manuel de Castilla*.

AÑO DE 1790.	Vega.	Arbolitos.	Total del metal.	Idem polvillos.	TOTAL. Pesos.	Reales.
De 5 de enero á 9 . .	277	413	3,034		802	6
	290	710		3,581		
De 10 á 16	230	244	4,629		1,120	4
	141	282		4,706		
De 17 á 23	542	507	4,506		1,104	6 ¹/₂
	252	861		5,259		
De 24 á 30	145	500	4,187		1,081	3
	111	882		5,822		
			16,356	19,368	4,109	5 ¹/₂
De 31 á 6 de febrero .	44	254	2,408		661	2
	27	547		3,563		
De 9 á 13	161	697	4,928		1,364	2 ¹/₂
	93	652		6,864		
De 14 á 20	151	213	2,085		488	4 ¹/₂
	304	107		1,880		
De 21 á 27	204	472	5,015		1,378	6 ¹/₂
	1,018	745		6,526		
			14,436	18,833	3,892	7 ¹/₂

En ocho meses, desde 5̶8 de polvillo, pesando cada cajon un quintal y medio,
y se gastaron 32,752 peso⟩

Los hornos cargados con solo bolas bien enjutas no consumen sino de 50 á 60 cargas, y algunos, por chicos, no necesitan tantas.

EMPLEADOS DE FUNDICION Y SUS OBLIGACIONES.

En los 13 asientos de fundicion, colocados unos á la inmediacion de la villa y otros á diferentes distancias de ella hasta á una legua, hay otros tantos mayordomos, uno en cada asiento, donde deben tener su precisa residencia dia y noche, para el cuidado de la fundicion y demas obligaciones de su cargo.

Estos 13 asientos están distribuidos en tres pertenencias, ó departamentos, y á cada una de ellas se le tiene destinado un sobrestante interventor que debe celar diariamente el exacto cumplimiento de los deberes de los respectivos mayordomos y sus operarios é intervenir en el recibo y consumo de cuanto se gasta, velando no haya fraudes, asistiendo á las lavas de azogue y acompañando los indios que lo conducen á estos Reales Almacenes.

Hay ademas un veedor que debe asistir al despacho de metales y polvillos, inspeccionar la calidad, presenciar el recibo de la paja y ejecutar lo demas que le ordene el Señor Gobernador Intendente.

Hállase, en fin, un director que debe celar diariamente las operaciones y mejor desempeño de los mayordomos y sobrestantes interventores; procurar que las cochuras se hagan como corresponde y que no se desperdicie ni estravie el azogue, ú otra cosa; reconocer la calidad de las tierras ó polvillos, llevar cuenta de los productos y consumos en general, visar los libramientos, asistir semanalmente al peso del azogue en estos Reales Almacenes, y dar cuenta de lo ocurrido en el dia al señor Gobernador Intendente.

OPERACIONES DE LOS OYARICOS Y HORNEROS.

Hay un indio director y maestro de los oyaricos y práctico en la fundicion, que gana el jornal diario de 4 reales ; su obligacion es enseñar á los oyaricos las observaciones de la fundicion y el mejor método de cargar los hornos y darles fuego.

La obligacion del oyarico, que tambien es un indio libre, es cargar el horno con debida proporcion para que se cueza bien; observar el estado y trámites de la fundicion y celar sobre el cumplimiento de las obligaciones de los horneros y peones, en calidad de capataz ó sobrestante : está sujeto á las órdenes del mayordomo y gana el jornal de 4 reales por hornada.

A cada hornada ó cochura asisten dos indios mitayos de los 100 que da la Provincia, hoy partido de Chumvibilcas; su obligacion es partir y escoger el metal por sus clases; subirlo con las bolas encima del horno; alargar uno y otras al oyarico para cargar; colocar y lodar las cañerías, cerrar las puertas del horno, darle fuego seguidamente, alternándose, y luego el chaucho, conducir las escorias á los parajes señalados, no muy distantes, recoger el azogue de los cañones lavándolos, y lavar y clarificar despues el mismo azogue. En todo ocupan dia y noche, ganando cada uno dos jornales de á 3 reales. Sus mugeres les ayudan á todo, y especialmente en el lavado del azogue, cosa muy impertinente. El indio soltero paga medio real para que le ayude una mujer.

Las mujeres de los mismos horneros amasan las tierras y hacen las bolas, pagándose 3 reales por cada 500.

DEFECTOS DE LA FUNDICION.

Sin embargo de todo lo referido manifestaré lo que siento y he observado en este método de fundicion.

Estando dando fuego á los hornos, sucede que á veces se quedan dormidos los peones y se para el horno, encrude-ciéndose y enfriándose la hornada; mas luego que despier-tan procuran accelerar el fuego de un modo violento, no solo para adelantar la cochura, sino para que el mayordomo y oyarico no echen menos el poco consumo de paja; resultando así que se arrebata la hornada, y la violencia del fuego ó sofoca el horno y hace retroceder ó rebocar la fundicion por la fogaña, con daño del mismo hornero, ó soplando por las cañerias espele el azogue.

A poco de empezar á dar fuego activo al horno empiezan á fundir y exhalar azogue los primeros metales, ocurriendo sucesivamente otro tanto en los que siguen, evaporándose por las cañerías. A proporcion que estas se caldean, corre la evaporacion á salir con mas facilidad fuera de ellas, incor-porado el azogue en el humo del combustible, con azufre, alcaparrosa, arsénico y demas materias sulfúreas y vitrió-licas que le arrastran.

El chaucho empieza despues que para el fuego, y se eje-cuta á pausas ó intermedios mas ó menos largos, segun el celo del oyarico y horneros, y el mayordomo; siendo ine-vitable mucho mayor descuido de noche, ya porque huyen del frio que sufren sobre el horno, ya porque se duermen, como es regular, y de dia y de noche se da sobrado lugar en varios intermedios á que se caldeen los cañones y se corra y escape mucha parte de la fundicion ó azogue, fal-tándole aquel refrigerante que la contiene en parte.

Buen comprobante de esto es el que diferentes veces tengo observado, y se halla manifestado en el borde inferior y superior y en todo el círculo de la baca del último cañon de las cañerías de todos los hornos, por donde el humo mercu-rial sále al aire libre, sin embargo de la pobreza y poco fruto que rinden los metales y tierras, y del que se va por los puntos y por los citados registros de la prueba, y no entra á las cañerías.

Las respiraciones de dicha prueba, que se tienen abier-

9.

tas en la boca superior del horno hasta que se exhala la humedad de los metales, bolas y combustibles, es otro perjuicio de conocida pérdida de azogue, atendidas las anteriores reflexiones.

Cuando examiné por aficion en Almaden el género de fundicion del año de 1778, saqué á aquellos fundidores del error en que estaban de que el metal no exhalaba azogue hasta algunas determinadas horas despues de estarle dando fuego, haciéndoles ver práticamente el ya fundido, en la que me señalaron no podia haber ninguno, no obstante de no correr allí el riesgo de perderle que existe aquí, y siendo todo para mayor precaucion en no desperdiciar nada; de cuyas observaciones tuvo noticia el celosísimo Señor D. Gaspar Soler que entonces se hallaba de Gobernador y Superintendente de aquellas reales minas, y es hoy Ministro del Supremo Consejo de Indias.

Arde aquí el horno 4 ó 5 horas, mas ó menos, hasta que se espele toda la humedad, ó no se percibe al tacto de la mano, saliendo el humo en mucha abundancia y con libertad por los registros de prueba ó conductos de la boca superior, y no pudiendo dudarse que aquel humo lleva azogue del que exhalan los metales que en todo este tiempo ha estado fundiendo y penetrando el fuego, si bien no se percibe dicha pérdida.

Ademas la misma humedad que se procura disipar con tanto cuidado es conveniente comprimirla y precisarla á que salga por las cañerías donde contribuye á contener la fundicion y á que el azogue no tenga paso tan franco, evitándose así mucha parte de la humedad esterior que se aplica despues, quizas inoportunamente.

El oyarico no está á pié fijo en lo alto del horno, observando dicha humedad : va á hacer su observacion, cuando le parece, y mientras percibe humedad en la mano, del humo que sale del horno, no cierra los registros de prueba. ¿Cuántas veces se descuidará quedándose en conversacion ó dormido, huyendo del rígido temporal de frio ó lluvia, ó por otro motivo, y entonces bien enjuto el horno, se estará saliendo la fundicion ó azogue á su salvoconducto? Muchas veces sin duda; pues no he de contemplar tan exactos á los indios, ni tampoco á los mayordomos para celar de continuo y no dejar de abrir los hornos antes de tiempo, sobre todo cuando haya bastante azogue que dar, ya que salen así de este cuidado. Conceptuo que los hornos, por lo general, se abren siempre estando exhalando azogue.

Esto lo manifiestan las mismas observaciones que se hacen para abrirlos. Bien sabida es la suma sutileza del azogue, y las diminutísimas é imperceptibles partículas en que le envuelve el humo ó vaho antes de congelarse y manifestarse á la vista del mejor especulativo, para que se conceptúe que ya no exhala azogue el horno cuando despues de colocado, por un corto espacio de tiempo, en uno de los agujeros de la prueba un palo mojado con barro, no se le saca blanqueado por el azogue. Entonces se abre por lo mismo el horno, y lo que sucede es que como sale ya menos azogue, se entrapa este en el peloton de barro y su humedad, y aun cuando esté seco, no se le da lugar á que se haga visible.

Esta observacion se hace muchas veces de noche, á la luz de la luna regularmente, y cuando mas de una vela, y así no puede ser exacta. Por lo general, deben hacerla los oyaricos y horneros, que sobre no poder alcanzar el perjuicio, consultan solo á su comodidad, especialmente de noche.

Cerrados dichos registros y vueltos á abrir con repeticion, para saber el estado de la fundicion, ya al tiempo de estar dando fuego al horno, ó ya despues hasta abrirlo, hay evaporacion insensible con bastante pérdida de azogue.

Háganse estas operaciones en un alambique que esté cociendo, é inmediatamente se notará menos destilacion en el alambique, y cesará de hervir la olla, á no tener un fuego muy violento; padeciendo estas alteraciones tantas cuantas veces se repita la prueba, minorando su sustancia mas sutil.

¿ Pues por qué en el horno reverberante ó evaporatorio

dé fundicion de azogue, no se han de producir aquellos efectos ?

En cargar bien ó mal los hornos, y en darles fuego, con conocimiento ó sin él, está cifrado el sacar y aprovechar todo el jugo del metal, ó el dejarlo mal cocido, venteado ó torcido, ó arrebatado; bien que en estas operaciones y en cuanto permite el presente antiguo método de esta fundicion, es inseparable la continua vigilancia y desvelos del celosísimo actual Señor gobernador intendente.

Es pues público aquí, entre los empleados y operarios de la fundicion, el riesgo que hay en estos hornos de escaparse el azogue impelido del viento, el cual entra á veces por las cañerías, é introduciéndose en el horno, rechaza y abate la fundicion, haciéndola salir por la fogaña con mucho daño de los horneros. Que si, al contrario, entra por la fogaña, entonces sube al horno y arrebata violentamente la fundicion por las cañerías, con su fácil y pronta salida, sucediendo lo que llaman *soplarse* y ocurre igualmente cuando huye la fundicion por demasiado violento el fuego.

En los casos de mucho viento usan los horneros la precaucion de poner un poncho ó jerga en la puerta immediata á la fogaña, para cortar parte del viento; mas esto, á mi entender, mas procede de comodidad propia que de precaucion encaminada á que no se sople la fundicion.

Se ha esperimentado tambien aquí no solo abrir un operario de noche los registros de prueba de los hornos de otro, por emulacion de que este sacaba mas azogue que él, dando así lugar á que se huyese la fundicion para deslucirle; sino que en tiempo del director D. Francisco Marroquin, ha hecho lo mismo nn mayordomo con los hornos de otro de su clase, pasándose á su asiento á abrirle dichos registros con el referido intento.

La fundicion de azogue, al paso que no es de las mas difíciles, requiere mucha observacion, cuidado y precauciones, por ser invisibles sus pérdidas, aunque estén muy á la vista, no aproximándose á especular su naturaleza.

En las fundiciones de otros diferentes metales y materias se manifiestan con la práctica la pérdida y defectos en que se incurre palpablemente; pero en la fundicion del cinabrio, no mediando una exacta aplicacion é investigaciones sobre la materia á que se reduce y en que se reengendra el azogue, se puede perder no solo mucho, sino el todo, aun obrando con celo y buena fe.

Si el humo en que se convierte la sustancia cinábrica no se comprime y sujeta á que refrigerado dentro de tubos se pegue ó condense y coagule en ellos, y se le deja paso franco ó respiraciones para huir, cual él lo solicita por naturaleza, se elevará y esparcirá en la atmósfera, acompañado de los demas compuestos en que va envuelto; y aunque así se evaporen millones de quintales de azogue, estoy persuadido que ni un átomo se hallará ó percibirá en ninguna parte.

Su elevacion y huida se efectuan en un estado de division tan sutil que en mi concepto lo debemos reputar dividido á lo infinito, pareciéndome que el lente mejor no divisará el menor granito de azogue, y siendo muy constante entre los sabios químicos la violencia con que se atrae y arrebata con el vitriolo,—de que abunda tanto esta mina que lo hay y mucho en el estado puro, así como tambien se halla la alcaparrosa, á que aquí se le da el nombre de *colpa*.

Ahora bien, el humo de la fundicion de azogue que aquí se exhala y deja buir es mucho, y en lo poco violentado que sale por las cañerías, deja bien señalado—en el último cañon, y uno ú otro que antes de él suele haber rajado,—el triunfo con que se burla de la opresion que se le quiere poner, desapareciendo para siempre el resto, que sale fuera al aire libre.

La pérdida que en ello hay no es fácil calcularla por la desigualdad en la calidad y productos de los metales, y tierras ó polvillos, y muchos inconvenientes que pueden concurrir para su inexactitud, ya casuales, ó estudiados maliciosamente, y suelen intervenir en semejantes investigaciones, habiendo en ellas muchos recursos para frustrar cuidadosamente los efectos de lo cierto.

Bajo estos fundamentos y otros que realizaré mas adelante, procuraré manifestar, con sólidos fundamentos, que la fundicion que aquí está en práctica es susceptible de mucha mejora y ventajas que contemplo dignas de la mayor atencion.

Tampoco omito manifestar que en tiempo del Gremio de Mineros de esta villa, en el cual en el largo espacio de mas de 200 años hubo abundantes y ricos metales, se cargaban los hornos en ocasiones con mucha porcion de metal, haciendo lo que llamaban *indiabladas,* para sacar con prontitud mucho azogue, y ocurriendo pérdidas considerables. Aun hoy que los metales son pobrísimos, no obstante el mucho cuidado que se tiene en la fundicion, me inclino, atendiendo á cuanto dejo manifestado, á opinar que se pierde por este método, cuando menos, un diez por ciento de producto en el todo de dicha fundicion; contribuyendo tambien en parte á ello, no haber una regla ú hora fija para dar fuego á los hornos que se encienden á diferentes horas, ya por la mañana, ó ya por la tarde, segun se proporciona, impidiendo este método muchas observaciones, por la noche, en que es mas natural y preciso el descuido de horneros y oyaricos, ya por el sueño, ó ya por huir de la intemperie del frio y estar por consiguiente los mayordomos descansando, al paso que se ven entregadas operaciones de tanta importancia á solo el conocido descuido y negligencia de los indios.

LAVA O METODO DE RECOGER EL AZOGUE.

Concluido el chaucho, cuando se hace concepto de que ya no sale azogue, segun las citadas observaciones de la prueba, se abre el horno, y en seguida ó á la hora que se quiere se desbaratan las cañerías, se lava cada cañon de por sí sobre una vasija, para que suelte el azogue que tiene dentro y en sus bordes, y se recoge el que hay en las alvecas, y llevándolo á la orilla de un pozo llamado *cocha,* que de propósito hay con agua en cada asiento, se le lava hasta separarle de las cenizas con que se recoge, y de la que para purificarle se le echa enjuta : cuya operacion es bastante impertinente, desperdiciándose en ella algun azogue que cae al pozo ó cocha, aunque el lodo de esta se recoja á temporadas, sacándole primero el agua y fundiéndolo en bolas que parece aumentan el producto de las hornadas en que se colocan.

Aunque los planes de las cañerías se raspan por su desigualdad, se ha de perder algun azogue del que allí cae al desbaratarlas, y tambien del que se derrama en el tránsito á las cochas y en el borde de estas, durante la operacion de lavarlo y purificarlo, por introducirse en las paredes y suelo.

FUNDICION DE ALMADEN.

HORNOS.

Los hornos de fundicion de metales de azogue de las Reales Minas de Almaden, en España, están precisamente unidos de dos en dos, en un mismo edificio, al descubierto y sin techo alguno, como tampoco lo tienen las fogañas, segun manifiesta el modelo que traje de ellos y han visto en Lima el Escmo. Señor Virey, este Señor Gobernador Intendente y cuantos inteligentes y aficionados ó curiosos han querido.

La estructura del edificio y vasos, en lo principal, es la misma que la de los de Huancavelica, no diferenciándose en la disposicion, cabida y dimensiones.

Las puertas de la fogaña y cargadero de los de Almaden son mayores y mas cómodas que las de los de aquí, y se puede estar cómodamente resguardado de la lluvia debajo de sus cañones ó bóveda de entrada.

La altura del horno, desde el pico de la caldera hasta la red ó arquillos, es de cuatro varas. De los arquillos á las ventanillas por donde sale el humo mercurial·hay dos varas y tres cuartas; y desde dichas ventanillas hasta su remate, una vara y cuarta. Cerrando en bóveda de medio punto, queda su boca circular con una vara de diámetro en la superficie.

El diámetro del vaso en su figura, perfectamente cilíndrica, desde la caldera á las ventanillas es de dos varas y una cuarta y media.

En lugar de las alvecas ó angostos conductos que tienen estos hornos de Huancavelica, por donde entra muy forzado el humo de la fundicion, tienen los de Almaden seis ventanillas diagonales, por las·cuales entra con mucho desahogo la fundicion á dos espacios ó arquetas bastante capaces, internadas en el mismo edificio, y de las cuales sale por doce ventanillas á otras tantas cañerías.

Estas cañerías tendidas en un plan igual y enladrillado, con bastante pendiente hasta la mitad de su longitud ó quiebra, vuelven á subir continuando á un ediíicio donde terminan, y en el que se introducen en otras doce ventanillas los últimos cañones de dichas cañerías, que vienen del horno y tienen cada una la figura de rosario, ensartados unos cañones en otros hasta el número de 28 á 30; cuando aquí, estando en área plana, solo tienen de 14 á 15, y á veces menos, y lo mas 16, como dejo sentado en su lugar.

En el citado edificio, donde terminan las 24 cañerías de los dos hornos, llamadas arquetas, hay 4 de estas ó depósitos de bóveda, y en cada una de ellas finalizan y desfogan 6 cañerías.

Despues que en este espacio ó bóveda halla suficiente refrigerio y capacidad el humo, para revolotear y desprenderse de cualesquiera partículas de azogue que aun lleve en sí, sube á buscar su salida por la chimenea que tiene en lo alto cada arqueta de las cuatro citadas.

Tiene cada una de ellas una ventanilla cerrada con ladrillo al canto y mezcla, que regularmente se abre solo concluida la temporada de fundicion, en que se entra á limpiar el piso del sarro y humedad, no alcanzándolas nunca el azogue.

.El humo de la fundicion, aunque para salir del horno tiene mucha mas cómoda salida que aquí, y triplicados conductos ó cañerías por donde pasar, no sale con la precipitada fuga que en estos hornos, sujetándole la pendiente cuesta abajo de la mitad del plan y corrida de las cañerias á buscar salida contra su natural inclinacion, y discurrir ó caracolear por los óvalos y gargantas de cada cañon, refrigerándose y desprendiéndose de las materias sulfúreas, arsénicas y vitriólicas, de suerte que cuando llega á la mitad de su forzado curso ó quiebra del plan y halla en el resto, hasta las arquetas opuestas, mas cómoda salida, aunque no libre, ya ha dejado en su primer tránsito lo mas de la sustancia mercurial que contenia, coagulándose algun poco de azogue al principio del segundo tránsito, y nada ó muy cortas partículas en lo restante.

METODO DE CARGAR UN HORNO DE ALMADEN.

Los hornos se cargan por su costado ó puerta que llaman del cargadero, por la que entra todo el mineral, escepto las bolas que entran por la boca superior.

Primero se ensolera el horno, esto es, se le echa una capa de piedra bruta, no mineral, en todo su suelo, cn disposicion que le queden sus fuegos ó respiraciones para que suba la llama á penetrar el metal, aunque recibiendo su primer fuerza el ensolerado.

En 2º lugar se echa mucha porcion de metal inferior en trozos como el puño de la mano, si bien algunos algo mayores, y muchos menores y de varios tamaños.

Se colocan en seguida, en el centro, de 6 á 8 pesos de metal rico, — que es de 30 á 40 quintales de peso, por ser de 20 arrobas cada uno de estos pesos, — volviéndose en los contornos ó resto del horno á echar el metal inferior, en la conformidad que queda espresado. Por último se colocan algunas bolas, hechas en moldes de figura de adobes, sobre los mismos hornos con algunas pocas tierras, china, granalla ó basiscos que resultan de los minerales y cenizas que se recogen en el plan de lo que ha servido en la union de los cañones, del sarro que sueltan estos al fregarlos, y del barrido de dicho plan y cañerías, cada vez que estas se levantan ó desarman, que es en cada cochura ó fundicion, menos en los dias muy lluviosos que se repite segunda cochura, sin recoger el azogue que hay de la primera, por evitar el empacho del temporal, haciéndolo luego con las dos; y en el mismo horno se echan los cañones que se rompen para que suelten el azogue que se les ha introducido mientras sirvieron; de modo que nada se desperdicia, pues ni dichos cañones, inutilizados en la fundicion ni las referidas cenizas salen fuera del plan de cañerías, sino para subir el plan ó azotea que forma lo superior de los hornos, é internarse por allí en los propios hornos, en la conformidad espresada.

Concluido el cargo del horno, se cierra la puerta de su cargadero con pedazos inútiles de ladrillo, lodándolo y poniendo en la boca superior una reja de hierro, y sobre ella tres ladrillos grandes que se enlodan con un poco de barro y una porcion de tierra por encima, de modo que por una y otra puerta no queda respiracion alguna, ni aun en las cañerías.

La operacion de cargar los hornos se hace, en todos tiempos, al romper el dia, concluyéndola en verano antes de la siete de la mañana, y en el invierno á las 8, sobre poco mas ó menos.

A esta hora, y á veces mas tarde, se encienden los hornos dejándolos arder hasta las 6 ú 8 de la tarde ó noche, segun la estacion : en invierno, estando el tiempo muy lluvioso, se suele tardar mas por venir mojado el combustible que diariamente se trae verde del monte; pero siempre se concluye la cochura ó el darle fuego en hora que se retiran los horneros y maestros de fundicion á dormir á sus casas, quedando así cerrado y sin gente alguna el cerco de fundicion.

Se observa el estado de esta por la puerta del cargadero, conociéndose si el fuego está bien apoderado del cargo ó metales por el calor que sale del horno á los primeros cañones, por la fogaña y por el color que toma el horno; no necesitándose ningun conducto ni resolladero por donde se evapore el horno y se pierda azogue en la salida del humo de la fundicion, que se cuida no salga sino precisamente por las cañerías.

Se da el fuego con haces de arbustos verdes, segun vienen recien cortados del monte. Se emplean los de jara, charneca, lantisco, madroño y otras fustas, todas de hojarasca.

El humo de los combustibles ó fuego retrocede desde la caldera á salir por una chimenea que hay en el cañon de la fogaña, por donde tambien sale parte de la llama, cuando es mucha la que levanta el combustible. El humo de la fundicion que ya no lleva azogue, despues de haber pasado por las cañerías va á salir por las chimeneas de las arquetas opuestas del final del plan.

Despues que cesa el fuego del combustible, no se despide humo alguno por la chimenea referida de la fogaña; saliendo, sí, todo por las cañerías y dichas arquetas opuestas.

El metal incendiado sigue ardiendo por sí el resto de la noche, el dia y noche siguiente, y el dia tercero hasta ponerse el sol, hora en que aun sale alguna evaporacion y se abren los hornos, que quedan refrescándose aquella noche. A la mañana siguiente se descarga la escoria ó escombros y vuelven á cargar y encender en la conformidad que queda referida.

Despues que se cesa de dar fuego al horno, no se necesita otra operacion que mover la brasa que hay en la caldera, el dia siguiente y el 3.º por la mañana, sacándola fuera, con su ceniza por la tarde,—que es cuando se abre; y no se cierra la puerta de la fogaña, ni se echa agua á las cañerías en ninguna ocasion, y solo se cuida que desde que se cierra el horno hasta que se abre, no salga humo por parte alguna sino por los citados conductos.

Así se funde y evapora el horno libremente despues de parado el fuego dos noches y dos dias seguidos, en que exhalan los metales la mayor porcion del azogue que tienen, si no se precipita su abertura antes de tiempo. — Convendria aun, por algun vaho que sale entonces y para que nada se desperdiciara, no se abriese hasta el cuarto dia, cosa que junta con el aumento de unos cuantos hornos mas estoy entendido propuso el Sr. Gobernador Superintendente D. Gaspar Soler al Ministerio de Indias convenia se adoptase,—y fué insinuada tambien, por mí, hallándome en Almaden y mediante mis observaciones.

COMO SE RECOGE EL AZOGUE.

En la propia mañana del citado dia 4.º en que se saca la escoria del horno y se vuelve á cargar, se recoge el azogue de las cañerías, fregando cada caño sobre un cubo ó vasija de madera con una escobilla, sin usar de agua.

El azogue que se cae en el suelo del plan de las cañerías, corre de suyo á su quiebra que tiene un poco de desnivel á uno de los estremos, en el cual entrando él en una tinajilla empotrada en el propio plan, es recogido oportunamente. Aun cuando esta se llenara, que nunca sucede, hay otra fuera del plan, donde habia de pasar precisamente el resto, y aun otros dos depósitos chicos en seguida de ella; mediando todas estas precauciones para que si al pasar el azogue para el lavadero se vierte algo, ó cuando llueve mucho llevan las aguas en las cenizas algunas partículas de él, se quede en un depósito lo que puéda pasar del otro.

Recogido el azogue de las cañerías y barrido del plan, se lleva al lavadero que está inmediato y es una pieza cuadrada y techada, cuyo piso, un poco hondo en medio con una pila de piedra de cantería en el centro, se halla en desnivel alrededor y compuesto de argamasa, formando con la pila una figura cónica ó caldera de refinar salitre, donde se reune todo el azogue que han producido los dos ó cuatro hornos que hay en esta disposicion. Despues, barriendo por encima la ceniza y polvo que tiene, queda clarificado sin mas diligencia, y luego de atado se conduce á los reales almacenes que están dentro del propio cerco de fundicion llamado de Buitrones, á que están reunidos todos los hornos y oficinas necesarias.

La poca ceniza que resulta de esta clarificacion del azogue, y la recogida del barrido del plan de cañerías se suben á lo alto de los hornos que, como queda dicho, forma otro plan ó azotea enladrillada.

Este tiene su corto declive y conductor para la salida de aguas de lluvias, que han de pasar por unos depósitos ó vasijas, en las cuales se quedan las cenizas y partículas de azogue, evitándose se desperdicie algo.

El azogue que en ocasiones producen solo 4 cochuras ú hornadas, llega á 60 y hasta 80 quintales, si los metales son ricos; pero lo mas comun son 25 á 30 quintales por cada dos hornos.

En aquel método de fundicion no se usa agua sino para hacer las bolas.

CABIDA DE LOS HORNOS.

La cabida de cada horno de Almaden es de 800 á 1000 arrobas, segun se les quiere cargar, entre metales y bolas, y no ofrece riesgo de que se aviente ó huya la fundicion, en tanto que con la disposicion de estos de Huancavelica, acaso no se aprovecharia la mitad del azogue desapareciendo este por las cañerías, pruebas y puntos. No tiene la fundicion de Almaden otros riesgos de pérdida que la falta de cuidado en guardar bien cerradas las cañerías, los demas conductos de cargadero y la parte superior del horno, por donde se puede escapar humo, y el cargar mal el horno, faltándole los conductos ó fuegos regulares para que se incendie el cargo por igual, y se le dé el fuego proporcionado; no usándose allá el ponerle enmedio el cañon de respiracion para que suba el fuego.

Tampoco hay por aquel método el riesgo de espulsion y retraccion de la fundicion que aquí suceden por la violencia del viento; como en aquella disposicion no se encuentra esta cómoda libertad, solo sofocándose el horno con un fuego demasiadamente violento, pudiera retroceder la fundicion, pero por corto rato, mientras no volviese á seguir su curso.

Las operaciones de la fundicion de Almaden están divididas en diferentes ejercicios por la disposicion y usos del pais, y aquí los hacen todos los horneros; y así no tiene este punto necesidad de cotejo.

COTEJO DE UNO Y OTRO METODO DE FUNDICION.

Si cualquier especulativo hace cotejo del método de fundir en Almaden con el que está en práctica en Huancavelica, creo que vendrá en conocimiento de que la proposicion que dejo sentada del mucho azogue que aquí se pierde (y que en mas de un millon de quintales del magistral que ha producido esta mina, considero ha sido de muchos miles de ellos) no es infundada, y que aquel método es muy seguro y menos impertinente y dañoso.

Aquí tenemos tambien, todo el año, un temperamento frio que es propio para la fundicion.

En Almaden hay un cielo no demasiado rígido, aunque se esperimentan frios, hielos y aguas; pero los fuertes calores del verano los esperimentamos aquí, poniéndose

como allá caldeadas las cañerías. En este método de fundicion no quedaba seguramente ningun azogue en ellas, y allí
no se pierde, bien que en la mayor fuerza del calor cesa la
fundicion por dañosa á los operarios.

Si los metales aquí fueran de la calidad de los de Almaden, si en todo tiempo se cargaran en tanta porcion, estando los hornos cubiertos y las fogañas tan abrigadas, y
saliera el humo con el azogue á raiz de tierra, como
aquí sale, se verían mil lástimas en los empleados en la
fundicion : á poco tiempo se volverian estos trémulos é in-
capaces de comer con su mano, se azogarian, se les pon-
drian llagadas y con continuo babeo las bocas, enfermarian
del pecho, sufririan otros diferentes efectos, y por último,
de no retirarse, su vida seria corta y trabajosa, pues el
humo tan aplanado en el suelo, saliendo tan cargado de
mercurio, arsénico, azufre, vitriolo y demas materias an-
timoniosas, capaz fuera de sofocar á quien tuviese necesidad
de estarlo tragando.

Bien sabida es la corta ley y poco producto de estos
metales en la actualidad, como se deja ver ya que fundién-
dose de continuo en 76 hornos, solo sacamos de 40 á 50
quintales de azogue por semana, y esto en mucha parte
por lo que rinden los polvillos ó tierras que se recogen de
varios puntos del esterior de la mina,—cuando solo 16 hornos producen en Almaden, en el mismo tiempo, de 500 á
600 quintales mas ó menos, segun los metales.

Aquellos hornos siguen la alternativa de fundir dos dias
á 6 hornos por dia, y á 4 en el siguiente, y así turnan
seguidamente toda la temporada, en la conformidad que
queda manifestado anteriormente.

VENTAJAS DEL METODO DE FUNDICION DE ALMADEN

SOBRE EL DE HUANCAVELICA.

En los productos y seguridad de la fundicion de Almaden, quedan manifestados los motivos fundamentales que la

justifican, dándole la preferencia sobre la de Huancavelica.

Igual preferencia tengo entendido se ha declarado con las establecidas en Alemania, poco antes de mi salida de Almaden.

Se carga pues, y se puede cargar, un horno de Almaden, sin riesgo alguno de pérdida, con 250 quintales de mineral, que pueden producir, siendo este bueno, mas de 40 quintales de azogue.

Las ventajas que les llevan á estos hornos los de Almaden son de un 400 por 100 ó cuatro quintas partes, y en el mas producto de azogue solo pongo un diez por ciento, segun dejo apuntado, — aunque contemplo sea mas.

En el número de hornos escede Huancavelica á Almaden en cerca de 80 por ciento ó cuatro quintas partes, sin embargo. de la disparidad tan grande que hay entre los productos de estos y los de allá. Si la mina produjera regularmente, aun fundiendo todo el año se necesitarian mas de 200 hornos para estraer anualmente de 4 á 6000 quintales de azogue.

En Almaden se funde solo por temporada de 7 á 8 meses cada año : hay solo 16 hornos. Mas con los 8 del Real de Almadenejos, que algunos años no funden y solo trabajan con los pocos metales que produce aquella mina, se obtiene el total de 24.

En el largo tiempo que serví en aquellas Reales Minas, se hicieron sacas de 18 y hasta de 20,500 quintales de azogue al año por temporada : — la que menos ha sido de 13 á 14,000 quintales.

Si aquí para sacar 6000 quintales, aunque sean buenos los metales, se necesitan mas de 200 hornos, para sacar 20,500 quintales, serian precisos 683 hornos; y segun cálculos muy exactos, formados antes de ahora por un inteligente curioso y especulativo en la materia, para sacar 15000 quintales de azogue cada año, con metales no ricos, se necesitan 800 hornos.

Por esta regla podrá comprenderse cuánto crecerian los costos de un gran número de asientos de fundicion en sitios muy distantes y escabrosos, con oficinas, empleados y operarios, y cuántos serian los riesgos de fraudes y robos inevitables en azogue, paja, jornales y otros muchos gastos que se podrian suponer.

El mejor surtido de paja para fundir no se lograria al precio que hoy : así seria un costo insoportable y uno de los imposibles que se habrian de tocar, aun trayéndola de los pajonales de mas de 30 á 40 leguas de distancia de esta villa.

Se necesitaria para todo un número muy considerable de indios y empleados que habrian de escasear; y esto por consecuencia precisa motivara el acrecentamiento de los salarios y jornales, por tener un incentivo para atraerse brazos de todas partes y lograr conservar los indios precisos.

Sin embargo de todo, no quiero proceder de modo que se crea intento exagerar las ventajas de los hornos de Almaden sobre estos de Huancavelica; mi solo objeto es el acierto y mejor servicio del Rey y del Público (1).

NOTA INTERESANTE.

El conde Superunda, que fué virey desde 1745 hasta 1756, dice en su Relacion de Gobierno, hablando del Mineral de Huancavelica, « que ha sido muy apreciable para las Cajas de la Corona, que los mineros de este Cerro hacen asiento y contrato con el Rey para estraer y fundir el metal, mancomunándose todos de modo que quedan obligados unos por otros, y aunque da fianza cada minero, no se eximen por ello de la mancomunidad, y todos los que entran de nuevo quedan obligados por lo que debe el Gremio al Rey. Seiscientos veinte indios se asignaron de mita para el trabajo del Cerro; pero esta séptima de las provincias afecta á este servicio es menos por estar esceptuada la provincia de Tarma. — Es condicion de este asiento que el azogue que se sacare ha de entrar en las Cajas Reales, de suerte que cualquiera que se estravie es de comiso. — El Rey lo compra á los mineros, y provee de su cuenta á todos los minerales.—El precio que les pagaban era de 74 pesos 2 reales; pero se desquitaba el derecho real del quinto; el dos por ciento aplicado al hospital y el medio por ciento con que contribuian por las mermas de dicho azogue: de suerte que les quedaba á los mineros libres 68 pesos. — La pobreza de muchos mineros los obligaba á dar su azogue

(1) Esta Memoria se publicó en Lima en 1848.

á otras personas por recibir su plata luego. — El duque de la Palata procuró remediar este daño, asignando doce mil pesos cada año, para que se socorriesen los mineros, entregándose en esta ciudad 2,500 ps. por cada mita al procurador de ellas; mas no tuvo efecto esta providencia hasta que siendo Gobernador el marques de Casaconcha, se resolvió que en el tiempo de invernada, en que se previenen los metales para la fundicion, se diese en la Caja Real, cada semana, el socorro que pareciere conveniente al que tuviese á su cargo el gobierno, segun la circunstancia y probidad de cada minero, y que al fin de cada fundicion se ajustasen en la Caja Real todos los suplementos, y se pagase prontamente lo que resultase á favor de cada uno, dejando alguna cantidad para que fuese disminuyendo la dita atrasada. — Habiéndose creido que las minas de azogue de Almaden en España podrian abastecer de este material á las Américas, se dirigió órden al Virey con fecha 22 de mayo de 1748, para que informase sobre el costo fijo que tendria desde Panamá la conduccion de cada quintal á los parajes de su consumo y los demas gastos precisos y á qué se podria vender, de suerte que no fuese mas caro que el de Huancavelica, añadiendo que esta mina debia quedar resguardada y poder servir en caso de que faltase el azogue de España y no parasen las minas de plata. — Se hizo una informacion prolija que se remitió á España en 1749, en favor de que no podria cerrarse la mina. — S. M. mandó en 1750 mil quinientos quintales de Cadiz á Potosí, á cargo de D. Manuel Antonio Escurruchea, vecino de Potosí, quien se hizo cargo de la distribucion, dando cada quintal á 70 pesos ó menos, si se pudiese; se reconoció que era igual al de Huancavelica. El Gremio de Azogueros, sin embargo de haber firmado apoyando el proyecto de remision, por no oponerse á Don Buenaventura Santelises, empeñado en fomentar la remision de azogues de España, hicieron su protesta, probando lo contrario. — Este proyecto no pudo llevarse adelante, y por Real Orden de 5 de junio de 1752, comunicada por el Marques de la Ensenada, se participó que el año antecedente habia acaecido en las minas de Almaden un hundimiento de consideracion, y que habia noticias de amenazar otro cuyo daño era imposible remediarlo hasta la conclusion de varias obras precisas, y por consecuencia no se podia sacar toda la cantidad de azogue suficiente para el surtimiento de la Nueva España. — Que el consumo de aquel Reino por la abundancia de sus metales ascenderia á mas de diez mil quintales anualmente, habiéndose considerado antes era solo de seis mil. — Que del Almaden se sacaria cuanto fuese posible; pero que siendo indispensable acudir, partidos medios, á que á la Nueva España no faltase este material, habia resuelto el Rey que inmediatamente que recibiese esta órden, diese las mas eficaces providencias para que se llevase á la Nueva España la mayor cantidad posible del de Huancavelica, cuidando de que no faltase para los minerales de estas provincias. — En 16 de setiembre del mismo año, mandó el Rey se remitiesen 1,000 quintales de azogue á Guatemala, respecto de hallarse en la misma urgencia. — Luego que se recibieron estas órdenes, se dieron las providencias para su cumplimiento, mandando como se me ordenó por S. M. que tomase el caudal que se necesitase en cualquier caja de este Vireinato, ó buscándolo á crédito para satisfacerlo del primero que entrase en ellas. — Las mismas órdenes se comunicaron al Superintendente de Huancavelica, quien activó de tal modo el trabajo que en poco tiempo escribió estar prontos para remitir á Méjico 5,000 quintales, y 4,500 de repuesto con que ir sucesivamente aviando estos minerales, y que para emprender fundiciones mas en grande le adelantase 150,000 pesos. — Le he librado 105,000 existentes en aquella caja, sin esceptuar ramo privilegiado, y se remitieron los restantes, segun iban llegando las cartas-cuentas. — El primer dia de octubre en el año de 53 se embarcaron en la Fragata Rosa los 5,000 quintales para Méjico, cuyo costo le tuvo al Estado, puestos en esta ciudad, á 86 pesos, y con el paquete y flete subió la cantidad á 469,069 ps. 2 y 1/2 reales. — A Guatemala se remitieron por lo pronto 500 quintales, y en el siguiente otros 500. — La suma que debia mandarle Virey de Méjico, no se remitió como lo solicitaba este Virey, por haberse mandado desde allí á España : el de Guatemala apenas remitió 20,000 pesos. — No obstante el no haber recibido el valor de los azogues de Méjico, se hizo otra remesa de 5,000 quintales el 4 de octubre de 1755. — Los mineros viendo que era imposible continuar el trabajo y dar cumplimiento con los pocos hornos establecidos, pues su subsistencia dependia de lo que sacaban, representaron que bastandóles con los 50 pesos que recibian por cuenta de cada quintal, dejando 28 al cumplimiento de los 58 de su importe por cuenta de los suplementos que se les tenian hechos, no podian trabajar. — Se sustanció el asunto, y oidos á varios individuos de conocimientos, y atendiendo á la escasa ley de los metales y costo de los nuevos hornos, se resolvió en el real acuerdo que el socorro de 50 pesos que se daban cada semana á los mineros por cada quintal de azogues se estendiese á 55, y que el Gobernador cuidase del número de hornos que debia mantener cada minero.—En 1754 se recebió Orden Real para que se suspendiese en adelante la remision de azogue á Méjico, por estar la mina de Almaden reparada. — Por otra de mayo de 1758 se mandó que se remitiesen á Acapulco de 5 á 6,000 quintales, y estuviesen en Acapulco á principios del 59, por haberse vuelto á derrumbar la mina de Almaden, echando mano de todos los caudales de la Real Hacienda, y en caso de no haberlos, de los que se condujesen en los registros de España, tomándolos por cuenta de los reales de derecho. Se remitieron en noviembre de 1758, en la Fragata San José, 2,000 quintales, y en el año siguiente de 59 otros 2,000 en la Fragata Santa Bárbara, no habiéndose podido completar el número de los 5,000. — En 1760 se recibió órden de que se suspendiese la remision de azogue á Acapulco, mas no por esto dejaron los mineros de representar que siendo los metales de muy poca ley, y no costeándoles su fundicion, se veian en la necesidad de abandonar el trabajo, si no se les exoneraba del quinto. Viendo las razones fundadas que espusieron, y oido al Fiscal y Ministros, con acuerdo de todos los tribunales, decidieron se les exonerase del quinto, mientras mejorasen de ley, y se consultase á S. M. sobre esta resolucion. »

He copiado Íntegra esta pieza, con el intento de que se ponga fuera de toda duda la necesidad que he inculcado eh cl testo, de que se continúen fomentando las Minas de Huancavelica ; pues de lo contrario corre por una parte mil azares nuestra industria minera, siendo muy posible que por nuevos derrumbes ó algunas de las muchas combinaciones políticas, no pueda venir azogue de Almaden, y por otro lado nos veamos privados de procurárselo á las Repúblicas hermanas.

Nº 1.

COSTO por mayor y productos de la Fundicion de Huancavelica, desde el año de 1783 hasta fin de junio de 92.

Años.	Paja y útiles.		Costo de fundicion.		Arrend. de hornos.		Producto de azogues.	
	Pesos.	Rs.	Pesos.	Rs.	Pesos.	Rs.	Quintales.	Libras.
1783	25,018	4	42,578	2	560	6 $^1/_2$	2,463	31
1784	26.589	7 $^1/_2$	44,224	5	1,891	5	2,612	89
1785	35,120	7 $^1/_2$	45,433	» $^1/_2$	2,678	3	4,493	37 $^1/_2$
1786	40,870	6	45.209	2 $^1/_2$	1,925	»	2.802	62
1787	36,656	6	38,674	4 $^1/_2$	1,866	6 $^1/_2$	2,400	»
1788	36,459	3 $^1/_2$	41,658	» $^1/_2$	1,215	7 $^1/_2$	2,640	75
1789	44,007	1 $^1/_4$	29.294	4 $^1/_2$	1,836	7	1,615	14
1790	36,640	7	38,617	5 $^1/_2$	1,182	5	2,018	54 $^1/_2$
1791	28,103	4	37,577	1	1,501	4	1,787	68
fta. junio de 92	14,016	3 $^1/_2$	21,588	5 $^1/_2$	912	4	989	»
TOTALES. . .	323,524	2 $^1/_4$	384,635	7 $^1/_2$	15,562	» $^1/_2$	23,823	31

NOTA. —El arrendamiento de hornos no es fijo en cado año, por pedirlos sus dueños cuando les acomoda, y así va puesto en cada año lo pagado en él. Por los seis meses vencidos en junio de este año de 92 corresponde pagar 712 ps. y 4 y $^1/_2$ rs.

Como queda demostrado, se gastaron en los nueve años y medio 323,524 ps. y 2 $^1/_4$ rs. en paja y útiles; 384,635 ps. 7 y $^1/_2$ rs. en fundición de metales, inclusos los salarios de los empleados de ella ; 16,274 ps. 4 $^1/_2$ rs. en pago de arrendamientos de hornos de fundicion en que no se incluye el de los diez y nueve hornos que tiene la Real Hacienda (que á 23 ps. cada horno al año importaria en dicho tiempo 4,312 ps. 4 rs.), ascendiendo las tres sumas figuradas al total de 724,434 ps. 6 ¹/₄ rs. que tuvo efectivos la fundicion de 23,823 quintales 31 ¹/₂ libras de azogue, que son 5,323 quintales mas de la saca de la temporada de un año de Almaden, subiendo por el todo de esta demostracion al costo de 30 ps. 3 ¹/₂ rs. cada quintal en su fundicion; no obstante que en el actual Gobierno se han minorado los gastos economizándose notablemente.

Varios costos por menor en los siete meses de 1°. de mayo á 31 de diciembre de 1789.

A los oyaricos por 8,160 hornadas á 4 reales . . . ps.	4,080
A los horneros por 32,640 jornales á 3 reales	12,240
Composicion de los hornos del asiento de Mina-Pata . .	74.4
Por calentar setenta y un hornos	71
Jornales y materiales en composturas de hornos	84.4
Cal	12
A albañiles, en composicion de hornos, 179 ¹/₂ jornales á 6 reales	134.5
A idem, á 4 reales, 13 jornales.	6.4
A peones en lo mismo y otros destinos, 2,737 jornales à 3 reales	84
Importe de 181 cueros de vaca.	108.2
Herrero, carpintero, barrotes y tablas	63.5
Nueve cargas de magueyes y velas para doblas.	35.1
Ps.	**16,934.1**

SALARIO DE EMPLEADOS.

A tres sobrestantes interventores, uno á 15 pesos por semana en las 36, otro á 9 desde 1°. de junio, y otro idem desde 26 de julio. . Ps.	1,017	
A 12 mayordomos á 6 ps. y uno à 7 en dichas 36 semanas	2,844 ·	3,861

PAJA Y UTILES EN EL AÑO DE 91.

Por 21,587 piaras de paja á 10 rs. cada una. Ps.	26,983.6	
Por 556 abecas á 1 ¹/₂ rs.	104.2	
Por 665 arguillos á 1 ¹/₂ rs.	124.5 ¹/₂	
Por 6,518 cañones á un real.	814.6	
Por 410 tapaderas á idem.	51.2	
Por 201 lebrillos á medio real	12.4 ¹/₂	
Por 31 bacinicas á idem.	1.7 ¹/₂	
Por 29 cargas de burgoneros	22	
Por 81 cueros de vaca.	19.7	28,135 ¹/₂

NOTA. — Sale á 76 cargas de paja cada hornada.

SEIS PRIMEROS MESES DE 1792.

Varios costos por menor desde 1.° de enero á 3 de junio.

A los oyaricos por 6,392 hornadas á 4 reales . . . Ps. 3,196
A los horneros por 25,568 jornales á 3 reales. 9,588
Por 183 jornales de albañiles en composicion de hornos,
á 6 reales 137
Por 2,503 y 1/2 jornales en idem, recoger polvillo y otros
ejercicios, á 3 reales. 938.6 1/2
Por 5 journales de albañil en composicion de hornos, á
5 reales. 3.1
Por 13 resmas de papel á 6 ps. y por encuadernar 14 libros. 108
Por 42 jornales en composicion de hornos á 4 reales . . . 21
Botijas, velas, doblas y tres cueros de vaca 12.6
                                                     ─────────
                                                     14,004.7 1/2

SUELDOS.

Al Director en 26 semanas, á 15 pesos. . Ps. 390
Al Veedor idem á 12 pesos.   72
A tres Sobrestantes interventores á 9 pesos . 702
A trece Mayordomos, los 11 á 6 ps. y 2 á 8 ps. 2,132
Al Maestro y Director de oyaricos á 4 reales
   de jornal por dia desde 22 de abril . . . 31,4   3,567.4

PAJA Y UTILES EN EL AÑO DE 92.

Por 10,659 piaras, 10 cargas de paja á 10 rs.
   peara 13,324 1/2
Por 641 arguillos á 1 y 1/2 rs. 120.1 1/2
Por 206 abecas á idem. 38.5
Por 3,583 cañones y 195 tapaderas á 1 real .   471
Por 56 cueros de vaca y 120 lebrillos á idem.   28.1
Por 53 cargas de hurgoneros y botijas . . .   21.5 1/2 14,003.5 1/2
                                              ──────────────────
                                   Total. . . . 31,576.1

NOTA. — Sale cada hornada á cerca de 67 cargas de paja, cuya minoracion se cree proviene de que en la fundicion de bolas, con la que solo se cargan varios hornos, se gasta menos paja.

RESUMEN General de los varios gastos que contienen las antecedentes demostraciones de ellos en los 3 años y un mes.

A los oyaricos por 57,353 hornadas, á 4 reales. . . .	18,676.4
A los horneros por 149,412 jornales, á 3 reales . . .	56,029.4
Por calentar 222 hornos.	222
Por jornales y materiales en composicion de hornos . .	141
Por 928 1/2 jornales de albañiles en dicha habilitacion de hornos á 6 reales	695.6
Por 74 jornales idem á 8 rs. y 64 resmas de papel á 6 ps.	587.1
Por 13,747 1/2 idem en composicion de hornos y otros ejercicios	5,155.3 1/2
Por la hechura de 29 libros y 254 cueros de vaca. . .	217.6
Barrotes, tablas, velas en las doblas y 9 cargas de magueyes	143 1/2
Botijas vacias y 6 candados	19.3 1/2
	81,724.6 1/2
Sueldos. . . .	20,844.4
TOTAL. .	102,569.2 1/2

Estos datos se han sacado de una Memoria que presentó el Contador mayor José Antonio Becerra el año de 92, en la que se hace una comparacion del modo de fundir por método de Almaden y Huancavelica.

N° 2.

RAZON del azogue entrado en estos Reales Almacenes desde el año de 1570, en que empezó á trabajarse de cuenta del Real Erario la Real Mina de azogues de Huancavelica, hasta el de 1790.

A SABER.

	Años.	Quint.	lib.	onz.
Desde 1571 á 1576 . .	5 . .	9,137	91	»
» 1576 » 1593 . .	17 . .	123,864	30	10
» 1593 » 1595 . .	2 . .	7,921	82	»
» 1595 » 1598 . .	3 . .	23,286	61	»
» 1598 » 1601 . .	3 . .	13,626	65	»
» 1601 » 1603 . .	2 . .	11,037	33	»
» 1603 » 1609 . .	6 . .	15,300	52	»
» 1609 » 1615 . .	6 . .	34,032	46	»
» 1615 » 1618 . .	5 . .	17,103	56	»
» 1618 » 1621 . .	3 . .	16,923	10	»
» 1621 » 1624 . .	3 . .	13,428	6	»
» 1624 » 1626 . .	2 . .	6,226	12	»
» 1626 » 1627 . .	1 . .	2,936	68	»
» 1627 » 1628 . .	1 . .	5,040	36	»
» 1628 » 1630 . .	2 . .	4,795	6	»
» 1630 » 1632 . .	2 . .	8,259	69	»
» 1632 » 1633 . .	1 . .	4,721	31	»
» 1633 » 1637 . .	4 . .	15,623	39	»
» 1637 » 1640 . .	3 . .	17,609	52	»
» 1640 » 1643 . .	3 . .	9,632	5	»
» 1643 » 1645 . .	2 . .	16,961	39	»
» 1645 » 1646 . .	1 . .	5,582	70	»
» 1646 » 1648 . .	2 . .	17,371	65	»
» 1648 » 1651 . .	3 . .	8,352	11	8
» 1651 » 1655 . .	4 . .	29,339	75	»
» 1655 » 1657 . .	2 . .	16,406	82	»
» 1657 » 1660 . .	3 . .	17,638·	95	»
» 1660 » 1664 . .	4 . .	21,977	93	»
» 1664 » 1666 . .	2 . .	7,374	35	»
» 1666 » 1668 . .	2 . .	5,524	57	»
» 1668 » 1669 . .	1 . .	11,007	18	»
» 1669 » 1672 . .	3 . .	10,749	83	»
Sumas á continuacion .	101 . .	526,781	4	2

	Años.			Quint.	lib.	onz.
Sumas precedentes . .	101	. .		526,781	4	2
» 1672 » 1674 . .	2	. .		18,114	71	»
» 1674 » 1677 . .	3	. .		17,925	50	»
» 1677 » 1679 . .	2	. .		7,146	19	»
» 1679 » 1682 . .	3	. .		13,198	53	»
» 1682 » 1683 . .	1	. .		2,599	34	»
» 1683 » 1689 . .	6	. .		25,301	70	»
» 1689 » 1692 . .	3	. .		15,500	53	»
» 1692 » 1696 . .	4	. .		18,170	33	»
» 1696 » 1701 . .	5	. .		21,062	86	»
» 1701 » 1704 . .	3	. .		11,352	46	»
» 1704 » 1706 . .	2	. .		3,160	76	»
» 1706 » 1709 . .	3	. .		9,964	93	3
» 1709 » 1713 . .	4	. .		7,353	20	»
» 1713 » 1716 . .	3	. .		9,187	61	»
» 1716 » 1718 . .	2	. .		11,986	1	»
» 1718 » 1721 . .	3	. .		10,047	57	»
» 1721 » 1724 . .	3	. .		10,062	74	»
» 1724 » 1726 . .	2	. .		4,024	55	»
» 1726 » 1729 . .	3	. .		9,386	19	»
» 1729 » 1733 . .	4	. .		18,054	44	»
» 1733 » 1736 . :	3	. .		13,417	3	»
» 1736 » 1748 . .	12	. .		65,424	81	5
» 1748 » 1752 . .	4	. .		11,563	98	»
» 1752 » 1758 . .	6	. .		29,761	12	8
» 1758 » 1759 . .	1	. .		8,316	36	8
» 1759 » 1762 . .	3	. .		19,817	62	8
» 1762 » 1763 . .	1	. .		1,853	89	»
» 1763 » 1764 . .	1	. .		9,824	58	»
» 1764 » 1766 . .	2	. .		13,687	42	»
» 1766 » 1767 . .	1	. .		4,033	64	»
» 1767 » 1768 . .	1	. .		3,743	94	»
» 1768 » 1769 . .	1	. .		12,493	73	»
» 1769 » 1770 . .	1	. .		4,543	27	»
» 1770 » 1771 . .	1	. .		5,063	11	»
» 1771 » 1772 . .	1	. .		4,719	27	»
» 1772 » 1773 . .	1	. .		4,262	75	»
» 1773 » 1774 . .	1	. .		4,833	56	8
» 1774 » 1775 . .	1	. .		5,014	24	8
» 1775 » 1776 . .	1	. .		3,741	74	»
» 1776 » 1777 . .	1	. .		4,263	97	8
» 1777 » 1778 . .	1	. .		2,848	36	»
» 1778 » 1779 . .	1	. .		4,475	75	»
Sumas á la vuelta . .	208	. .		1,007,884	16	13

	Años.			Quint.	lib.	onz.
De la vuelta . . .	208	. .		1,007,884	16	13
» 1779 » 1780 . .	1	. .		5,803	50	»
» 1780 » 1781 . .	1	. .		3,062	50	»
» 1781 » 1782 . .	1	. .		1,783	45	5
» 1782 » 1783 . .	1	. .		2,463	33	»
» 1783 » 1784 . .	1	. .		2,612	89	»
» 1784 » 1785 . .	1	. .		4,493	37	8
» 1785 » 1786 . .	1	. .		5,648	50	»
» 1786 » 1787 . .	1	. .		2,400	»	»
» 1787 » 1788 . .	1	. .		2,668	25	»
» 1788 » 1789 . .	1	. .		1,619	80	8
» 1789 » 1790 inclusive.	2	. .		2,016	4	»
Sumas totales. . .	220	. .		1,040,469	30	15

Por manera que segun se demuestra en esta Cuenta, en los doscientos veinte años que comprende, corridos desde 1º. de enero de 1570 en que se empezaron á fundir los metales de la Real Mina hasta 31 de diciembre de 1790 inclusive, han entrado en Reales Almacenes 1,040,469 quintales 30 libras 15 onzas de azogue, sirviendo de noticia que en 1º. de setiembre de 1570 se posesionó S. M. de ella, por habérsela cedido Amador de Cabrera, y se empezarou á estraer sus metales en 2 de dicho mes por el Veedor Pedro de los Rios, nombrado para este fin por el Escelentisimo Señor Virey Don Francisco Toledo, segun consta del libro de aquel año, que corrió hasta el de 1573 á cargo del oficial real Garcia Nuñez Vela, y existe en esta oficina. — Contaduría General de azogues de Huancavelica, febrero 5 de 1790. — Juan Gregorio de Eizaguirre. — Visto Bueno. — Gonzalez.

ESTADO de lo que ha producido desde 1791 hasta la fecha que se espresa.

Años.								Quintales.	Libras.
1791	.	.	.	.	.	.	.	1,787	68
1792	.	.	.	.	.	.	.	2,095	93
1793	.	.	.	.	.	.	.	2,032	68
1794	.	.	.	.	.	.	.	3,156	92
1795	.	.	.	.	.	.	.	4,700	76
1796	.	.	.	.	.	.	.	4,181	94
1797	.	.	.	.	.	.	.	3,927	52
1798	.	.	.	.	.	.	.	3,422	58
1799	.	.	.	.	.	.	.	3,557	»
1800	.	.	.	.	.	.	.	6,112	53
1801	.	.	.	.	.	.	.	2,597	»
1802	.	.	.	.	.	.	.	2,366	15
1803	.	.	.	.	.	.	.	3,323	50
1804	.	.	.	.	.	.	.	4,636	61 $^{1}/_2$
1805	.	.	.	.	.	.	.	3,323	50
1806	.	.	.	.	.	.	.	2,672	29
1807	.	.	.	.	.	.	.	2,621	40
1808	.	.	.	.	.	.	.	2,452	94
1809	.	.	.	.	.	.	.	2,281	24 $^{1}/_2$
1810	.	.	.	.	.	.	.	2,548	37
1811	.	.	.	.	.	.	.	3,262	77
1812	.	.	.	.	.	.	.	2,717	65 $^{1}/_4$
1813	.	.	.	.	.	.	.	187	53 $^{1}/_2$
				Suma total.	.	.		69,766	10 $^{3}/_4$

NOTA. — Por mas esfuerzos que he hecho para conseguir los datos que demuestren la produccion efectiva desde el año de 1791 hasta esta fecha, no me ha sido posible obtener sino los desde aquella hasta 1813, segun se prueba en el Estado que precede : — y se advierte que la suma de dichos quintales no solo comprende los de la mina del Estado, sino tambien los de las particulares.

N° 3.

RAZON del número de minas de Cinabrio que en los contornos de la Ciudad se hallan en actual trabajo; y del de hornos que sirven para el beneficio de dicho metal, la cual la forma el Diputado sustituto del Ramo de Minería.

SANTA BARBARA.

	MINAS.	HORNOS.
D. José Santiago Arana trabaja con sus dos hijos una mina en el Brocal, situada en el farallon con dos paradas de hornos	1	2
D. Pablo Arana, en el mismo punto y sitio, trabaja otra mina con una parada de hornos.	1	1
D. Angel Mere, otra id. en id. id. con otra id. . .	1	1
D. Juan Pablo Almonacid trabaja la mina de San Lorenzo en id. id.	1	"
D. Clemente Gonzalez, otra mina en idem idem. . .	1	»
D. Estéban y D. Romualdo Ruiz, otra idem en id., id. con una parada de hornos	1	1
D.ª Igidia Sanchez, otra id. en id. id. con otra id. . .	1	1
D. Domingo Orbesua, otra en id. en id. id. . . .	1	»
D.ª Santosa Peralta, otra id. en id. id. con otra id. . .	1	.1
D. Antonio Robles, otra id. en id. id. con dos paradas de idem.	1	2
D.ª Manuela del Pino de Venegas, en id. id. con una parada de hornos.	»	1
D. Pablo Echabaudis, una id. en id. id. con dos paradas de id.	1	2
D.ª Modesta Almonacid, otra id. en id. id. con otra id. .	1	1
D. Juan Pablo Almonacid otra idem en los bajíos de este punto con el nombre de Azulejo	1	»
La Minilla se halla suspensa de su labor, y están solamente en ejercicio las tres paradas de hornos. . . .	»	3
En el mismo lugar tiene D. José Cataño una parada de hornos, que la ha comprado D. Francisco Menendez . .	»	1
En idem tiene D. Pedro Roca otra parada de hornillos . .	»	1
En idem tiene otra idem Luis Castillo.	»	1
En toda la quebrada de Cabramachay, y en la de Ninabamba, se cuentan como treinta hornillos pertenecientes á diferentes dueños	»	30

CHACLATACANA.

	MINAS	HORNOS
D. Juan Pablo Almonacid tiene dos minas, y una de Claraboya con una parada de hornos en ejercicio corriente.	3	1
D.ª Patricia Delgado tiene dos minas y dos paradas de hornos en id.	2	2
D. Domingo Mota trabaja una mina con tres hornos	1	3
D. Manuel Aviles trabaja otra mina	1	»
D. Anacleto Rubianes tiene cuatro paradas de hornos, todas corrientes.	»	4
D.ª Carlota Pons, una parada de idem idem	»	1
D. Juan Calderon, otra parada de idem idem	»	1
D. Antonio Robles, dos paradas de idem idem	»	2
D.ª Teresa Robles, una parada de idem	»	1
D. Estéban Ruiz, otra idem idem	»	1
D. José Arana, otra idem idem	»	1

BOTIJA-PUNCA.

	MINAS	HORNOS
D. José Soldevilla trabaja una mica con una parada de hornos	1	1
D. Manuel Venegas, otra idem	1	»
D. Joaquin de la Breña, tiene una parada en hornos corriente	»	1
D. José Vargas, otra idem idem	»	1
D.ª Nicolasa Cueto trabaja una mina con una parada de hornos corriente	1	1
D. Manuel Urruchi, trabaja una mina	1	»
En la quebrada de Timpoc hay pertenecientes á la mina grande nueve paradas de hornos corrientes, á cargo de D. Luis Flores	1	9
En dicha quebrada tiene una parada de hornos D. Martin Beràmendi	»	1
D.ª Ijidia García, otra idem	»	1

LAS DE LA TRINIDAD.

	MINAS	HORNOS
D. Anacleto Rubianes trabaja una mina	1	»
D.ª Carlota Pons, otra	1	»
D. Francisco Chaves, otra.	1	»
D.ª Modesta Almonacid, otra	1	»
D. Pedro Mendoza, otra con una parada de bornot corriente.	1	1
D. Manuel Urruchi, otra en la falda de la plaza del Socavon.	1	»
D. Manuel Estanislao, otra en el Cerro de Quizbuara.	1	»

EN LA PARTE DE CORAZON-PATA.

	MINAS.	HORNOS.
D. Manuel Urruchi, una mina	1	»
D.ª Modesta Almonacid, otra	1	»
D. Mariano Delgado trabaja una mina en el Cerro de Titicaca	1	»
D. Domingo Herrera tiene en la Trinidad una parada de hornos	»	1
D.ª Santosa Peralta, una parada de hornos corriente . .	»	1
Los Soldevillas trabajan en el paraje de Carampa una mina con una parada de hornos.	1	1
D.ª Bernarda Egoabil, otra con una parada de idem . .	1	1
D.ª Josefa Soropuara, otra con su parada de idem . .	1	1

EN LOS CERROS DE QUIRASQUICHQUI.

D. Luis Flores trabaja una mina con dos paradas de hornos corrientes.	1	2
D. Manuel Urruchi trabaja dos bocas.	2	»
D. Domingo Orbesua en los baños de Santa Lucía con una parada de hornos	1	1
D. Joaquin Breña tiene en Puyhuan Orecio una parada de hornos	»	1
D. Tomas Saavedra, en Callqui, tiene tres hornos corrientes.	»	3
En idem un horno de D.ª Paula Almonacid . . .	»	1
En el paraje llamado Terciopelo, trabaja una mina D. Gabriel Delgado con una parada de hornos corriente . .	1	1
D. José Vergara en idem otra mina con una parada de hornos	1	1
D. Pedro Echavarría otra en idem	1	»

Se agregarán á esta lista como cincuenta hornos, situacion en Callqui, Antacocha, Acoarisva y Huaylacucho. .

Tampoco se mencionan en esta razon los hornos de la mina del Estado, que son 7 paradas ó 18 hornos.

Huancavelica, 4 de octubre de 1846.

RAZON del Auentas de las Reales Cajas que en virtud de D. Juan Ignacio Vidaurre.

CAJAS RE.		1795.				TOTAL.			
ESPENDEDO. ads.		qs.	libs.	onzs.	ads.	qs.	libs.	onzs.	ads.
Lima. . . .	»	1,295	50	»	»	6,143	53	10	4
Pasco . . .	»	1,685	27	2	»	9,897	69	9	10
Trujillo. . .	»	685	70	2	»	4,261	»	10	»
Arequipa . .	»	401	46	2	»	1,611	89	1	»
Arica. . . .	»	240	»	»	»	736	77	12	»
Cuzco . . .	»	90	27	2	»	579	78	10	»
Huamanga . .	»	303	94	11	»	1,882	5	3	»
	»	4,702	15	3	»	25,112	74	7	14

		1800.				TOTAL.			
s. ads.		qs.	libs.	onzs.	ads.	qs.	libs.	onzs.	ads.
Lima. . . .	»	660	»	»	»	4,293	25	»	»
Pasco . . .	»	2,822	49	»	»	13,412	45	8	»
Trujillo. . .	»	447	75	»	»	3,391	43	14	»
Arequipa . .	»	269	83	»	»	1,439	91	1	»
Arica . . .	»	247	7	10	»	1,254	28	3	»
Cuzco . . .	»	515	7	15	»	1,181	87	6	»
Huamanga . .	»	224	»	»	»	1,420	»	»	»
Chucuita . .	»	581	26	13	»	1,787	97	15	»
	»	5,767	49	6	»	28,181	18	15	»

NOTA. — No ipa y Pasco : en la 1.ª de 47 qls. 63 lbs. 7 onzas el año de 93, y en la ot

OTRA. — El en el Tribunal.

CONDIEMBRE 31 DE 1805.

RAZON mensual deoresente mes, inclusos los once anteriores.

	ENTRADA MENSUAL.		IDEM ANUAL.		TOTALES.	
	Pesos.	Reales.	Pesos.	Reales.	Pesos.	Reales.
Existencia en 31 de diciembre de	»	» »	20,123	1/4		
Entrada hasta 30 de noviembre de	26,564	1 1/4	»	» »		
En 7 de diciembre	12,480	6 1/2	190,285	2		
En 14 de dicho	7,407	5 1/4	13,805	2 3/4		
En 21 de idem	2,339	3 1/2	7,771	3 1/2		
En 28 del mismo.	501	5	1,015	2 1/2		
Recibido por 2.° producto del h	»	» »	45,000			
tierras del real almacen. . .	»	» »	30,218	2	} 335.144	1 1/2
	»	» »	58	2 1/2		
	»	» »	23	3 1/2		
	534	3 1/2	1,922	1 1/2		
	»	» »	7,665	3		
	44	2	94			
	2,235		7,388	2		
A las Reales cajas de Huamanga .	182		364			
A las de Pasco	»	» »	410			
A las de Cuzco	52,309	3 1/2	335,144	1 1/2		

	GASTO MENSUAL.		IDEM ANUAL.			
A las de Arequipa	19,454	2 1/2	250,921	7 1/2		
A las de Puno.	»	» »	4,111	7 1/2		
A las de Lima.	»	» »	10,831	2		
	»	» z	4,580			
	»	» »	225			
	582		7,129	7 1/2		
	731	4	9,528	7	} 304,964	7 1/2
	11	2	150			
	52		624			
	599	2 1/2	5,206	7 1/2		
	699	6	11,621	1/2		
	»	» »	34			
	»	» »	»	» »		
	22.130	1	304.964	7 1/2		

Existencia. 30,179 2

21.602	6	1/2
1.500		
23,102	6	1/2
7,439	1	1/2
30,542		
12,500		
18,042		

V. B. — *Dr. Santiago Corb*

Certifico en la man en la razon mensual que antecede, existen, según el balance, corte y tanteo que *Bernardo Molero.*

De los caudales gasta ó bajas de ellos, compra de paja y útiles,
fundicion y sueldoiernos de los SS. D. Fernando Marquez de
la Plata y D. Pedm de dicho año.

DATA.

Por gastos que sufrió la Re *importe do las existencias de fin de diciembre*
de **0***, Gobierno del Señor Tagle.*

	Pesos.	Reales.

Importe de las existencias das de azogue á 73 pesos, estraidos desde
En ratas y desmontes, segu se abrió la fundicion, hasta 26 de di-
En estraccion de metales, se con los metales y polvillos que entregó
En conduccion ó bajas segu tes en los asientos, y con los que acopió
En compra de paja y útiles , segun queda puntualizado en la pri-
En refaccion de hornos segu le este espediente; y constan dichos
En sueldos y pensiones que vencidas para su destilacion, del do-
      m. 11. 117,905   2
      en el valor del fierro, acero y herra-

Siguen los gastos hechos p° gun el Número 26. 52,550   2
      l Quilca de la Mina segun el Núm. 27.   5,560   5 5/4
En ratas y desmontes segun n segun el Núm. 10 ya citado . . .   4,955   1 1/2
En estraccion de metales se
En conduccion ó bajas segu   158,971   3 1/4
En compra de paja y útiles
En la fundicion de metales
En el importe del fierro reo
En sueldos y pensiones que
En arrendamientos de horne

ENCIAS.

  . . . 281,265   3 1/2
  . . . 158,971   3 1/4

  . . . 122,294   » 1/4

DICHO AÑO.

  . . . 281,265   3 1/2
  . . . 40,066   1 1/4

  . . . 241,199   2 1/4

RAZON de los Minerales que hay en la Provincia de este Gobierno é Intendencia de Huancavelica y Partidos de su comprension; Mineros que trabajan en ellos; Pallaqueadores; fondos y método empleados en el beneficio de las pastas; ley y marcos que presentan; proporcion que ofrecen de leña y plomo para la fundicion, veneros que se hallan aguados y Haciendas de beneficio ó Trapiches, — con todo lo demas correspondiente al esclarecimiento del espediente promovido sobre el particular.

CAPITAL DE HUANCAVELICA.

A dos leguas de distancia de ella, en el Cerro nombrado Piticocha, hay un mineral de plata que lo trabaja D. Bernabé Olano, siendo su ley de seis á ocho marcos y su beneficio por sal y azogue. Aunque la relacion del mismo comprueba ser de algunas esperanzas la veta en que sigue el trabajo, sus ningunas facultades no dan lugar á la estraccion competente de pastas ó piñas, aunque hay un ingenio ó trapiche en donde se muelen sus metales por sutil.

Segun algunos inteligentes, en las inmediaciones de dicha capital hay abundancia de vetillas de plata que, por la escasez de fondos en sus habitantes, se hallan sin descubrirse, y entre las cuales hay un mineral de cobre, á distancia de cuatro cuadras de la poblacion, en el cerro nombrado Potoche, que por las razones espresadas se halla abandonado, — si bien es de ley sobresaliente y calidad superior. — Igualmente se ven en dicho cerro varias vetas de plata y oro, en las cuales varios sugetos, llevados de la fama de su riqueza, han invertido sus caudales sin fruto alguno.

PARTIDO DE ANGARAES. — DOCTRINA DE JULCAMANCA.

En ella se halla el gran cerro de Panapiti, de notoria fama por el descubrimiento de sus ricos metales, como lo acreditan los desmontes, en los que trabajan D. Juan B. Prieto y otros muchos pallaqueadores : su ley, de diez á doce marcos por cajon, y sus relaves de cinco á seis, y por crudo cuatro; habiendo algunos que, por quema, corresponden á ocho, quedando el relave para otro beneficio. Se sigue en la veta principal el trabajo, en varias labores arruinadas y aguadas, sacando los polvillos y·fragmentos referidos. Se han descubierto metales de vara y media de ancho entre cajas, siguiendo el rumbo de dichas labores, pero en mucha dureza,—aunque esta puede ser tapa de otros electos, por irse uniendo sus guias, — y se pueden seguir varias calles por lo que se manifiesta. Las minas antiguas de la laguna en parte desaguada, contiguas al plan de la cima de dicho Panapiti, acreditan ser poderosos sus metales y polvillo, y aunque estos ó los de arriba se distinguen por calientes, su beneficio se tempera con lejía y ceniza, por tener mas bronce. La escelencia de uno y otro metal es la de rendir siete marcos diez y ocho libras de pella, cuando corresponde á seis, siendo la causa el tener mucho oro, y ser dócil para trabajarlo, lo que no se esperimenta con los del Cerro del Rosario de Pampamali y otras minas inmediatas á este. Habiendo limpiado la boca-mina descubridora de la mencionada laguna, se hallaron siete labores arruinadas, y la una de superiores metales, pero peligrosa en trabajar, y se mantiene la puerta de reja con que se cerraba en tiempos pasados. En una palabra, este gran mineral de Panapiti se halla circundado de cerros con muchas minas despobladas de plata y oro, bronce y plomo ; y al márgen del camino real hay una veta de bronce taqueada, que puede tener doce varas de ancho, y parte sigue en vara y tercia de ancho, de cuyo metal se hace el magistral para templar los frios, supliéndose de ellos los mineros de los partidos de Castrovireina y Huanta, no siendo dudable que en su circunferencia habia metales de fundicion, mediante á hallarse hornos arruinados para esta clase, teniendo la ventaja de cuantas proporciones se pueden apetecer.

En el cerro de Asulcocha, D. Miguel Gomez sigue un socavon con la esperanza de beneficiar metal de 80 marcos por quema de tostadillo, de los que sacó antes de haberse aguado, manifestando dicho cerro muchas vetas de varias clases con buenas proporciones : trabaja desmontes de los cerros de Panapiti y Condoray de 5 á 6 marcos.

Cerro de Sulcanvilca. — D. Juan Flores tiene una mina antigua de ley de 40 marcos; otra en las puntas de Panapiti, — y segun ensayo, de 12 marcos por quema, otra, en fin, de oro al pié de dicho cerro, que da dos onzas por cajon, siendo él su descubridor. De las propias leyes son las que trabaja D. Francisco Juscopa en los mencionados cerros de Panapiti, Sulsulcocha y Condoray.

DOCTRINA DE LIRCAY.

Cerros de Yahuarcocha y Hachilla, recinto del citado Julcamarca. — D. Juan de Vidalon tiene dos minas : una de ley de 3 á 5 marcos por crudo, hallándose impedido su laboreo por estar aguada, si bien se está limpiando un socavon para facilitarlo, y otra por quema, demorándose treinta horas en cada hornada. Esta mina que es de ley de 5 marcos, y hasta de 25 por su variacion, se halla aguada, pero se sigue un socavon para evitar este daño. Tiene otros veneros dicho Sr. Vidalon en Julcaní, donde sus desmontes y llampos le dan un marco á cuatro por crudo, y se están limpiando las calles para habilitarlos. Igualmente trabaja otra mina en el cerro de Chontirca del pueblo de Huanca-huanca, — beneficio por crudo y tostadillo de 4 á 8 marcos, y saca escasa, por ir la veta por ojos; — y habiendo hecho varias esperiencias para sacar por fundicion, mediante á haber proporciones, no lo consiguió, no obstante haberse valido de prácticos. En toda la ribera de Lircay es el beneficio de azogue y su plata muy superior.

Cerro de Julcan. — D. Antonio Villaspeza ha trabajado por crudo y tostadillo desmontes de muchas minas aguadas y arruinadas, de corta ley. En el dia tiene una brazada de ancho, de ocho marcos por quema, inmediata al haz de la tierra, no faltando vetas en ella de soroche y plomo para fundir, — lo que no se ejecuta por falta de quien sepa su beneficio.

Dicho cerro. — D. Santiago Pardo ha trabajado dos minas imposibilitadas por no haber podido concluir los socavones, habiéndole sacado á la una de 20 á 40 marcos, y á la otra de 12 á 15 por quema, y en el dia trabaja polvillos de muchas minas antiguas, de 3 marcos por crudo, siendo sus metales negrillo y paco con parte de oro, — cuya separacion no se entiende. — A mas de lo espuesto, se halla con una mina de metal paco de 5 á 6 marcos : su beneficio sal y azogue, y no le faltan de los de fundicion, que no se benefician por lo espuesto en el capítulo antecedente.

Cerro de Jucacuna á una legua del pueblo de *Huanca-Huanca.* — D. Juan José Morales tiene dos vetas manteadas, de 5 á 8 marcos por tostadillo; la una es antigua, y habiendo él profundado como cuatro varas, no dió con metales, pero picando una cuadra de distancia, encontró una veta de á cuarta; su ley de 7 á 8 marcos y su beneficio quema ligera.

Cerro de Chaquicocha inmediato á dicho pueblo de *Huanca-Huanca.* D. Mauricio Pineda trabaja una veta manteada de metal cobrizo y ley de 9 á 10 marcos por tostadillo, y otra que va á pique, con metales en bolsonadas de 4 á 5 marcos del mismo beneficio; y en el cerro de Chuspampa, una legua del pueblo de Atunhuallay, tiene otra de metales ciguagros, y cuyo beneficio son sal y azogue; demostrando dicho cerro mucho fondo, y el metal descubierto dos brazadas. Es fácil darle socavon. Su descubridor fué dicho Pineda.

Cerro de Antacancha. — D. Hermenegildo Salvatierra tiene una veta vírgen de 8 marcos, con liga de oro, y trabaja otra en Julcan de 20 marcos, así como D. Manuel

Parodisaca. En la de este la ley es 3 marcos, por sal y azogue, y 8 por tostadillo.

Otros muchos pallaqueadores trabajan en el cerro de Julcan, en los desmontes y en diferentes bocas que hay abiertas
en los cerros de Jucacuna, Cochapiti, Maran, Racacorral,
Santa Ursula y Colqui, todos del distrito de dicha doctrina de
Lircay; siendo la ley de 4 hasta 20 marcos, por quema y crudo.

DOCTRINA DE ACORIA.

En Ñañanteos, en la cabecera del pueblo de Palca, inmediato al mineral de Sapralla, D. José Ibañez tiene una
veta vírgen de metales de fundicion, que por su guia menor rinde 40 marcos por cajon.

Todos los espresados minerales, y otros que hay en el
partido, no se trabajan con la fuerza que exigen, por hallarse sus dueños sin fondos suficientes y sin habilitadores
que los fomenten particularmente. Se esperimenta la falta
de gente para el laboreo, y de burros y llamas para sus
bajas. No obstante que hay los suficientes ingenios, en atencion á todo lo espuesto, no pueden dichos propietarios
costear diputado que baje á la capital de Lima á presenciar
las juntas y esperimentos respectivos, aunque no se les os-
curece el beneficio, alivio y fomento de la minería que precisamente les resultaria, verificándose el proyecto de plantear
en aquella capital el Colegio ó Tribunal que se enuncia.

PARTIDO DE LA ISLA DE TAYACAJA.

En el mineral de San Pedro de Coris, doctrina de Mayoc,
D. Urbano y D. Antonio Medina trabajan cuatro minas
de plomo, su ley 25 quintales por cajon, y una mina de
plata nombrada Patituna, cuyo beneficio es sal y azogue,
y la ley 4 marcos. Otra trabajan los mismos en el cerro de
Otembamba, por fundicion; su ley un marco por quintal,
y á veces 4 onzas, cuya variedad se atribuye á mala inteligencia de los peritos en su beneficio.

Doña Asensia de la Raba, en la misma doctrina y dicho asiento de Coris, trabaja dos minas de plata, con beneficio de sal y azogue y ley de 4 á 5 marcos por cajon.

Dicha interesada trabaja aun en el mismo cerro una mina de plomo, cuya ley es de 20 á 25 quintales por cajon.

D. Faustino y D. Nicolas Mayta esplotan por fundicion, en dicho asiento de Coris de la citada doctrina, en el paraje nombrado Utarbamba, una mina de plata, que á los principios de su descubrimiento daba 50 marcos por cajon; pero ahora, profundada la veta con el continuado trabajo, apenas se costea su dueño, por los gastos que ocasiona la fundicion y la escasez de chamiza, único combustible para esto, careciéndose absolutamente de leña.

D. Toribio Soto, en dicho asiento de Coris, trabaja una mina de plata, y aunque su ley no baja de 50 marcos por cajon, su beneficio por fundicion apenas se costea, así por la solteria del cerro que continuamente necesita de relejes y empotrados, como por la angostura de la veta.

D. Tomas Palomino, de Castrovireina, minero en dicho asiento de Coris, trabaja una mina de plomo en un cerro que dicen ser frontero con la montaña y cuyo nombre no se especifica; — su ley de 25 á 30 quintales por cajon. Este interesado da razon de otras minas de plomo en dicho paraje, que no se trabajan por estar las unas arruinadas, y las otras aguadas y por agregarse á esto la falta de chamiza ó leña que se esperimenta para la fundicion.

D. Alfonso Alvinagorta, dueño de la mina de plata nombrada Atillanqui, despues del fallecimiento de su mando, ha abandonado su trabajo por falta de facultades, no obstante de ser de ley sobresaliente segun se dice; pero en el dia se halla la mina tan enteramente arruinada y aguada que atendiendo á los crecidos gastos que deben emprenderse en su limpia y desagüe, y careciendo los mineros de fondos para emprender este trabajo, se halla acéfala. — De todo lo espuesto por los mineros de este partido se deduce la imposibilidad de costear un diputado que baje á Lima á presenciar las juntas y esperimentos que deben praticarse para adquirir los conocimientos tan indispensables para el beneficio de los metales, cuyo requisito no obstante de conocer les seria muy útil para el fomento de la minería, no tienen absolutamente facultades para verificarlo, así por la corta ley de los metales que trabajan, como por el abuso introducido en los operarios que solo quieren trabajar á mitad de ganancias con las dueños, y no á jornal, segun el establecimiento dc otros minerales que siguen este método.

PARTIDO DE CASTROVIREINA.

Los minerales que hoy se trabajan en este partido son el del propio nombre y el de Atumsulla : en el uno son mineros D. Jacinto Jaleno, D. Juan Ignacio Sajoras y D. Antonio Blanco; en el otro D. José Uribe, D. Juan de Dios Aguilar y D. José Bororques; en uno y otro hay algunos pallaquea dores, pero ni estos ni los mineros tienen fondo alguno, y sí muchos atrasos y empeños. — El método que observan es el comun de sal y azogue por tostadillo, esto es quemando los metales primero. — Sus ingenios son de rastra con sus correspondientes oficinas. — La ley de sus metales es hoy en Castrovireina de 6 á 12 y á 25 marcos. — La de Atumsulla no se ha podido averiguar, porque por fines particulares là ocultan ó aumentan aquellos mineros. — De los pallacos ó llampos, que son los desmontes, desperdicios ó deshechos de las minas antiguas, se estraen de 5 á 6 marcos por cajon. — La ley de las de plata sube á 11 y 12, segun el ensaye que en la callana de esta villa se ha hecho. — El número de marcos que se estrae no es fácil averiguarlo, porque el atraso en que están los mineros les hace dar pastas ocultamente á unos habilitadores, con fraude de otros. — Mas, por un cálculo prudente, asciende en ambos minerales la estraccion anual de aquellos á 1,500 marcos. — A 2, 3 y 4 leguas de las minas dichas hay proporcion de leña para metales de fundicion, de que no se carece, segun la inteligencia de lagunos mineros que han picado vetas.— De la de plomo se carece hoy, porque aunque hay vetas de este metal, no se trabajan. — La insolvencia actual de los mineros es grande para poder subvenir á los gastos del diputado que baje á Lima á presenciar las juntas y esperimentos, ni tienen la necesaria pericia, aplicacion y genio pues siendo su ·proceder desidioso y careciendo de ideas razonables, ni siquiera aspiran á estas.— Frecuentemente se valen de unos que llaman beneficiadores: los mas de estos no proceden por regla ó por esperiencia, son siempre pobres, tal vez no saben leer, y en todo caso obran con fraude, para que les dure su subsistencia á costa de lo que ignoran los mineros.— Puede decirse sin exageracion que toda esta provincia y partido es un mineral abandonado, pues la muchedumbre de sus cerros contiene innumerables vetas de plata no trabajadas, ó por desidia, ó por falta de fondos.— Las minas de Castrovireina y Atumsulla son antiguas; muchas de ellas están aguadas, y aunque hace mas de cien años que se encuentran abandonadas, dura la fama de su riqueza, en especial con las nombradas Astohuaraca, la Caudalosa, la Portuguesa y Montes-Claros. Las aguadas pueden habilitarse por socavones, respecto á la proporcion que ofrecen sus situaciones. — Aunque se beneficia en todas por azogue, se tiene por cierto que sus metales rinden mas por fundicion,— bien que para esta operacion no hay sobra de leña y chamiza, aunque no falta en algunas. — No se sigue este método por ignorar el arte; y si se usara de los hornos que hay en Coquimbo para el cobre, se conseguirian notables ventajas.— En el pueblo de Huaca-Huaca, hay minas antiguas de un metal que dicen dió porcion de plata por fundicion por ser aplomado; pero hoy se hallan en un total abandono. — Todos los metales que se benefician son soroches y pavonados, esto es brillantes y que tiran á plomo. — Varias vetas de oro se han descubierto en una quebrada de este partido, nombrado Cuyahuasi; mas todavía no han descubierto su beneficio, pues el azogue no penetra la mayor parte del oro que nada ó está como cubierto de cierta materia bituminosa, y se espera el éxito del ideado beneficio por cuerpos como la plata. — Hay varias minas de cobre, en vírgen las mas; una de ellas, de muy abundante ley y superior calidad y de las circunstancias que se espresan, está á diez leguas de Castrovireina en el Cerro nombrado Huallay.

Seria esta provincia (hoy partido) muy pingüe, aun con la actual ley de sus minas, si se procediese con el debido método; de modo que sin mayores fondos se lograrían crecidas ventajas. — Los mineros no tienen, como se ha dicho, la necesaria ciencia; solo son imitadores, nada especulan y sus oficinas no son aquellas que deberian para que les importen. — Sus labores las hacen con indios; estos llevan mas dinero delo que merece su trabajo, roban lo mejor y huyen cuando mas falta hacen, malogrando las mas veces crecidos gastos. Ademas nunca logra el minero competente número de operarios, al paso que los que adquiere les son deudores de mucho dinero, y siempre pierde con ellos. — Su resistencia á todo género de trabajo es notoria por su natural pereza, la que solo se alienta cuando deben y no hallan arbitrio para dejar de pagar. — Los mineros, y otros que necesitan peones, estrañan los repartimientos, porque eran estos estímulo forzoso para agitar la inaccion de tal casta. — De todo lo que resulta que muchas veces un minero tarde un mes en beneficiar un cajon de metal en cuyo tiempo, teniendo corriente, podian trabajarse treinta cajones. — La triste situacion de la minería, por las razones espresadas y la insolvencia de los mineros de este partido, son de bastante obstáculo, como lo afirmaron, para no poder subvenir á los gastos de diputado que baje á Lima á los fines que se les han hecho presentes, no obstante conocer el alivio que les resultaria de este utilísimo proyecto á beneficio de la minería.

Huancavelica, diciembre 15 de 1785. — *Fernando Marquez de la Plata.*

REPUBLICA PERUANA. — Prefectura del Departamento de Junin—Cerro, Julio 28 de 1845.—Núm. 200.—Honorable Señor Ministro de Hacienda.—Despues de haber recorrido parte de la Provincia de Huánuco, en donde tomé medidas para el arreglo de sus establecimientos públicos, haciendo al mismo tiempo efectivas algunas deudas del fisco y del colegio, me dirigí á la de Huamalíes, con el objeto de visitar sus pueblos y las minas de Huallanca y Chonta. — Seria demasiado largo para una nota oficial, dar á V.S. una razon circunstanciada del estado en que se hallan estos; con los ningunos medios con que cuentan para subsistir y llenar sus deberes, carecen de escuelas, hospitales, cárceles y caminos seguros y cómodos. — Contraerme á informar á V.S. sobre todos estos ramos, particularmente sobre el de contribuciones, seria escribir una memoria larga, y quizas difusa; por ahora solo impondré á V. S. por lo que respecta á los asientos minerales que llaman mas la atencion del Gobierno y del público. — Las minas de Huallanca las considero de suma importancia por la riqueza de sus metales, sin embargo del poco ancho de sus vetas y de la dureza de las rocas en que corren, no dudando que con el tiempo reemplazarán á las del Cerro de Pasco. — La mezquina, ó por mejor decir ninguna habilitacion que reciben los operarios, únicos que se dedican á esta industria, está tan recargada que se puede asegurar sin exageracion que el marco de piña les vale de cuatro á cinco pesos, cuando el rescatador lo vende á las casas establecidas en Huaraz á ocho pesos cinco reales, produciendo, no obstante su ínfimo valor, á espensas del destituido minero,—que no calcula el tiempo ni su trabajo personal, — como tres mil marcos al año, los que se conducen á la costa, no habiendo fundido la callana de Pasco en mucho tiempo una onza de este asiento.—Las minas de Cinabrio de Chonta (1), sobre las que hay muchos dictámenes y pareceres, se ven casi en el mismo estado, no por falta de metales, ni porque sus mantos hayan concluido, siendo la causa la indicada arriba, si bien es cierto que en ninguna de las que he visitado se ven frontones anchos con metales de buena ley, por los que puedan calcularse una saca constante y ganancias crecidas en los esplotadores, como en años anteriores. — El Cinabrio se encuentra en las rocas denominadas *conglómeras ó colloterías*, arenisca, panizo ó arcilla, y en la piedra de cal; lo acompañan la pirita de hierro ó *bronce,* el pavonado, cobre gris argentífero, el sulfato de hierro, y una especie de betun elástico, suma- mente fétido cuando se quema. — En todos estos terrenos se observa el Cinabrio en hilos ó vetillas que en su reunion forman los cruceros — bolsonadas ricas que llaman *toesos,* en las que se presenta el metal en abundancia y de mucha ley. — Las famosas boyas de las minas de San Cayetano, Libertad y Cortadera son debidas á estas. — Tambien se puede estraer de los Oconales y á orillas de la Laguna, cuya agua sirve para beber y lavar. — Reconocidos los mantos que contienen el Cinabrio, los que se prolongan tanto al S. como al N., á muchas leguas, con la direccion constante de N. á S., es muy probable que el metal de azogue, no obstante las estrechas dimensiones de las vetillas y hoquedades que nunca desaparecen, aunque no hay un manto formal de esta preciosa sustancia, no faltará en las esplotaciones que se emprendan. La esperiencia y las observaciones están acordes porque se encontrarán las mismas bolsonadas y reunion de vetas en las muchas minas que hay tanto en Chonta como en los lugares reconocidos y distantes de este punto.—Sin embargo de la escasa saca de metales de las nueve minas trabajadas, — de las que cinco producen estando en obras muertas, pero con el

(1) Se descubrieron en 1756, siendo virey el Conde Superunda, por Manuel Perez Bustamante, á consecuencia de las órdenes dadas para el descubrimiento de nuevas minas de azogue.

Cinabrio á la vista, — hay en corriente y diariamente des-
tilando ocho hornos, cuyo producto, segun los datos que
he adquirido, sube á 20 libras por hornada de 20 cargas,—
término medio,—habiendo otros que dan hasta cincuenta
libras, y puede asegurarse que el minero no pierde,
logrando de catorce á diez libras, aunque los rescatadores
paguen á 7 reales libra, ó á peso como sucede actualmente.
— La Prefectura sabe que Chonta está dando mas de
60 quintales mensuales desde el 5 de mayo hasta el 22 de
julio. — Se han recibido en tres casas del comercio 52
quintales 75 libras; agréguese á esta suma lo menos un
diez por ciento, por lo estraido á Huallanca, Huaraz y
Cajatambo, y el que se emplea en el mismo Chonta y
Queropalca, y se verá que los 68 qls. 50 libras que resultan
no es cosa exagerada, ya que seria mayor su produccion si
mejorasen los hornos, en los que se pierde como una tercera parte. — Esta no es una afirmacion aventurada, si se
observan los vapores de las botijas, el óxido de mercurio
rociado en el suelo, los adobes penetrados hasta cierta profundidad, tanto al interior como al esterior, — lo que
demuestra claramente la pérdida. — Son los techos de paja
en que se ven innumerables globos de este metal y de su óxido.—Por poco que se medite y se conozca el método como se
destilan estos metales y lo peligrosa que es la operacion
para el pobre operario, siendo frecuentes las desgracias
cuando los vapores se exhalan de los hornos, se verá que la
pérdida es mayor que la que se indica.—Resultando de mis
observaciones que el mineral de Chonta puede en lo sucesivo tomar incremento, habiéndose realizado mis pronós-
ticos del año de 828,—cuando se trabajaba una sola mina
producia menos de cien quintales al año,—es de esperar,
y en esto están acordes los mineros mas antiguos del asiento,
que aumentará la estraccion del azogue como tambien la
de la plata que ya se saca de los desmontes que se miraban
como escombros; y aunque no haya la produccion de
quintales que se han calculado por los autores de la me-

moria de Chonta, con datos de esa época y con las mejores intenciones, debe y conviene que el Supremo Gobierno proteja esta esplotacion en el departamento y asiento mineral de Chonta.—Con esta mira la Prefectura ha dictado el decreto que tiene el honor de acompañar á V.S. para su aprobacion si lo tiene por conveniente, y en el cual se concilian los intereses del fisco y el de los individuos que por su constancia y valor merecen se les atienda.—Tantos trabajos y privaciones como esperimentan en un clima rígido y variable (1) no son para desentenderse. — Si estas observaciones, hechas con toda imparcialidad, contribuyen en algo para que el Supremo Gobierno no desoiga las súplicas de los que habitan aquel lugar, y para que el Perú no sea tributario por un artículo tan necesario á la estraccion de la plata y oro, se realizarán mis deseos, y habré cumplido con las instrucciones de V.S.—Con toda consideracion y respeto soy de V.S.—Señor Ministro—*Mariano Eduardo de Rivero.*

(1) Marca el termómetro centígrado á las 6 de la tarde 3 y 4 grados bajo de cero, y por las mañanas hasta 6 grados.— La altura sobre el nivel del mar es de 4,465 metros.

RAZON de las minas que se hallan en actual trabajo en este Mineral de Chonta ; de los laboreos que cada una de ellas tiene y de la cantidad y calidad aproximada de los metales que producen.

MINAS.   TRABAJO QUE TIENEN Y METAL QUE PRODUCEN.

1. *El Cármen.*   Se trabaja á metal con 20 ó 25 operarios en nueve
                    frontones que producen semanalmente de 8 á
                    12 hornadas de metal. La ley del metal cor-
                    riente es de 20 á 25 libras de azogue por hor-
                    nada. — Yo he beneficiado seis hornadas á
                    señoranza en este mes, y han producido unas
                    con otras á razon de 42 libras por hornada.

2. *La Libertad.*   Se trabaja á metal por una parte con 12 ó 20
                    hombres, y los interesados llevamos dos labores
                    de nuestra cuenta.—Tiene 5 frontones en metal
                    cinabrio y 3 en pavonado de plata.—Las labores
                    están en terreno muy duro, por cuya causa solo
                    producirá como cuatro hornadas semanales de
                    metal de azogue, y como cuatro cargas de metal
                    pavonado de plata, del cual hoy dia se están
                    moliendo 14 arrobas para hacer una guia por
                    mayor.—Tres hornadas me han tocado de par-
                    tido, y me han correspondido á 23 libras cada
                    una.—He beneficiado en mi horno 5 hornadas á
                    señoranza de los operarios que trabajan á metal,
                    y han producido unas con otras á 46 libras por
                    hornada.

3. *San Joaquin.*   Se trabaja con 12 ó 14 hombres á metal, y 4 de
                    cuenta de sus dueños.—Produce poco metal de
                    cinabrio, porque se han dedicado todos á esplo-
                    tar el pavonado de plata, del cual dará como 10
                    á 12 cargas semanales.—La ley de este se igno-
                    ra, porque aun no se ha hecho prueba alguna
                    por mayor, aunque sí han hecho [una guia de
                    una libra de masa que ha secado dos y media
                    onzas de azogue.

4. *Murumachay.*   Se trabaja con 8 ó 10 hombres á metal, y producirá
                    semanalmente como 4 hornadas, cuya ley media
                    no bajará de 18 libras.—Yo he beneficiado en
                    mi horno á señoranza 9 hornadas de operarios á

metal, y aunque todas han dado diferente resultado, han correspondido unas con otras á razon
de 33 libras.

5. *San Cayetano.* Se trabaja por cuenta de sus dueños y un arrendatario con 6 ú 8 hombres, y dará como 3 á 4 hor-
nadas semanales de metal cinabrio, cuya ley
media no baja de 22 libras unas con otras.—
Las canchas de los desmontes antiguos se están
llampeando en la actualidad; y acaso por tercera
vez, y produce cada hornada de 20 libras para
arriba.—Yo he beneficiado á señoranza una
hornada de estos llampeos puros, y ha producido
23 y media libras.

6. *Contadera.* Se trabaja á metal de un modo eventual, con 4, 6 ú
8 operarios; y aunque su saca es bastante mez-
quina corresponde á mas de 22 libras por hornada. — Tres individuos se han dedicado á
desatacar y llampear algunos cañones antiguos
derrumbados, en que han encontrado metales de
plata, de los cuales ya tienen mas de cinco cargas
reunidas de pequeños macizos en panizo ó ja-
boncillo blanco, cuya ley ellos calculan de mas
de 20 marcos carga.—Se llampean tambien los
desmontes antigos de cinabrio, quizá por tercera
vez, y producen como á 18 libras las hornadas.

7. *San Miguel.* Se trabaja por dos sub-arrendatarios con 7 ú 8
hombres en metal cinabrio, y dará semanal-
mente como dos hornadas por estar en terreno
bastante duro los cuatro frontones que se llevan.
— Su ley es variable como el terreno, y de dos
hornadas que me han dado de partido, me ha
producido 14 libras la primera y 23 la segunda.
— Se llampean los desmontes antiguos por con-
tratos con sus propietarios, y su ley me aseguran
que no baja de 14 libras por hornada.

8. *Santa Ana.* Esta mina se ha trabajado á metal hasta ahora 52
dias con 10 hasta 22 operarios, pero los interesados la mandamos cerrar, porque en las últimas
semanas no entraban mas que 4 ó 6, lo cual no
nos hacia cuenta, porque los gastos de velas,
herramientas y dependiente estaban en despro-
porcion con la saca del metal.—Sin embargo,

9. *Cuchihuain.* las hornadas que nos han tocado de partido, han producido á 16 y media libras unas con otras. Se ha trabajado á metal hasta ahora dos semanas, y han sacado cinabrio y pavonado de plata, aunque en pocas cantidades. La ley de uno y otro aun se ignora, porque nada se ha beneficiado. — Tambien se siguen llampeado los desmontes antiguos de las canchas de esta mina, y su ley no baja de 16 libras por hornada.

Se podrian trabajar algunas otra minas á metal, que es el sistema adoptado de cinco meses á esta parte; pero sintiéndose una escasez considerable de brazos, tenemos muchas dificultades en conseguir hombres para nuestras faenas de hornos, que son á las que mas nos hemos consagrado, con motivo del trabajo de las minas á metal.—La llegada del piquete de policía ha asustado á los maquipureros que constantemente venian de los pueblos circunvecinos, y son conocidos por su característica desconfianza: y como sentimos tal carencia de brazos y de arrieros bajadores, se le ha indicado al Intendente de Policía que pase una circular á los Gobernadores de los distritos inmediatos, á efecto de invitar á los operarios á que vengan como antes á trabajar al mineral, haciéndoles saber y entender que la tropa no ha venido á hacer recluta ni mal de ningun genero, pues su objeto es solo apoyar á las autoridades y contener los escándalos y desórdenes.

Chonta, febrero 24 de 1846.

...bre. Onz.	Octubre. Libras	Onz.	Noviembre. Libras	Onz.	Diciembre. Libras	Onz.	ENERO. DE 1846. Libras	Onz.	TOTAL GENERAL. Libras	Onzs.
»	396	»	1,479	13	1,562	1	1,214	1	4,651	15
»	477	9	578	5	402	»	395	12	5,923	10
11	178	7	175	5	159	14	335	»	5,613	3
11	317	3	310	5	269	8	722	8	3,928	1
»	125	»	»	»	»	»	»	»	1,379	»
6	350	»	432	»	335	»	394	8	1,942	6
»	80	10	126	8	162	4	240	4	3,356	15
»	»	»	»	»	»	»	»	»	453	»
12	1,924	13	3,102	4	2,890	11	3,302	1	27,248	2

r se encuentra el horno de D. Alejando Laorte que dió principio à
unque ofrece la diferencia de no haber interrumpido sus opera-

de los Señores Larrabure y Compañía hizo sus primeros ensayos
sde entonces suspendió sus operaciones y se cerró el estableci-

e abraza este cuadro, se han quemado hornadas de Señoranza en
pero en la mayor parte de ellos se ha padecido el descuido de no
ero, y por este incidente, á la verdad bien sensible, no se demuestra
ogue que ha rendido este mineral.

INFORME

Sobre las minas de Punitaqui en Chile, en el año de 1792.

« Los hombres no solo por la religion, si tambien por motivos de
« agradecimiento, están obligados á decir la verdad, mayormente en las
« cosas relativas á su Soberano; como de presente me sucede cuando
« soy tan favorecido de la real munificencia de vuestra Majestad. Con el
« motivo de que D. Tomas Alvarez de Acevedo, que hoy se halla en
« esa Corte con el empleo de Consejero de Indias, llenó los espacios de
« la fama con la ponderada riqueza de las minas de azogue de Punita-
« qui, y como por otra parte hubiera relaciones complicadas que hacian
« ver lo contrario, se dignó fiar V. M. á mi tal cual inteligencia el
« desengaño. — Para conseguirlo, desde las de Almaden donde estaba
« empleado, me transferí á este reino de Chile de órden de V. M. por
« la via de Buenos-Aires en una de las Corbetas de la marina real : en
« el respectivo oficio que como instruccion para el derrotero se me
« comunicó por el Bailio D. Fr. Antonio Valdes, entonces Ministro del
« despacho universal de Indias, á reserva del ramo de Gracia y Justicia,
« se me prevenia que á mi llegada me presentase al Presidente de esta
« Audiencia, y que con sus instrucciones siguiese á Punitaqui de
« Coquimbo, con el fin de llenar la comision. — De hecho, habiendo
« recibido las instrucciones y pasaporte que acompaño al N.° 1.°, sin
« pérdida de momento me puse en camino, y despues de haber tomado
« en el mismo Punitaqui los conocimientos necesarios en el espacio de
« dos años, me hallo de regreso en esta capital. — Por evitar fastidio,
« omito remitir el pormenor de las actuaciones que ejecuté en Punita-
« qui, cuando la real dignacion de V. M. las puede ver en el docu-
« mento que tambien acompaño al N.° 2.° como copia fiel del informe
« que le hice á este Presidente en el momento en que le entregué el
« mapa general de las referidas minas, con su esplicacion por duplicado,
« para la mas cabal inteligencia de todas las partes de que se compone.
« — La real discrecion de V. M. conocerá la verdad, la buena fe y la
« actividad con que me he conducido en la comision, previniendo por
« último á este Presidente, de todo lo que debe observarse hasta que
« V. M. mande otra cosa en vista del mapa y de mi concepto en órden
« á la figurada riqueza. — ¡Ojalá que hubiese estado en mi mano la
« invencion de la real órden sobre los vestigios en que caminaron

12

« precedentemente para el hallazgo! Mas, como espongo en el citado
« documento N.° 2.°, no existe en Punitaqui, y solo podria darse en
« la cordillera de los Andes; que parte términos este pais con el Virei-
« nato de Buenos-Aires. — Si V. M., no obstante el desengaño que
« toqué, con todo tiene á bien que se continue en la esploracion de una
« alhaja tan valiosa y tan rara, así en Punitaqui como en el resto de
« este pais, donde acaso se podrá encontrar tambien; para que el éxito
« se asegure bajo la certidumbre que es posible al entendimiento del
« hombre, cuando está adornado de principios, lo mejor será para el
« real servicio de V. M. que se digne despachar para la diligencia un
« ingeniero facultativo, no solo de conocimientos científicos y prácti-
« cos, sí tambien de conocida pureza, porque de lo contrario se aven-
« tura el erario en los gastos inútiles que se pueden hacer, y la mina,
« por mal dirigida, puede padecer el deterioro que esperimenta la de
« Huancavelica, concurriendo á este efecto la ignorancia y el provecho
« particular de los que la trabajasen. — No todos los hombres son
« nimiamente escrupulosos en el manejo de los intereses de su Prín-
« cipe : se persuaden que la religion y la política los autoriza sobre su
« provecho particular, y sobre la ignorancia en el desempeño, por aquel
« principio de que siendo cabeza del Estado tiene accion cualquiera
« miembro para atraerse en su favor cuantos jugos le sean posibles,
« aunque sea con aniquilacion de los demas que constituyen el todo
« del cuerpo. — Una máxima tan reprobada en todo sentido, aunque
« adoptada con el comento de que cada cual debe hacer diligencia de
« establecer su comodidad, porque al cabo de diez años se olvidan las
« cosas de la memoria de los hombres, y el provecho le queda, podria
« influir para que descendiendo del Gefe de la comision, se hiciese
« trascendente en los subalternos de Punitaqui con perjuicio de los
« reales intereses de V. M. — Si soy obligado á proferir la verdad,
« como que hablo con mi Soberano, que gusta de oirla como se es-
« prese en términos decentes, debo decir, que prescindiendo de lo que
« he percibido aquí, de que D. Tomas Alvarez de Acevedo, el director
« D. Miguel José de Lastarria y Juan José de Choncha se propusieron
« el título de Castilla con otras satisfacciones el primero; el segundo
« colocacion de togado en una Audiencia y el tercero confirmacion
« de la callana por juro de heredad, á la sombra de las minas de Pu-
« nitaqui, ayudándose los tres en llevar adelante la ilusion, al modo
« de cuando una mano lava la otra, y ambas concurren á limpiar la
« cara; á lo menos es preciso sentar que por el cuaderno de actuaciones
« que hizo dicho D. Tomas Acevedo con el motivo de la visita que
« ejecutó en Punitaqui, á consecuencia de real órden de 11 de Setiem-
« bre de 1788, se advierten especies que coinciden con esa fama ó que
« estudiosamente dormia para que otros maltratasen los reales intereses
« de V. M. — Porque el gasto que inútilmente hizo de ellos, pudo
« disculpársele con que por Lastarria habia sido engañado hasta el
« punto en que fué á la visita, entreteniéndolo con relaciones artifi-

« ciosas; pero desde el acto de la misma visita en que conoció la
« ficcion, ¿qué providencias libró para que cesase el gasto y para que
« en lo posible se corrigiesen los defectos anteriores? El sobredicho
« cuaderno de visita que es el décimo sesto, acredita que las opera-
« ciones que hizo en ella no se redujeron á otra cosa que á trasferirse
« á Punitaqui con el mismo Concha, que allí formó inventario de los
« bienes muebles y raices de la faena; que numeró cincuenta minas
« distintas; que de todas ellas hizo sacar piedras para hacer nuevos
« ensayes; que á la sombra de pasar al reconocimiento de las minas de
« la Jarilla y Majada de Cabrito, pasó á la ciudad de Coquimbo; que
« desde allí habiendo regresado á Punitaqui, cerró la visita declarando
« la inocente conducta de Lastarria, y ordenando que las cosas siguiesen
« como antes; y que con estas diligencias y otras, aglomerando mucho
« papel, regresó á esta ciudad despues de cuatro meses, pasando últi-
« mamente los cuadernos de la comision al Presidente para emprender
« su viaje á esa corte. Parece increible que un Ministro tan remune-
« rado de V. M. se contentase con unas operaciones tan superficiales,
« dejando las cosas á la discrecion de Lastarria, para que siguiese
« adelante el sistema de provecho propio que habia establecido en
« grave perjuicio de la real Hacienda; porque ¿á qué vasallo el mas
« indiferente en las cosas relativas á su Príncipe, mayormente si tras-
« cienden en bien comun del Estado, no causaria grima que habiendo
« tocado el desengaño de que no habia veta real, no obstante permitiese
« la prosecucion de la faena? — En suma, Señor, D. Tomas Acevedo
« pudo entrar, en los principios, en este negocio, deseoso del mejor
« servicio de V. M.; pero despues que lo desengañó D. José Antonio
« Rojas, que fué el primer director que despachó á la faena, no hay
« motivo racional para disculpársele en el gasto posterior exorbitante
« que ha sufrido la real .Hacienda, á menos que no se le mezcle en ese
« mismo gasto para causas privadas. — Dícese que sus miras, por su
« genio aprovechado que tenia en sacar fruto de todo negocio, se re-
« dujeron á tener en espectacion á la Corte para que en idas y venidas
« por la gran distancia, de las contestaciones hasta averiguarse la verdad
« en la misma Corte, lo tuviesen aqui con el grande sueldo de Regente
« y demas comisiones fructuosas, á la sombra de contemplarlo necesario
« para perfeccionar el asunto de Punitaqui; y que tenia esperanza de
« que, por sorpresa acaso, le resultarian las honorificencias y satisfac-
« ciones que habia meditado, manteniendo al Ministerio en duda y sus-
« pension con las remisiones de las nuevas colpas de cinabrio : mas
« parece que no seria eso ni otras cosas relativas á intereses que igual-
« mente ceden en su desdoro, sí que le faltó franqueza de ánimo para
« retractarse de algunas proposiciones lisonjeras con que en los prin-
« cipios aseguraria la riqueza de Punitaqui con demasiada facilidad.
« — Pero lo que no tiene duda es que á Concha lo hizo habilitado para
« que recibiese el dinero de las Cajas Reales : que este se entendia con
« Lastarria en las remisiones á la faena : que al mismo Concha, por

12.

« auto solemne, para que constase en el Tribunal de Cuentas, le mandó
« que se abonase un mil y quinientos pesos por este trabajo, que fué
« tanto como un 3 por 100 del capital que habia recibido : que los
« Ministros de Real Hacienda pudieron haber hecho las remisiones sin
« esa intervencion costosa : que Lastarria tuvo sus comercios con los
« peones de la faena, empeñándolos al modo de lo que ejecutaban antes
• los corregidores del Perú cuando los repartimientos : que Lastarria
« y Concha eran comensales é íntimos confidentes de D. Tomas Ace-
« vedo : que cuando llegué á Punitaqui encontré al propio Lastarria
« trabajando de su cuenta una mina de oro nombrada la Flamenca :
« que las herramientas y víveres de Punitaqui le servian para las fae-
« nas de ella : que lo mas del tiempo se llevaba en Coquimbo, y ya en
« la misma Flamenca, mirando con la mayor frialdad lo de Punitaqui :
« que en una sola vez, entre otras cosas hizo remisiones de víveres á la
• Flamenca y dejó desproveida la faena de Punitaqui, de modo que fué
« necesario en medio de mis escaseces, arbitrase la provision porque
« no parase el trabajo : con estos principios y otros de menos llaneza
« que inspiran los cuadernos de actuaciones, á parte de lo que advertí
• en el mismo Punitaqui, y que por politica conveniente al mejor
« servicio de V. M. y á la brevedad de la comision, disimulé como
« cosas de menos monta, ó como daños que es preciso tolerarlos para
« conseguir la suma de las cosas que se desea, si se coteja el que
« D. Tomas Acevedo cuando fué á la visita, como cosa notaria, no pudo
« ignorar de estos comercios de Lastarria ; que lo declaró inocente
« en medio de la mina particular de oro que tenia, debiendo inferir
« que ella le habia de merecer mas atencion que las de azogue, y
« cuando se aplicase con igualdad, siempre era con desmedro de la de
« Punitaqui, por aquella regla de que la atencion á dos cosas hace que
« sea menos la aplicacion á cada una; que en el auto en que cerró la
« visita á contemplacion de Lastarria, ó sorprendido de la algaravía
• que produjo este en una representacion difusísima é insustancial que
• le presentó, fundando ser conveniente la prosecucion de la faena y la
« destilacion por retortas, tuvo la debilidad de mandar que se conti-
« nuase cuanto le propuso, que fué tanto como permitir que con las
« retortas se multiplicasen los peones, para que á ese compas se aumen-
« tase la materia de los comercios tan reprobados en las faenas reales ;
« vuelvo á decir, todo esto hace ver con otras puntualidades que
« omito, que los procedimientos de D. Tomas de Acevedo, cuando
« menos, no pueden escapar de vergonzosos y poco atentos en el servi-
« cio de V. M. — A este Presidente le he hecho otras advertencias se-
« cretas, relativas á Punitaqui, con el fin de que no permita la conti-
« nuacion de Lastarria. ni de aquellos con quienes tiene conexion. En
« el informe le espuse como necesario que se encargasen de la faena
« D. Francisco Mar_tine_z y Leandro Guentemanque, sugetos que se
« manejarán con verdad y pureza hasta que V. M. se digne disponer
« otra cosa en vista de los fundamentos que allí espongo. Al mismo

« Presidente le tengo dicho que aun cuando hubiese allí mina formal,
« Dios la esconderia en castigo de esos comercios de Lastarria á costa
« de la sangre de los pobres. Si ba de continuar la esploracion es nece-
« sario que V. M. se sirva mandar que se abrace diverso sistema. En
« tiempo de D. Tomas Acevedo todo el conato se redujo á formar ac-
« tuaciones jurídicas, sin el menor fundamento, porque por el grandor
« de los autos se formase concepto de la importancia de las materias.
« Esto es contrario al real servicio de V. M. porque las cosas cuanto
« mas breves y mas sencillas, evitando requisitos insustanciales, ma-
« nifiestan mas la verdad aun respecto de los entendimientos obtusos
« y disfrazan menos la ilusion. Sin tantos papeles V. M. hubiera espe-
« rimentado mejores efectos, porque á lo menos no habria sufrido el
« costo de las actuaciones, y se hubiera ganado el tiempo anticipando
« el desengaño. — Casi bay peso para una carreta con los autos que
« formó D. Tomas Acevedo sobre las minas de Punitaqui; un facultativo
« de inteligencia, rectitud y pureza, con muy pocas actuaciones y sin
« que de las Cajas Reales hubiesen salido seis mil pesos, habria tocado
« el desengaño : esto hace ver que los negocios de grande bulto no son
« para aquellos espíritus que, á la sombra de que son letrados, defieren
« á ajenas relaciones, sin saber del negocio que tratan, ó se entretienen
« en quisquillas estudiosas para el escape, con el pretesto de que fueron
« engañados; sin reparar que el comisionado de un negocio debe res-
« ponder de la malicia ó ignorancia opuesta al buen éxito, á menos que
« absolutamente no pruebe que la desgracia fué sobre sus fuerzas ó
« contra el concepto de ineptitud que inspiró al tiempo de aceptar el
« cargo. — V. M. reconocerá en la copia del informe al N.° 2.° que
« al Presidente le pedí testimonio de él, no tanto para mi resguardo,
« cuanto por despacharlo á V. M. con el fin de que se instruyese de la
« suma de las cosas. El secretario de cartas me espuso no habia la
« costumbre de que se diese de semejantes documentos. Me persuado
« de que á V. M. se le despachará el original; mas para cautelar cual-
« quiera contingencia remito la copia en el modo posible. Tengo for-
« mado del Presidente un buen concepto, pero lo rodean algunos
« satélites que en las referencias á D. Tomas Acevedo sobre las cosas
« de Punitaqui, podrán ejecutar los mismo que en las citas de los reos
« de la Aduana, disfrazando su nombre para salvarlo bajo el jeroglífico
« del gobierno que pasó. Así se dice, y por no aventurar mi reputacion
« espongo esto, sin que sea por chisme. — Los papeles que tengo entre-
« gados al Presidente son un mapa de las referidas minas de Punitaqui
« en papel de marca mayor, del largo de dos varas y 5 segundas, y ancho
« de 9 primas y 2 segundas con las armas reales diseñadas en su princi-
« pio; porque la esplicacion en el mapa no pudo ser estensa sobre todas
« las partes del cerro, formé otra esplicacion por separado que entregué
« al mismo Presidente en diez y siete fojas, donde se halla descripto y
« compendiado lo menor. El informe era compuesto de catorce fojas, y
« las tres piezas de principio á fin son de mi mano y pluma, como esta

« representacion que hago á V. M. con la rúbrica y nombre que va al
« pié. — Aun no se me ha dado el cese de los sueldos y la respectiva
« licencia; pero pienso hallarme en Lima en todo el próximo junio
« para cumplir con las órdenes del virey, segun V. M. me ordenó. —
« Si la mina de Huancavelica aun tuviese veta, no me da mayor cuidado
« de que las labores estén aterradas, porque con la diligencia espero en
« Dios ponerlas hábiles y fructuosas, haciendo antes un mapa general
« para conocer los puntos á donde corresponde la riqueza, á fin de
« que allí se aplique el conato. Si no fuere posible por este modo, veré
« forma de introducirme por el cerro Virgen, consultando siempre á
« dejar estribos, para que una alhaja tan preciosa y tan rara no espe-
« rimente nueva ruina por mal trabajada. Desde el mismo Huancave-
« lica noticiaré si hay necesidad de que V. M. se digne mandar remitir
« un par de cuadrillas dobles de cultivadores, cada una compuesta de
« dos maestros, dos ayudantes y dos operarios, de aquellos que son
« capaces de desempeñar cualesquiera de las obras del Almaden y allí
« pueden ofrecerse. En el reino de Chile, que es de lo que puedo ha-
« blar, no hay entivador alguno perfecto, y por falta de ellos se aterran
« las minas antes de tiempo : presumo que lo mismo sucederá en el
« Perú. — Prometo á V. M. sacrificarme hasta perder la vida, que no
« será mucho, porque es trabajo superior á un hombre solo : tengo
« entendido que allí no hay alguno que por principios científicos sepa
« de geometria subterránea y de las demas partes precisas para tan
« grande obra, si que hasta ahora se han manejado por pura práctica.
« Ya que se toca este punto, no puedo menos de decir, por lo grande-
« mente que se interesa el real servicio de V. M., que se digne mandar
« el que se crien ingenieros de esta clase, proveyéndolos de colegio al
« modo que se pratica en el ramo de artilleria, náutica, cirugia, y los
« que obran en la arquitectura civil y fortificaciones de plazas, distin-
« guiéndolos con grados en sus reales ejércitos. Con buenos principios
« en los jóvenes, en tres años, con voz viva y metódica, capaces serian
« ellos de aprender tanto como yo sé : en la península tenian el Almaden
« donde obrar prácticamente al ejemplo de los náuticos en el mar y los
« de cirugia en los anfiteatros. En la América podria disponerse que las
« cátedras de matemáticas se reuniesen en estos facultativos, que sobre
« su sueldo no tenian necesidad de mendigar nada. Como hay tantas
« minas en la América, ademas de las lecciones de la Universidad á
« los cursantes, podia disponerse por constitucion que los maestros
« fuesen obligados á enseñar sobre el terreno lo mismo que habian
« dictado teóricamente. Los cerros de la América, puede decirse que
« todavía se hallan vírgenes, y que no se ha hecho otra cosa que arañar
« sin reglas. Por falta de facultativos para dirigir las labores, tambien
« se han perdido muchas minas; unas por mal trabajadas, otras porque
« habiéndose llenado de agua, no aciertan á dar un socavon á punto
« fijo del éxito, y otras porque en las diferencias sobre internacion se
« consumen los dueños sin que les quede aliento para trabajar. Para

« qué en la Península se crie un semillero de la calidad que digo, es
« necesario que haya maestros que enseñen la ciencia, de buena fe. —
« Este reino de Chile es bastantemente rico de metales, pero sobre todo
« abunda en los de cobre que vienen mezclados con mucha parte de oro
« y plata, especialmente hácia el partido de Coquimbo donde hay una
« clase de cobre virgen. He visto de cierta mina que lo produce ya
« formado en planchas ó láminas, y tal que por su suavidad, color y
« nobleza, es comparable con la mas rica tumbaga; digna por cierto
« de toda atencion si hubiera químicos para la separacion, porque es
« imposible que no produjese grande riqueza. Los estranjeros solicitan
« mucho estos cobres en Cadiz, y despues de pagarlos á un precio con-
« siderable, los estraen á sus paises donde por medio de operaciones
« químicas sacan lo mas acendrado, y el residuo lo destinan para otros
« usos en que vienen á ganar inmensamente. Este es otro de los puntos
« que exigen la real atencion de V. M. para que se digne mandar que
« á esos alumnos que aprendiesen la geometria subterránea y mineria
« práctica, se les enseñase esta parte de química por los maestros, para
« que despues trasferidos á la América sean utilísimos al Estado en los
« mismos provechos que recogen los estranjeros. Con una providencia
« semejante, me parece que la América es capaz de producir rios de
« oro y plata; porque muchos no se destinan á trabajar minas al modo
« de aquellos enfermos que por no encontrar un buen físico, se están
« en la mayor inaccion, fiándolo todo al beneficio del acaso, temerosos
« de mayor ruina en el remedio que solicitan que no en el daño que
« padecen. El comercio y navegacion, combinados con las manufactu-
« ras y artes de la Península, en fuerza de aquel empuje recibirian un
« incremento terrible que nuevamente pusiese á la monarquía en toda
« su grandeza. Estos pensamientos para que se establezcan colegios,
« nacen con el deseo del mejor sèrvicio de V. M. sin que haya otra
« ambicion de mi parte. Harto tendré que hacer en Huancavelica, sin
« que me quede tiempo para aspirar á esas cátedras; pero me seria de
« consuelo, si transitara á la eternidad, que quedasen facultativos,
« siquiera para subrogarme en el propio Huancavelica, en estado que
« llevasen adelante los trabajos y correspondiese el suceso conforme
« á los designios de V. M. — Esta representacion, cuando V. M. no
« tenga á bien estimarla como reservada, á lo menos necesita de su
« real proteccion por lo que respecta á las cosas de Punitaqui. En
« muchas ocasiones los mejores servidores han sido victimas del poder,
« porque hablaron la verdad contra alguna persona autorizada. Yo me
« propuse el decirla arrostrando todo peligro, porque si no quedarian
« las cosas en la misma confusion que antes. Me he hecho cargo que
« D. Tomas Acevedo se halla en altura donde puede tener proporcion
« de perjudicarme, mayormente si consigue que la causa se reciba á
« prueba, porque en las distancias del trono hay facilidad de disfrazar
« los hechos mas ciertos, si interviene influjo poderoso; pero permi-
« tiendo V. M. que me reuna con el que me ha dirigido á la verdad se

« hará demostrable todo á plenitud de satisfaccion, y algo mas que he
« omitido consultando á la caridad. Lastarria tuvo forma de desmentir
« á D. José Antonio Becerra en la falta que observó en las herramientas
« de Punitaqui, porque para todo hay testigos; y en los casos de necesi-
« dad, hasta se prestan los juramentos en estas distancias. — En la
« causa actual de los reos de la Aduana, resulta haberse suplantado
« los libros administratorios, y si hay la misma facilidad en suplantar
« los autos de Punitaqui en órden á los hechos respectivos á D. Tomas
« Acevedo, de que hablo en esta representacion, no seria mucho que
« me quisiesen sacar delincuente, así como se hace diligencia porque
« los referidos reos salgan inocentes, para evacuar por este medio las
« citas del mismo D. Tomas. No he sido conducido en el informe hecho
« al Presidente como en esta representacion, de odio á la persona de
« nadie : si los hechos y las intenciones opuestas al servicio de V. M.
« han dado impulso á mi pluma. Si alguno indujere desconsuelo,
« quéjese de sí mismo, porque no es culpable la imparcialidad, prin-
« cipalmente cuando se trata de informar al Soberano como en el
« presente caso, para que repare el despojo de su real hacienda. —
« Si en los tiempos anteriores se hubieran conducido con igual pureza
« y buena fe, las Cajas Reales se hallaran atestadas de dinero, y no que,
« segun entiendo, se hallan empeñadas. — Al Presidente le espuse
« en el informe que se sirviera hacer presente á V. M., al tiempo
« de la remision del mapa y demas documentos, la subordinacion y
« exactitud en el servicio con que me he comportado desde que llegué
« á este reino, sin dar lugar á la mas ligera nota en las costumbres. Lo
« tengo por recto obrando por sí mismo : no sé qué hará si interviene
« inflUjo contrario; pero descanso en la rectitud de mi propia con-
« ciencia. — En el Almaden dí pruebas de mi entereza, verdad y mo-
« deracion, bajo los Gobiernos de D. Gaspar Solar y D. José Agustin
« Castaños, que en la actualidad se hallan de Ministros en el Consejo de
« Indias. El Mariscal de Campo D. Francisco Estacheria pudo conocer lo
« mismo y mi tal cual inteligencia en la facultad, cuando de órden de
« V. M. pasó á la visita del mismo Almaden. Acaso esa buena nota
« pudo ser estímulo para que V. M., sin que precediese pretension mia,
« se dignara nombrarme de Director de Huancavelica, como podrá
« decir el referido D. Gaspar, por ese hecho que pasó en su segundo
« gobierno. No porque he variado de region dejo de ser el mismo y
« con las propias costumbres. V. M. hallará siempre en mí verdad,
« desinteres y aplicacion, sin que sea capaz, por temperamento, de sa-
« crificar en otras aras que en las del honor. — Hace 14 años que sirvo
« á V. M., lo mas del tiempo sepultado en las entrañas de la tierra,
« con el inminente riesgo de que de un instante á otro, antes de tiempo,
« pude haber transitado á la eternidad, ya porque una mole mal sos-
« tenida pudo haberme aplastado, y ya porque el cinabrio altera nota-
« blemente la masa de la sangre. En el Almaden sufrí muchas enferme-
« dades nacidas de este principio, y no por constitucion, que por natu-

« raleza es vigorosa. En Punitaqui aun fué mayor el trabajo á causa de
« que las labores no estaban dirigidas por arte para la seguridad de los
« que entran á verlas. Para proporcionarme al servicio de V. M., los
« 28 años primeros de mi edad los pasé educándome á espensas de mi
« pobre patrimonio : aun me hallo de Sub-teniente, que no dice pro-
« porcion con el sueldo que tengo que es el de Teniente Coronel de la
« América. En vista de esto, espero de la real clemencia de V. M. que
« se dignará proveer á mi consuelo, para que la calificacion de los ante-
« riores méritos sea estimulo para que todavía me empeñe con mas
« eficacia en Huancavelica. No es estraño que yo me produzca con este
« interes cuando los Soberanos, que son Vicarios de Dios en la tierra,
« deben imitarlo en el disimulo con toda la grande obligacion que tienen
« los hombres para servirle por quien es. — Dios guarde la Real Cató-
« lica Persona de V. M. en la mayor prosperidad, los muchos años que
« sus vasallos necesitan y la Iglesia ha menester. — Santiago de Chile
« 6 de mayo de 1792. — *Pedro Subiela.* »

APUNTES

HISTÓRICO-ESTADÍSTICOS SOBRE EL DEPARTAMENTO PERUANO

DE JUNIN

En los años que lo administró como prefecto

M. E. DE RIVERO

(*Año de* 1855.)

> No son siempre los mejores servidores
> del Estado los que le lisonjean ; sonlo, sí,
> los que procuran ilustrarle.
> (VON BROCK.)

Al dar á luz el mapa del Departamento de Junin tan importante por su valor agrícola y pastoril como por su riqueza mineral, no me parece fuera del caso publicar, al mismo tiempo, un estracto de la esposicion que dirigí al Gobierno cuando me cupo la honra de hallarme al frente de aquella prefectura, bajo la presidencia del actual Libertador D. Ramon Castilla.

Que si dicho trabajo no encierra el mismo interes que llevaba consigo en su época, contribuirá, al menos, á hacer conocer en bosquejo el estado en que encontré el territorio confiado á mi mando, y no dejará de estimular á la esploracion de un pais digno sobremanera de la atencion del Gobierno y del público.

Ademas, á seguirse mi ejemplo por los honrados mandatarios á quienes toque continuar administrando aquel departamento, no dudo se logren reunir algun dia los datos suficientes para su completo conocimiento histórico-topográfico.

Componen el departamento de Junin las Provincias de Pasco, Jauja, Huamalíes, Cajatambo y Huánuco.

La Provincia de *Pasco* está dividida en siete distritos : Cerro, Huariaca, Chacayan, Yanahuanca, Carhuamayo, Junin y Tarma. — Tiene 2 Villas, 14 Doctrinas, 62 Pueblos, 9 Aldeas, 100 Haciendas, á saber, 60 minerales, 22 de pan llevar y 18 de ganado lanar y vacuno. Su capital es el Cerro de Pasco, y cuenta con 39,000 habitantes de ambos sexos. Da por contribucion al año 48,359 pesos 1/2 real, y producen sus minas mas de 300,000 marcos de plata al año, estraidos la mayor parte de solo las del cerro.

La Provincia de *Jauja* está dividida en 5 distritos : Jauja, Concepcion, Mito, Chupaca y Huancayo situados en una hermosa planicie que mide aproximativamente 888,474,800 vᵃ. cuadrᵃ. Cuenta 16 Doctrinas, 2 Ciudades, 62 Pueblos, 33 Haciendas, 7 Minerales, 60 Caseríos, 27 Aldeas y 3 Postas con 93,500 habitantes. Da por contribucion al año 68.571 pesos 6 reales y por la de castas que está suprimida 31,088 pᵃ. 4 reales. Sus minerales, incluyendo el de Yauli que fué incorporado á la provincia de Huaruchirí (departamento de Lima), daban de 25 á 50,000 marcos al año. La capital de la Provincia es la ciudad antigua de Jauja.

La Provincia de *Huamalies*, la mas estensa, cuenta 9 distritos : Llata, Pachas, Baños, Jesus, Singa, Chavin, Huacrachuco, Huacaybamba y Arancay. Su capital es Llata y tiene 8 Doctrinas, 34 Pueblos, 5 Aldeas, 15 Caseríos, 3 Minerales — uno de azogue que es el de Chonta, y dos de plata, el de Huallanca y el de Queropalca. Asciende su poblacion á 26,229 habitantes de ambos sexos, y su contribucion de indígenas, predios y eclesiástica á 15,804 pesos 4 reales.

Produce la coca, — hoja de mucho consumo en el Departamento, — el café, la vainilla, la cascarilla calisaya y el trigo que es de mucho aprecio. Los baños de vapor de Aguamiro son muy celebrados, como tambien los lavaderos de oro sobre el Marañon y el de Chuquibamba.

La Provincia de *Cajatambo* (1) tiene 11 distritos : Chi-

(1) Esta provincia hace parte hoy dia del departamento de Huaraz, en virtud de hallarse al otro lado de la Cordillera.

quian, Casacay, Cochas, Acoy, Ocros, Mangas, Cajatambó, Górgor, Ambar, Andajas y Churin con 67 Pueblos y 9 Haciendas minerales. Su capital es Chiquian. La Poblacion consta de 22,754 almas de ambos sexos, que se ocupan en el laboreo de las minas, en el trabajo de las haciendas de la costa y en la cria del ganado lanar. La contribucion de indígenas, predios rústicos y eclesiástica da 16,584 pesos 5 reales.

La Provincia de *Huánuco* se divide en 5 distritos que constan de 22 Pueblos y una Ciudad, — la antigua de Huánuco, capital del Departamento y de la Provincia (1).—Los curatos son 4 : Huánuco, Huácar, Santa María del Valle y el Pozuso. La poblacion asciende á 20,000 almas de ambos sexos, y la contribucion anual por indígenas, predios rústicos y eclesiástica á 11,187 p*, 2 reales. El número de Haciendas que hay en toda la Quebrada y en la Montaña, de pan llevar, coca, caña dulce y otros frutos pasa de 50. Su comercio principal es el de la coca, hoja muy apreciada por los Indígenas, y por la cual reciben los que la cultivan grandes cantidades al año. Se consumen en la provincia del Cerro el huarapo, ron, chancacas y frutas procedentes de ella que dan por lo menos, segun cálculo, de 20 á 25,000 pesos al año. Se han esportado muchos quintales de la cascarilla que se creía ser la calisaya.

Los Propios y Arbitrios del departamento producen al año 23,087 pesos 2 reales.

PROVINCIA DE HUÁNUCO.

Cerróse en la ciudad de Huánuco el colegio de la *Virtud peruana* para reemplazarlo con el establecimiento de la Escuela Central de Minería, y con este motivo nombré una comision que arreglase su archivo, y poniendo en claro las acciones que dicho colegio tenia olvidadas, hiciese

(1) La capital actual es el Cerro.

efectivas las sumas que se le debian por réditos, — resultado que se obtuvo, en parte, por lo que hace al pago de cantidades atrasadas.

Pero, formado el presupuesto de lo que habia que invertir en la construccion de salones para las colecciones de instrumentos y minérales y el laboratorio químico, se vió que sobre necesitarse diez á once mil pesos, se tardaría mucho en estos trabajos por faltar maderas prontas y adobes, y por hallarse muy adelantada la estacion (1).

Previo pues el parecer favorable de una Junta de los primeros vecinos, y mediante la unanimidad de votos, me dirigí al Gobierno espresando por qué seria menos costoso y mas cómodo comprar y apropiar la casa de D. Manuel Echegoyen para el proyectado establecimiento. No logrando resolucion alguna suprema que me autorizase para dicha compra, mandé se reconstruyese el antiguo Colegio, que es en el que reciben hoy educacion una porcion de jóvenes.

— Estableciose la escuela de niñas en el convento supreso de San Agustin, haciendo ciertas reparaciones importantes sin gravámen de los fondos públicos.

Esta casa de enseñanza contaba con las rentas siguientes : 1º las que producian las pocas fincas que cedió el Beaterio ; 2º trescientos pesos asignados sobre la coca por el Supremo Gobierno, en 8 de julio de 1846, á invitacion de la Prefectura ; 3º dos pesos que satisfacia cada niña esterna, y media onza de cada interna.

Vista la insuficiencia de estas rentas para dotar otras clases de enseñanza que debian crearse, opinó la Prefectura se impusiese el gravámen de un peso en carga de cascarilla que ya tenia cierta estraccion en aquellas. montañas, y se adjudicase á tan noble objeto, en lo que convenia el especulador de entonces.

(1) Las colecciones de instrumentos de física, minerales, y laboratorio las hice traer de Europa y se hallan hoy dia en el establecimiento. Costaron mas de 5,000 pesos.

Contaba el establecimiento con 32 niñas y cada dia le llegaban otras de las Provincias.

— El Hospital, que estaba en un estado deplorable por falta de rentas, se quedó con una entrada segura por la adjudicacion del tomin y noveno y medio de las Provincias de Huánuco y Huamalíes.

La Prefectura remedió á la carencia que habia de botica en el espresado establecimiento y en la ciudad, con los cuatrocientos pesos del ramo de la coca unidos á otras cantidades.

— Fundáronse escuelas de 1ᵃˢ letras en los pueblos de Panao, Santa María del Valle, Quiera, Acomayo y otros, rentándose con los fondos de propios y con el valor de las licencias de toros y bailes y el de las tierras sobrantes.

— Si la iglesia matriz que se hallaba cuarteada y amenazando ruina no se reparó, fué por no contarse con fondos ni haberse prestado el párroco y vicario Dr. Herrera, sea á informar de lo que producia la fábrica, sea á dar cuenta de las cofradías. Contribuyó tambien á este resultado el estar la Prefectura pendiente de la resolucion que el Gobierno creyera deber tomar en vista de lo ocurrido.

El desplome de la iglesia de San Francisco, uno de los mejores templos de Huánuco, provino de no haberse efectuado las debidas refacciones tan luego como cayó su mitad. Al negarse el vicario á la venta de las alhajas iuservibles de plata que el Sr. cura Garay ofreció para tan importante restauracion, tuvo que suspenderse el realizar un proyecto que hubiese evitado la ruina total de la iglesia.

— Construíase la pila que el Sr. Lúcar había costeado : sus tazas son de un granito fino y están muy bien labradas.

— Concluyéronse los puentes del Tingo y el que conduce á Tomai-Quichua y Huáilla. El del Tingo se hallaba á la entrada de la ciudad, y el de Ambo, que estaba en construccion y era el mas importante por su gran tráfico, evitaria las desgracias que se esperimentaban, casi todos los años, pereciendo transeuntes y recuas cargadas de efectos valiosos.

Habíanse destinado á este trabajo sumas procedentes de los fondos de propios : con ellas se atendió á la tablazon y al prest de los carpinteros, en tanto que los pueblos vecinos habian procurado y conducido las vigas de veinte varas de largo, -- obligacion que pesaba sobre ellos desde ántes, y de que se librarian en lo sucesivo.

— Los caminos se hallaban en el mejor estado, no hablándose ya de desgracias, ni de notarse resistencia por los pueblos vecinos á la composicion del famoso paso de *Campanaisquisca* — orígen de tantas muertes. — Refaccionóse y quedó con las correspondientes pirámides el camino de la montaña, á cuya composicion concurren todos los hacendados, con cierta cantidad, cada tres años.

— Termináronse los panteones en casi todos los pueblos, y se prometia la Prefectura que el año entrante se cortaria enteramente el abuso de dar sepultura en las iglesias.

Habiendo en todas las haciendas de alguna consideracion la costumbre de enterrar los cadáveres de sus operarios y familias sin que muchas veces lo supiese el párroco, resultaba no saberse con fijeza la mortandad en la quebrada de Huánuco.

— Habian prendido casi todos los vástagos de Morera que se repartieron entre los hacendados con objeto de fomentar su cultivo.

Si el Gobierno hubiera dispensado una mirada protectora al desarrollo de tan importante ramo, en ninguna parte del departamento habria logrado mejores resultados la cria del gusano de la seda.

— Grandes progresos llevaba hechos la Agricultura á pesar de la escasez de brazos y los pocos operarios con que contaba cada hacendado.

Hallándose dichos trabajadores tan recargados de ditas que parecian esclavos para toda su vida, dió la Prefectura, con anuencia de los principales propietarios, un reglamento que comunicó en 29 de noviembre al Supremo Gobierno para su aprobacion, y del cual se desprendian medidas benéficas y previsoras para cortar las disputas frecuentes que acontecian entre amos·y operarios.

— Esperaba con fundamento la Prefectura que no obstante la supresion de la contribucion de castas, se lograría quizas evitar escesivo desfalco á las entradas del Erario, por medio de las nuevas matrículas que se estaban formando en las provincias de Pasco, Huánuco, Huamalíes y Cajatambo, con ahinco de parte de los apoderados fiscales y de los subprefectos. Con ánimo de evitar abusos, cortar reclamaciones del infeliz indígena y economizar los sueldos de apoderados fiscales, opinaba la Prefectura se adoptase el proyecto que tenia presentado al Supremo Gobierno con fecha 28 de febrero, y que sobre ofrecer un plan sencillo y económico, preservaba á los contribuyentes de mil males y estorsiones (1).

— La acequia que provee á la ciudad de agua potable se hallaba en muy mal estado, y se hacia desear la conclusion de la nueva obra, paralizada entonces, despues de haberse gastado 1,500 p⁵.

PROVINCIA DE PASCO.

— Reparáronse los caminos, formándose calzadas, acortando las distancias, estableciendo puentes nuevos y componiendo los antiguos.

Levantáronse las pirámides para señalar las leguas.

Reedificóse una espaciosa habitacion en el tambo de Casacancha, en beneficio de los transeuntes y de la escolta que pasa, cada quince dias, custodiando caudales del Estado

---

(1) La contribucion de indígenas ha sido abolida á principios de este año por la nueva administracion que ha reemplazado á la del general Echenique. Esta medida y la de dar libertad á los esclavos, si bien benéficas en sí mismas, acarrearán perjuicios á la agricultura, al menos por ahora.

y de los particulares, procedentes de este mineral, y pernoctaba antes á la intemperie.

— Notando en varios pueblos falta de escuelas, mandó la Prefectura que en las poblaciones mas numerosas, — y sobre todo en las cabezas de doctrina, — se estableciesen, lo mas pronto posible, remediando la carencia de fondos, ya con los bienes de propios, ya con el producto de las licencias de toros y bailes.

Así se crearon las de Ninacaca, Huayllay, Ondores, Palca, Acobamba y otras.

Al preceptor de Junin se le aumentó su haber con 50 pesos anuales, sufragando lo demas de la pension el respetable párroco por medio del producto de la buena memoria que dejó el cura Astete.

La espresada buena memoria sirve tambien á procurar la enseñanza primaria á los pueblos de Huasahuasi Cacas.

En casi todos los pueblos de los demas distritos, y principalmente en los de Cayna, habia escuelas.

La de Yanahuanca, dotada con parte de la buena memoria que dejó el cura Avellaneda, contaba con una numerosa juventud.

La de Tarma no llevaba sino un año de existencia y ya se veian doscientos y tantos niños haciendo progresos rápidos en caligrafia y aritmética.

— Acabáronse, sin gravámen de los fondos públicos y mediante el celo de los pueblos vecinos, las acequias de regadío que dan agua á los pueblos en los distritos de Chacayan y Yanahuanca, así como la de Acobamba en el de Tarma.

— Hallábase en el mejor pié de arreglo y con 18 camas el hospital que se estableció en esta ciudad con las pocas rentas recogidas de las que dejó la benefactora Doña María Moreyra y que apenas contaba diez meses de existencia.

Habíale el Supremo Gobierno concedido, por decreto de 16 de setiembre último, el tomin de la subprefectura y el de la de Cajatambo, con cuyo ausilio sostendria sus mayores gastos.

— El camino de Huancabamba al Pozuso estaba á punto de concluirse, faltando solo legua y media para llegar á este pueblo; hallábanse suspensos los trabajos por la estacion de lluvias.

— Construíanse las cárceles nuevas de Huariaca y del Cerro, y se repararon las de muchos pueblos.

— Aceptó la Prefectura la propuesta del rematador del puente de la Oroya de hacer este con cadenas de hierro, en el término de un año, con la condicion de que se le otorgase el arrendamiento por el espacio de seis años, dando en los tres que aun le quedaban cincuenta pesos mas de lo ajustado.

Esta medida, ademas de convenir para la mayor seguridad de los transeuntes, exime á los pueblos vecinos de la obligacion que tenian de dar cada uno de ellos una maroma ó cable de cuero de mas de 30 varas, cada vez que dicho puente se descomponia. Semejante cargo les era sumamente gravoso en razon de sus ningunas proporciones. En lo sucesivo parecia posible aumentar la cantidad del remate.

— Ordenóse por la Prefectura se adjudicasen, para las escuelas de los tres pueblos contiguos, cinco pesos de lo que producia el remate del espresado puente : era preciso evitar continuase el espectáculo que allí se notaba, no sabiendo la mayor parte de la juventud de ambos sexos, y aun ancianos, ni persignarse ni decir el *Padre nuestro*.

— El puente de Huaypacha venia cobrando, desde muchos años, peaje á los mismos vecinos del lugar, y si bien se satisfacia mas que en otras partes por las llamas y los burros, no percibian nada los propios, cosa que no se realizaba en las demas provincias. Mandó pues la Prefectura que el dueño del puente contribuyese con cincuenta pesos anuales al establecimiento de la escuela que se dispuso abrir en dicho pueblo.

— Hallándose apolillado y próximo á sufrir ruina el

puente de la entrada á la ciudad de Tarma, se determinó construir el arco con cal y canto, — lo que no ofrecia gran costo.

El panteon de esta ciudad, así como el de los otros pueblos, estaba para concluirse, habiendo subvenido á los gastos de aquel el párroco con doscientos pesos, y suministrado para el mismo objeto trescientos el S.ʳ Aveleyra, si bien con cargo de reintegro. Entonces los fondos de fábrica servian para costear el edificio (1).

Como las arenas y lamas de los cerros habian rellenado los diques que resguardan la poblacion de aluviones, se mandaron limpiar.

Formóse, con dictámen de la Junta de vecinos notables de la ciudad, el présupuesto para la apertura del camino de la montaña de Chanchamayo, á fin. de llegar al deseado Cerro de la Sal, así como el contingente de los operarios con que debian contribuir los pueblos vecinos.

Seguíanse con empeño las obras subterráneas del Cerro, y á beneficio de ellas se desaguaban muchas minas y así se esplotaban metales de alguna ley, habiendo esperanzas mas que fundadas de que el año entrante tendrian las baciendas, á abundar el agua, una corriente regular, pues existian en *cancha* (en la superficie) muchos cajones de metal. El gremio contaba con fondos para la prosecucion de estas obras. La máquina de vapor establecida continuaba operando, y muy pronto habian de lograr los empresarios y dueños el fruto de sus trabajos y desvelos.

Hasta fines de noviembre de 1846 se habian fundido en la Callana de Pasco 965 barras con peso de 254,427 marcos.

—Hacianse repetidas reclamaciones á la Prefectura en virtud de que los diezmeros no querian conformarse con las disposiciones supremas y las de la junta de diezmos,

(1) Fundiéronse tambien entonces dos grandes campanas para la iglesia parroquial.

alegando en 1er lugar que los pueblos que anteriormente se convinieron con ellos en pagar en plata cierta cantidad, debian continuar satisfaciendo esta sin la rebaja de la 3.ª parte mandada por ley. — Por su parte se oponian los diezmantes á semejante pretension, fundados en razon, pues el contrato se habia hecho bajo la base de que pagaban el uno por diez, y tal base no existia ya, exigiéndoseles del quince, del veinte y cinco y del treinta. — Necesitábase, por consecuencia, una aclaratoria de los decretos dados, pues eran insufribles tantos vejámenes, y debia ordenarse que los rematadores del diezmo se diesen por contentos con lo que les correspondia justamente. — Agregábase á esto que del capital de ganado lanar, cuyo diezmo se cobrara en el año anterior, se exigia de nuevo otro diezmo; fuera de que se pretendia tambien diezmar los pavos, gallinas etc., que, á mas de ser pocos, eran de escaso valor.

PROVINCIA DE JAUJA.

La situacion topográfica, unida á su poblacion y recursos, hace de esta provincia un punto digno de llamar la atencion del Gobierno,

Era preciso ensanchar su agricultura y aliviar á sus pueblos que tanto tenian sufrido á consecuencia de las discordias politicas, sea disminuyendo en su poblacion, sea esperimentando cuantiosas pérdidas de dinero.

Entonces, reducíase su comercio con la capital y la provincia de Pasco á muy poca cosa, consistiendo solo en huevos, cebada, puercos, algunas papas y unas pocas harinas libradas de entre la ruina que hacia el polvillo ó *argenia* en las sementeras. — En ciertos pueblos se trabajaben vasos de barro ordinarios y tejidos de lana, curtiéndose tambien cueros.

— La abundancia de metales que se notaba en el mineral de *Quero*, trabajado en esa época por un nuevo empresario con fondos suficientes para establecer uno hacienda mineral en grande, prometia activar el comercio y ocupar á muchos brazos.

Continuaba la empresa de Morococha en sus trabajos de esplotar el cobre con teson, pareciendo que estendia sus proyectos á los minerales de plata, tomadas ya por ella minas y haciendas que habian gozado de celebridad por la ley de sus metales.

Tratábase de esplotar las antiguas minas de cinabrio de Pucará cuyos metales son idénticos á los de la mina de Santa Bárbara de Huancavelica, pero de mejor ley.

El mineral que se tenia por el *bismuto* es el *antimonio sulfurado,* cual lo reconocí por mí mismo.

— La contribucion de la Provincia sumaba, fuera de la de castas, cerca de setenta mil pesos al año, esperimentando una rebaja como de unos treinta mil. — La matrícula que se estaba llevando á cabo no habia podido concluirse por el Apoderado fiscal, en vista de las diarias reclamaciones que llegaban á la Prefectura y á la Subprefectura, y en las cuales alegaban los pueblos escepciones, las mas veces fundadas, pues se apoyaban ora en motivos atendibles, ora en las variaciones de los padroncillos en los años trascurridos.

— Habíanse hecho avaluaciones perjudiciales al fisco respecto de los predios rústicos y urbanos, resultando de ahí hubiese personas que, á pesar de sus fundos valiosos, no pagaran sino seis pesos al año, y no faltando tampoco quien estuviera exento de pagar por decreto supremo, no obstante su conocida fortuna y el testo de la ley fundamental.

Apoyándose en la consideracion de estos abusos, propúsose por la Prefectura, el 7 de noviembre de 1846, hacer de nuevo la matrícula, creyendo que con la nueva, el año próximo, se resarciria el Erario de las pérdidas que esperimentase.

— Reinaba una costumbre que, sobre perjudicial, venia, en lo tocante á las reclamaciones dirigidas á las autoridades, fomentada por unos cuantos Tinterillos : consistia en que el indígena, por insignificante que fuera su reclamo, presentaba en su apoyo escritos por los que pagaba tres ó cuatro pesos, fuera del papel sellado, siendo así que muchas veces el costo era de catorce reales.

Los novecientos enteradores empleados en la cobranza debian causar vejámenes al infeliz contribuyente y esponerse, por lo demas,.á su propria ruina : por una parte, abrumábanse los contribuyentes pues habia que pagar, ya hubiese, ya no hubiese, y por otra, quedaban á veces los enteradoros reducidos á la escasez pues se les imponia el cargo de satisfacer lo que no tenian recaudado.

— Con haberse estendido la poblacion al Este de la Cordillera y establecido desertores y contribuyentes de otros departamentos en los pueblos de Monobamba, Comas etc., era de necesidad, por guardar el órden, se recaudasen las pensiones con menos vejámenes, si bien se debian cobrar así en la ceja como en el interior, y cuidar de elevar á distrito aquella parte de la montaña.

— Con motivo de las fiestas y embriaguez originábanse frecuentes disputas y reyertas entre pueblos vecinos y aun en las poblaciones mismas. Así propúsose al Gobierno y fué adoptado por este el establecimiento de un piquete de tropa, destinado á mantener el órden público y perseguir á los desertores y malhechores que venian á abrigarse en aquellas punas y pueblos, validos del asilo seguro que allí hallaban.

— Termináronse felizmente las desavenencias que mediaban entre el párroco y los feligreses de la Doctrina de Jauja. Aquel sacerdote y estos sus hijos espirituales se arreglaron entre sí, merced á la intervencion paternal de la Prefectura.

— A causa de las órdenes del gobierno de la provincia, los caminos se encontraban en muy buen estado, marcadas las leguas con pirámides de tamaño mas que regular.

— El servicio de postas se hacia con regularidad, notándose sin embargo falta de bestias para ausiliar á los viajeros y á las tropas transeuntes, y por consecuencia, la necesidad de recurrir á tener que proporcionar caballerías los pueblos, á lo que se sujetaban estos con disgusto, si bien se pagaba religiosamente.

Para evitar el retardo de los correos y dar mayor comodidad al tránsito de la oficialidad, al paso que se proporcionase alivio á las caballerías, se hacia preciso se fundara un tambo cómodo en el lugar llamado Cachicachi, dotándosele de una casa de postas.

La mortandad de bestias era tal en Yauli con motivo de la suma escasez de pastos y abundancia del *garbancillo*, yerba ponzoñosa para los animales, que se necesitaba trasladar su casa de posta á Chicla.

La posta de Concepcion debia suprimirsc, ya por no tener el ganado necesario para el servicio, ya porque la de Huancayo podia muy fácilmente reemplazarla para el correo hasta Jauja. A otro ramo podian aplicarse las tierras del Estado que tenia el Maestro de postas de Concepcion.

— Los puentes estaban cuidados, construyéndose uno por las comunidades de Zapallanga y la Punta en el rio de Chaclas, y reparándose el que se habia caido, poco hacia, á la salida de Huancayo para Pampas. Seguian en buen estado las maderas del que se habia mandado, el año anterior, reedificar por órden de la Prefectura á la entrada de dicha ciudad; pero no dejaba de ser conveniente hacerlo de cal y canto, en atencion á la poblacion y continuo tráfico.

— Encontrábanse en obra los panteones en casi todos los pueblos, sin mayor gravámen de los fondos de propios.

Noticiosa la Prefectura de que en las bóvedas de la Iglesia de Ocopa se enterraban muchos cadáveres conducidos desde muy lejos, sea por preocupacion, ó por persuasion de que ese sagrado lugar reune muchos privilegios y concede indulgencias, se pasó al Vicario de la Provincia la nota correspondiente con el fin de que hiciese saber al Padre Guardian las órdenes vigentes y terminantes acerca de que no se sepulte en las iglesias y menos en la de Ocopa adonde concurre tanta gente. Dispúsose al mismo tiempo se formara un panteon en las inmediaciones.

— Los cuarteles de Concepcion y Jauja se habian refaccionado hallándose el de Yauli próximo á concluirse. Para realizar esta obra y la de la cárcel tenia cedidos doscientos pesos D. Cárlos Fluker.

— Hallábanse establecidas escuelas de 1.ª letras en todas las cabezas de Doctrina, así como en otros pueblos. Contábase para ellas con los fondos de propios y las licencias de toros y bailes.

Habia abiertas dos escuelas de latinidad, una en Jauja y otra en Huancayo, y queriendo cumplir lo mandado por la ley, determinó la Prefectura se fijaran carteles para que se presentasen los jóvenes pobres que debian ir á estudiar al colegio de San Cárlos, el año entrante.

En toda la provincia y particularmente en Jauja y Huancayo hacia la juventud progresos.

— El hospital proyectado en la ciudad de Huancayo no se habia abierto por no tener aun un local aparente ; pero convencidos sus vecinos de lo importante que seria dicho establecimiento, se suscribieron varios voluntariamente para comprar un sitio y levantar el edificio, que dejé casi concluido al salir de ia Prefectura. Lleva el nombre de San Ramon.

— La pila que tanto se echaba de menos en la plaza de Jauja habia aumentado considerablemente sus aguas con la reunion de las vertientes de Yacuran, y se iba á construir con el producto de una suscricion abierta entre los vecinos á propuesta de la Prefectura.

Reedificáronse las cárceles de los demas pueblos, quedando la de Chupaca en via de conclusion.

— Hiciéronse reparaciones en las iglesias de Mito y Sincos : en la 1.ª se acabaron el nuevo coro y las torres.

Púsose en estado de recibir la última mano á la capilla de Orcotuna con la invocacion de N.ª Sra. de Cocharcas. Ausilió la Prefectura, con la gente necesaria, al enladrillamiento del suntuoso templo que el cura habia reedificado en la ciudad de Jauja. — La restauracion del templo de Concepcion se comenzó, merced á la donacion de dos mil p.ª debida al S.ʳ canónigo Pasquel, su antiguo cura (1); y tenia la Prefectura pedido al Gobierno mil pesos para el mismo objeto, sacados del ramo de contribuciones.

· — En el mineral de Yauli que producia entonces mas de veinte y dos mil marcos de plata al año, segun las guias espedidas por el Gobernador, habia una capilla que amenazaba ruina. Convencidos pues aquellos feligreses de la gravedad del peligro, trataban de techar una iglesita nueva que tenian en paredes, y á tan laudable intento coadyuvaban una suscricion y la promesa de proveer lo que faltase, hecha por el empresario de Morococha, sobre haber él ausiliado ya tan importante trabajo con cien pesos.

— La Prefectura, asistida de algunos individuos de Jauja, reconoció la cantidad de agua de Yanamarca y los terrenos por donde debia pasar para abastecer aquel lugar. De dicho exámen resultó que habia muchos obstáculos que vencer para llevar á cabo semejante empresa, pues de sacar el canal proyectado debia perforarse desde el rio.

— Administrábase la Justicia con alguna actividad á pesar de los mil obstáculos que se presentaban por las distancias y la ignorancia de los jueces de paz, quienes se atribuian facultades que no les otorga la constitucion, haciéndose, por consecuencia, necesario dar una ley prescribiendo sus respectivas obligaciones y procurar recayeran los nombramientos en personas idóneas y de alguna instruccion, principalmente en los pueblos de indígenas ó razas mezcladas.

— Sin embargo de hallarse mandado que los deslindes y las posesiones se dieran por los jueces de paz cuando los de 1.ª instancia estuvieran distantes ó lo pidiesen las partes, continuaban los litigantes no aprovechándose de tan bené-

_____

(1) Hoy dia arzobispo de Lima.

fica disposicion por temer que con el tiempo se les susci-
taran nuevos pleitos á causa de no haberse presentado ante
el Juez de Derecho ; así preferian pagar sumas crecidas y
leguaje á este y al Escribano, con el fin de precaverse de
mayores incomodidades y perjuicios.

— Ventilábanse en aquellas provincias asuntos de grande
interes en el Comercio, Minería y Agricultura ; cometíanse
delitos atroces acreedores á un castigo pronto y ejemplar,
y se hallaban recargadas de causas las personas á quienes
competia la mision de aplicar la ley, sin contar que sus
obligaciones apenas las podian sobrellevar con el sueldo
que disfrutaban.

Era ilusoria la responsabilidad determinada por el decreto considerado como ley y espedido en 1.º de agosto de
1826 : así la mayor parte de los criminales se fugaban de
las cárceles y quedaban en peor estado los litigantes, sobre
haber consumido su fortuna y tiempo. — Convenia pues
que para que hubiera actividad, desinteres y exactitud y
se evitaran mil males y perjuicios á las familias, recayesen
los nombramientos de Jueces de 1.ª instancia en abogados
capaces de cargo tan importante por su edad, conocimientos, probidad y esperiencia, señalándose al desempeño de
dichas funciones el mismo haber que á los vocales de la
Corte Superior.

— Gozaban todos los pueblos del pasto espiritual y del
buen ejemplo que les daban párrocos fieles á su deber.
Pocos eran los ministros del Altar que no se hacian respe-
tar, sea por sus miras interesadas, sea por pasiones exal-
tadas. El clero parroquial se valia generalmente de sus
luces, cariño é influjo para instruir á los feligreses en los
primeros rudimentos del saber y atraerlos al trabajo público y al cultivo de sus intereses particulares.

— Desde que habia sido distribuido y mandado observar en el Arzobispado el arancel de Santo Toribio, habian
cesado las quejas que llegaban antes á la Prefectura moti-
vadas en los derechos escesivos que se cobraban.

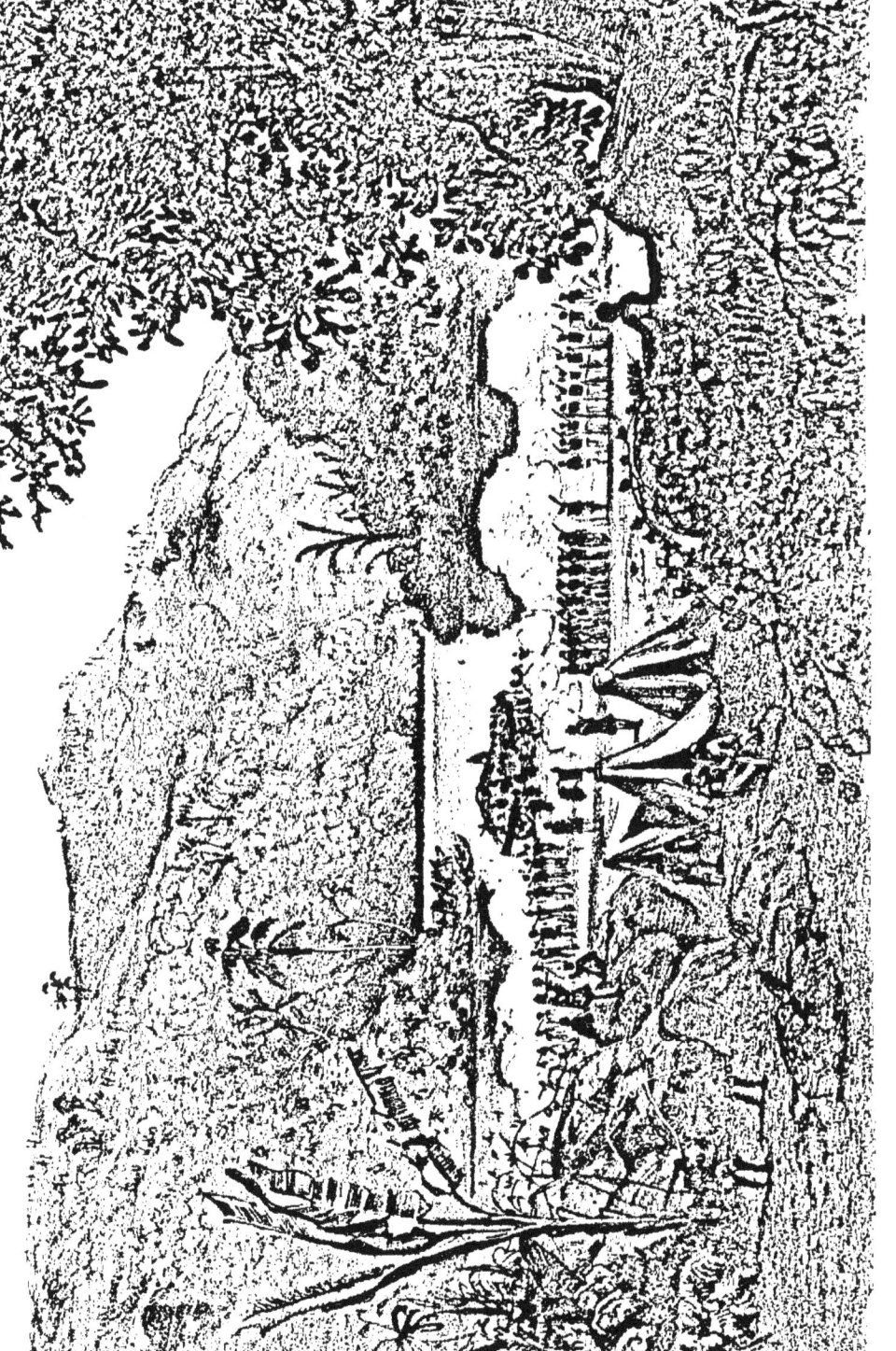

— En las poblaciones de Jauja y Huancayo hubo algunos desórdenes hijos de un celo que, por demasiado ardiente, . pecaba en indiscrecion; mas terminaron tan luego como los padres misioneros regresaron á sus claustros.

— Las personas encargadas del mando de las provincias y de los distritos merecian la confianza de la Prefectura por su honradez y buen desempeño en el servicio, así como los empleados en las oficinas del Estado.

— Las compañías que estuvieron de guarnicion en la ciudad se habian comportado bien, así como el piquete de policía, tan útil para mantener el órden público.

— La recuperacion de la famosa montaña de Chanchamayo, en la cual bajo el mando de los Españoles, por halagar tal vez á ciertas poblaciones, se perdieron otras que ya se habian convertido á la fe, era la aspiracion general de los habitantes de la provincia de Tarma, como lo acredita el interesante informe que el intendente Urrutia dirigió al Virey del Perú en 1808 (1).

Con la nueva posesion de tan importante punto se proporcionaban á los pueblos tarmenses terrenos en que cosechar frutos buenos á la vez que necesarios, librándolos tambien del continuo sobresalto de verse atacados por aquellas tribus indómitas, estableciéndoles comunicaciones con el Mar Atlántico por el majestuoso rio del Ucayali y otras vertientes de mucha importancia, y abriéndoles, por fin, el camino para poseer el Cerro de la Sal y atraer así á la Religion las numerosas familias que viven en sus dilatadas montañas.

Tales consideraciones indujeron mi ánimo á acometer una empresa, sobrado ardua á la vista particularmente de los numerosos obstáculos que se me oponian. Pero coadyuvándome la constancia y el ausilio de algunos vecinos y pueblos de Tarma que cooperaron generosamente á los gastos de apertura de caminos y provision de víveres, ob-

(1) Este documento lo mandé publicar en Lima el año de 1847.

tuve, en el mes de setiembre de 1847, apoderarme de la confluencia del Chanchamayo con el Tulumayo, obligando á sus antiguos ribereños á alejarse de aquel punto, en el cual levanté un fuerte que lleva el nombre de San Ramon y protege las valiosas propiedades que ya se ven allí.

Alentábame tambien en mi intento el querer entablar comunicacion por agua con las misiones del Ucayali, y por consecuencia, con el Brasil por medio del Amazonas. Así se mandó al P. Cimini, nombrado prefecto de aquellas misiones, que subiendo por los espresados rios saliese al encuentro de la espedicion que debia yo enviar desde la confluencia del Chanchamayo. Mas el gobierno me trasladó á la Prefectura de Moquegua, quedando sin realizarse mi plan y acaeciendo la desgracia que el Reverendo Padre Cimini, hombre verdaderamente apostólico y celoso por la conversion de los infieles, fué muerto por los indios.

La relacion que el buen religioso me comunicó sobre su viaje al Ucayali ofrece bastante interes, y de consiguiente creo oportuno copiarla íntegra.

Viaje al Ucayali por la via del Mairo con una breve noticia del estado actual de aquellas misiones.

Con motivo de haber sido presentado para Obispo de Cuenca por el Congreso Ecuatoriano el M. R. P. Plaza, y haber este admitido dicho cargo, determinó el R. P. Guardian de Ocopa que yo volviese á servir estas misiones en union del P. F. Juan Llorente. En Ocopa nos habilitaron con 200 pesos para nuestro viático, á mas de habernos entregado varios útiles conducidos desde Europa por el P. Pallares, cuyo importe puede ascender á 280 pesos. Con estas provisiones y el estipendio de algunas misas que me fueron encomendadas emprendimos la marcha el 14 de mayo, y llegámos á la ciudad del Cerro el 18 del mismo mes. Alli se empleó la mayor parte del dinero en la compra de varias baratijas, y recibí tambien la remesa que habia pedido á la capital nuestro síndico D. José Zapatero costeada con un resto de los 1,000 pesos entregados al P. Plaza, el año pasado, por aquella tesoreria. En seguida pasámos á Huánuco y de allí á Pozuso, donde tuvimos que sufrir la demora de 20 dias, al fin de los cuales llegó la espedicion dirigida por el P. F. Antonio Rossi.

Este salió de Sarayacu el 25 de mayo con 70 hombres distribuidos en

10 canoas, y aportó á la pequeña poblacion de Santa Rita, colocada en la confluencia del Pachitea con el Ucayali, el 11 de junio. Detúvose tres dias en aquel punto para hacer provision de víveres, y despues siguió el curso del Pachitea, en cuyo tránsito no tuvo el menor obstáculo de parte de los antropófagos por haber tenido la precaucion de enviar por tierra unos 20 individuos en todos los parajes que podian ofrecer algun riesgo. Desembarcó el 28 en el puerto del Mairo, donde le fué preciso mandar construir una casa provisional para guarecerse de la lluvia, porque los infieles que viven en sus inmediaciones habian quemado la que se fabricó en la primera espedicion, á mas de haber agotado el producto de las dos chacras que allí se hicieron. El dia siguiente se dirigió para Pozuso con la mayor parte de los indios de su comitiva, sin poder llegar al Sereno hasta el 4 de julio, ya por lo muy fragoso que es el camino, á escepcion de una tercera parte de él, ya por los aguaceros casi continuos, y ya porque en varios trechos no quedaba ningun vestigio de la vereda abierta an los años anteriores.

En el Sereno dimos 6 dias de descanso á la gente; el sábado 10 se pasaron las cargas á la banda opuesta del rio con una maniobra harto dificultosa causada por la mucha rapidez de las aguas; el 11 anduvimos como tres leguas y pasámos la noche á corta distancia del tambo que llaman *Tres Cruces*. Desde el Sereno hasta llegar á la pampa, que dista unas trece leguas, el camino es poco menos que intransitable : largas subidas, bajadas precipitosas, laderas angostas, saltos y ciénagas componen todo aquel espacio ; y así me parece imposible que se realice el proyecto de formarle tan cómodo que pueda transitarle una bestia, menos que se tome otra direccion, en cuyo caso tampoco faltarán grandes obstáculos por la enorme desigualdad del terreno. El miércoles nos hallámos en el Mairo á cosa de las 11 y nos demorámos aquel dia con el siguiente para dar lugar que se reuniesen los cargueros que venian como dispersos, unos despues de otros.

El viérnes á las diez nos embarcámos siguiendo la bajada hasta al anochecer en que llegámos al desembocadero del rio Picchis, donde pasámos la noche. Al otro dia continuámos la marcha sin encontrar estorbo ninguno de infieles; solo el domingo, á las nueve de la mañana, nos avisaron los indios de la canoa que iba de avanzada que en un recodo, á la márgen derecha del rio, habia enemigos apostados. Nosotros que ignorábamos su número é intenciones, tomámos las medidas que dictaba la prudencia para precaver todo funesto resultado, y en efecto nada hubo. El lúnes 19 se hallaron consecutivamente varias chacras y balsas en ambas orillas del rio, mas que en los dias anteriores, y cuando íbamos mas descuidados cayeron, junto á la embarcacion en que iba yo con el P. Rossi, una docena de flechas. Ningun daño causaron los Caschivos con aquella sorpresa, porque aunque el rio sea bastante angosto en aquel sitio, sus arcos son toscos y pesados como tambien sus flechas, lo que les impide el alcance á mediana distancia : lo único que consiguieron fué exasperar los ánimos de los nuestros, quienes habiendo visto poco despues à tres de ellos en una isla, los acometieron repentinamente y solo uno logró escapar sin lesion. En el resto del dia y en todo el siguiente que tardámos en llegar al Ucayali ya no se presentaron infieles, ni hubo ocurrencia digna de notarse; y el 25, muy de mañana, entrámos en Sarayacu, habiendo andado en 9 dias con parte de sus noches las 150 leguas que, por un cálculo aproximativo, pueden mediar desde este punto hasta el Mairo por las dilatadas y continuas vueltas que dan los rios.

Estando ya en esta, despues de haberme despedido del Ilmo. P. Plaza que salió, el 7 del corriente, al desempeño de su nuevo empleo, mi primera diligencia fué formar un censo de los individuos de estas misiones, por encargo que tenia para ello así del S.ᵣ Prefecto del Departamento de Junin como tambien de mi Padre Guardian. Con este objeto hice el padron de Sarayacu, y resultaron 182 matrimonios, con el número de 800 almas : á este debe agregarse la pequeña poblacion de Belen, distante media legua, donde existen 25 casados con 108 almas. Siguiendo rio abajo, á la distancia de cerca de 15 leguas, se encuentra á la orilla izquierda el pueblo de *Tierra Blanca* en que hay 40 familias con 250 individuos asistidos, en la época presente, por el P. F. Antonio Rossi. En el espacio de terreno que media ehtre el Ucayali y Huallaga, á las orillas del rio Santa Catalina, se formó una poblacion que lleva el mismo nombre. En el dia la componen 55 familias, algunas de las cuales se han pasado á vivir en el puerto de Sarayacu, con el número de 200 almas, de cuya asistencia se ha encargado el P. Antonio Bregatti.

Demas de los pueblos ya mencionados existen otros dos muy reducidos, el uno á la otra banda del Ucayali frente de Sarayacu con el nombre de Yarina, y el otro en la orilla de la laguna de Yapaya, á la desembocadura del rio Catalina : constan entre ambos de 40 familias de Schetevos con 170 almas. Siguiendo Ucayali arriba se encuentran esparcidas en ambas márgenes del rio varias familias de Conivos, Schipivos, Sensis y algunos Remos, la mayor parte de los cuales están bautizados; pero es sumamente doloroso el ver que no tengan de cristianos mas que el Bautismo, por no haberse podido conseguir hasta ahora el reunirlos á vivir juntos en poblaciones formales; y hallándose así dispersos, no es posible que tengan un sacerdote perene que los instruya en cada uno de sus caserios. El número de estos desde Sarayacu hasta el Pachitea, que es lo que yo conozco, puede llegar á 600 individuos sin comprender los Schipivos que habitan en las orillas del rio Pisqui, los Remos del Cayaria, los Amahuacas del Yamaya, los Conivos que llegan hasta Lima Rosa y la entera nacion de los Piros que es la mas crecida en el dia y se estiende por los rios Paru, Yanatiri, Tambo y Cuja á una prodigiosa distancia de terreno.

El camino del Mairo basta haberlo andado una vez para quedar convidado á no volverle á andar nunca; por este motivo, y tambien por especial encargo del S.ᵣ Prefecto Rivero, estoy determinado á hacer en

el verano siguiente una tentativa sobre Chanchamayo, contando siempre con la asignacion del Supremo Gobierno hecha al P. Plaza y á sus
sucesores en el cargo que él obtenia, porque de otra suerte yo carezco
de medios para costear la espedicion. — Con esto podrá abrirse camino á
la reduccion de los Campas; y ya que la esperiencia ha enseñado que los
Caschivos son irreductibles, à lo menos se esplorarán sus intenciones,
se averiguará su número y se sabrá si dicho rio es navegable ó deja de
serlo. En este último caso nos dirigiremos al Pangoa que se halla muy
inmediato, y podrá salirse por Andamarca. — Reduccion de Sarayacu y
Agosto 20 de 1847. — F. Juan Cipriano Cimini.

— Hasta que tomé el mando del departamento de Junin
no se habia erigido monumento alguno en memoria de la
célebre batalla del 6 de agosto de 1824, precursora de la
victoria de Ayacucho con la que quedó afianzada la independencia del Perú.

Levantóse pues una pirámide de piedra labrada, de mas
de doce varas de altura, en el mismo lugar en que se efectuó
la memorable jornada que tanto honra á las tropas reunidas
del Perú, Colombia y Buenos Aires. Una fama en la cúspide y una inscripcion de bronce, adecuada al caso y
puesta en la base, son los adornos que recuerdan el fin de
aquel monumento de gloria.

Su ereccion se verificó el mismo dia del aniversario de la
batalla, en medio de un numeroso gentío y de milicias
nacionales llegadas de todos los alrededores.

Nuestro insigne poeta Olmedo, el célebre autor del
canto sobre la victoria de Junin, me favoreció en tan fausta
circunstancia con la composicion que ve hoy la luz por
primera vez.

AL DIOS DE LOS EJÉRCITOS.

En 6 de agosto de 1824,
Las tropas peruanas
Con sus hermanos de Chile, Colombia y B-Aires,
Al mando de Bolivar,
En este campo de Junin,
Alcanzaron contra el ejército español
La Victoria.
Que llevaba en su seno

El triunfo de Ayacucho.
La Fortuna, cómplice de la conquista,
Se mostró un momento adversa
A los guerreros de la Patria.
El enemigo atónito, envanecido
De un suceso mayor que su esperanza,
Ya se proclamaba vencedor,
Cuando la Caballería peruana
La primera
Aprovechando el natural desórden
De una victoria inesperada,
Sostenida, reforzada de los intrépidos ausiliares,
Y emulando su valor,
Acomete, atropella, dispersa á los victoriosos,
Que no dejan mas sobre el campo
Que sangre y armas, y ligeras huellas
De su fuga.
El Perú fué libre :
Los Peruanos con sus fieles aliados
Volaron á Ayacucho
A consolidar la indepencia de América
Con el triunfo mas espléndido
Que pueden transmitir á la posteridad
Los fastos americanos.

SEÑOR,

El Perú reconocido
Levanta este humilde monumento
A la gloria de tu nombre.
Nos protegiste como Dios de los ejércitos,
¡Protégenos desde ahora
Como Dios de la Libertad y de la Paz!
—
1846.

— La pila de la ciudad de Jauja que desde el tiempo del Gobierno Español se pedia por sus habitantes para abastecerse de agua suficiente y saludable, logré construirla con las suscriciones de algunos vecinos y con el producto de una cantidad que el Presidente actual D. Ramon Castilla me concedió del fondo de propios.

— Con el objeto de dar mas interes á nuestra relacion copiamos los siguientes estados sobre el producto de las contribuciones y la cantidad que se ha fundido de plata en el Cerro de Pasco.

———

Razon del número de BARRAS de plata que se han fundido en la Callana ú Oficina de Fundicion del Cerro de Pasco, desde el año de 1828 al de 1846, con espresion de sus marcos (1).

AÑOS.	BARRAS.	MARCOS.
1828	922	201,525 : 4
1829	555	99,835 : 5
1830	457	95,261 : 5
1851	635	135,134 : 4
1852	994	219,578 : 1
1833	1,133	257,069 : 6
1834	1,141	267,126 : 6
1835	1,148	276,744 : 2
1836	991	244,404 : 1
1837	1,144	235,856 : 4
1838	1,172	251,952 : 1
1839	1,210	279,620 : 5 1/2
1840	1,463	307,213 : 7
1841	1,674	356,118 : 2
1842	1,501	387,919 : 6
1843	1,378	325,458 : 7
1844	1,129	274,602 : 4
1845	996	251,039 : 3
1846	1,063	281,011 : 2
TOTALES. . . .	20,506	4,647,052 : 6 1/2

Otros varios trabajos logré realizar en el Departamento de Junin en el tiempo que estuve administrándolo, y largo seria espresarlos. Bástennos como confirmacion de nuestras palabras las siguientes líneas que tomamos de la *Esploracion al Valle de las Amazonas* por los tenientes de marina de los Estados Unidos Henderdon y Lardner Gibbon, publicada en 1853.

« El departamento de Junin debe mucho á su anterior « Prefecto. Fundó este escuelas, mejoró los caminos,

———

(1) El marco equivale á ocho onzas : hoy se vende en el mismo mineral á 9 pesos, y á 9 y 2 reales, y paga por su esportacion al estranjero cuatro reales.

« construyó cementerios, y en una palabra, cualquiera
« cosa buena que encuentro en mi camino puede decirse,
« generalmente, data del tiempo de Rivero. »

— No hablamos de las mejoras hechas en las provincias
de Huamalies y Cajatambo, pues no tenemos á la vista los
documentos necesarios para manifestarlas.

Nota. — Se han estraido de las minas del Cerro de Pasco en 1855
251,928 marcos y en 1856 218,356 marcos y 6 onzas.

El precio de venta era en estos años de 10 pesos 6 rs. á 10 y 4 el marco.

ESTADO QUE MANIFIESTA LOS FONDOS DE PROPIOS Y ARBITRIOS

DEL DEPARTAMENTO DE JUNIN.

ROVINCIAS.	PUEBLOS.	RAMOS.	PESOS.	TOTALES.
JAUJA.	JAUJA.	Por el producto de la Sisa.	1,000	2,550
		Por un censo de la Hacienda de Yanamarca	300	
		Por arrendamiento del puente de Llocllapampa.	100	
		Por las licencias para lidiar toros	150	
		Por el curato de Jauja	1,000	
	CONCEPCION.	Por el ramo de Sisa.	46	490
		Por los derechos de sellos de collos, barras y pesas.	12	
		Por los arrendamientos del puente	300	
		Por las licencias para lidiar toros	132	
	MCANCAYO.	Por el impuesto sobre los licores y la coca	1,900	1,900
	CHUPACA.	Por los arrendamientos del puente de Chongos	1,900	330
PASCO.	CERRO.	Por el ramo de Sisa.	4,825	4,825
	TARMA.	Por el id. de Mojonazgo.	485	980
		Por los arrendamientos del puente de la Oroya.	360	
		Por id. del Corral de daños	31	
		Por las licencias para lidiar toros	104	
HUÁNUCO.	HUÁNUCO.	Por el ramo de Propios	809	6,650
		Por el id. de Sisa.	507	
		Por el id. de Nieve	450	
		Por el id. de Coca	4,844	
JAMALÍES.		Por el ramo de café y coca	2,035	2,033

RESÚMEN.

Provincia de Jauja	5,270
Id. de Pasco	5,805
Id. de Huánuco	6,650
Id. de Huamalíes.	2,035
Total al año.	Pesos. 19,760

ESTADO GENERAL

de las Contribuciones del Departamento, por Provincias, con arreglo á los Cargos que se han formado en el presente Semestre de San Juan, especificándose el nº de Contribuyentes...., á saber.

	CONTRIBUYENTES.	AL SEMESTRE.	AL AÑO.
PROVINCIA DE JAUJA.		PESOS.	PESOS.
Por Contribucion de Indigenas.	9,673	31,335:2 3/4	
» Id. Industrial y por la Eclesiástica.	35	1,248:1	
» Id. de predios Urbanos	843	490:	
» Id. de predios Rústicos.		694:4 1/4	
Total. . . .		33,768: »	67,536: »
PROVINCIA DE PASCO.			
Por Contribucion de Indigenas.	6,265	18,410:6 1/4	
» Id. Industrial.		4,207: »	
» Id. de predios Urbanos		2,341:4 1/4	
» Id. de predios Rústicos		925: »	
Total. . . .		25,884:2 3/4	51,768:5 1/2
PROVINCIA DE HUANUCO.			
Por Contribucion de Indigenas.	2,369	7,452:2	
» Id. de predios Rústicos y Urbanos .	1,478	3,507:6 1/4	
Total. . . .		10,960:» 1/4	21,920:» 1/2
PROVINCIA DE HUAMALIES.			
Por Contribucion de Indigenas.	2,632	7,233:5 1/2	
» Id. Industrial y por la Eclesiástica.	220	219:	
» Id. de predios Rústicos		502:2 3/4	
Total.		7,955:» 1/4	15,910:» 1/2
PROVINCIA DE CAJATAMBO.			
Por Contribucion de Indigenas.	2,323	6,668:7 1/4	
» Id. Industrial y por la Eclesiástica .	434	308:	
» Id. de predios Rústicos		1,024:	
Total. . . .	26,392	8,000:7 1/4	16,000:6 1/2
			173,136:5

NOTA. En los Padroncillos de la Provincia de Pasco no está especificado el número de Contribuyentes por predios é industria, y el Apoderado fiscal es quien debe suministrar este dato. Cerro, junio 22 de 1845. — Calero.

MINAS DE CARBON DE PIEDRA

DEL PERÚ,

POR

MARIANO EDUARDO DE RIVERO (1).

Hasta ahora en las obras publicadas por los viajeros naturalistas que han recorrido el Perú se trata solo de las minas de oro, plata y cobre que se esplotan desde tiempos muy remotos, y apenas se hace mencion de las de carbon, combustible tan valioso y útil hoy dia para las naciones que lo poseen.

Llenaré pues, en parte, este vacío dando una noticia así de las minas que he visto en la Cordillera como de las que he reconocido por mí mismo.

En la Costa, sin embargo de que existen terrenos en que se encuentra el carbon, no se ha descubierto aun capa alguna formal. Tampoco se han realizado los indicios de su existencia en la isla de San Lorenzo, contigua al Callao, y en el distrito de Túmbes.

A pesar de todo, estoy persuadido que de hacerse un reconocimiento prolijo en toda la Costa, se lograria el objeto tan deseado para la industria del pais y su navegacion de vapor, cesando el Perú de tener que abastecerse en las minas de Inglaterra.

Un premio que se ofreciese por el Gobierno ó alguna Sociedad con condiciones esplícitas bastaria tal vez para conseguir tan precioso hallazgo.

El descubrimiento de las minas de carbon de piedra

(1) Esta Memoria ha sido remitida por el autor en 1855 á la *Escuela Imperial de Minas de Paris*, de la cual fué alumno.

14.

(*hulla*) data desde la introduccion de las máquinas de vapor que se establecieron en el Cerro de Pasco, departamento de Junin, por la compañía de Abadía en el año de 1816. La primera capa de este combustible la reconoció Huville en la colina llamada *Rancas* (1), distante dos leguas del Cerro. — Hasta entonces no se sabía en qué emplearlo, pues en las cocinas, braseros y destilacion de la pella de plata no se hacia uso sino del carbon vegetal y de la *champa* (especie de turba.)

Conocida su importancia y que sin él no podian funcionar las máquinas en distrito desprovisto de leña, se fué introduciendo, aunque con lentitud, para los usos domésticos, estableciéndose chimeneas á la europea en todas las habitaciones, hasta el punto de que no haya choza que no tenga su correspondiente hogar en que quemarlo, y siendo, por consecuencia, mas soportable el clima del Cerro de Pasco, — que se halla á 4,352 metros sobre el nivel del mar.

Las capas de *Rancas* se dirigen de Norte á Sur, inclinándose al Oeste. Reposan sobre el esquito negro (*phyllade*) y la piedra arenisca (*grès*), haciendo contorsiones ó un *zigzag* como se observa en casi todos los distritos en que se encuentra el carbon. Cúbrenlas las mismas rocas mencionadas.

La capa principal en este lugar es bastante ancha y se estiende á mucha distancia. Su carbon es de los mejores, da bastante llama y deja poco residuo. Tiene consistencia y es á propósito para las fraguas. Su estructura no es tan esquitosa como la de otros. En varias partes de esta capa he hallado la *melinita* en grandes trozos y semi-cristalizada.

Cerciorados de su valor y utilidad, se apresuraron todos los mineros á pedir amparos, adjudicándoseles las varas que designa la ordenanza; y como era muy natural se

(1) Véase el mapa adjunto.

fueron descubriendo otros mantos en las cercanías del Cerro y á grandes distancias de él.

En el Cerro de *Colquijirca* (Cerro de plata) que está como á dos leguas, hay tres capas reconocidas, y si bien son angostas, su calidad es escelente.

En la Quebrada de *Tullurauca*, camino para Huánuco, cerros de *Puelles, Anaspuquio* y *Siricancha*, cerca de la Hacienda que |fué de D. Gaspar Solá, se observan capas considerables que sirven con provecho para las estufas y destilacion de la pella de plata. Están entre la arenisca y el calcáreo que contiene tambien el plomo sulfurado. Con este último descubrí muy cerca de allí el fluato verdoso de cal.

En la direccion al mineral de plata de *Vinchos* que se halla en esplotacion y aseguraria grandes resultados, á trabajársele en grande escala, se nota, subiendo al Cerro de *Pargas* y en el paraje llamado *Curaopuero*, una capa de carbon de quince varas de ancho, poco bituminosa y que arde fácilmente dejando un residuo blanco-esqui-toso. Esta mina pertenecia á los Sanchez y á D. Ricardo Joch.

Como á las cuatro leguas de camino, á mano derecha, se encuentra el Cerro de *Pictichaca*, que quiere decir *Puente*. A su pié hállanse las lagunas de Geguey y Boliche y las minas de plata del *Rosario*, pertenecientes á la Hacienda de Jarria, y otras que se asegura fueron trabajadas por una compañia portuguesa.

Al bajar la Quebrada de Vinchos, en el Cerro de *Churca*, hay una capa que reconocí y creo de superior calidad, si bien angosta.

Muy cerca del pueblo de *Pallanchaca* noté una vasta capa que aun está por esplotar.

El poderoso mineral de plata de Huallanca posee ricos mantos de carbon de piedra, de cuatro á cinco varas de ancho, pudiéndose decir que su pueblo está sobre ellos. Son de buena calidad, y no dudo que con el tiempo se establecerán allí fábricas y fundiciones que los aprovechen. La elevacion de Huallanca sobre el nivel del mar es de 3,544 metros (1).

En la proximidad del mineral de azogue de *Chonta,* á la elevacion de 4,478 metros, hay tambien capas de carbon de piedra que no se utilizan sino en las chimeneas domésticas y están en la piedra arenisca, en sentido horizontal de Este á Oeste, alternando con el conglómera é hierro sulfurado.

Tambien hay carbon en la profunda Quebrada de *Queropalca,* donde no faltan tampoco muchos y ricos metales pavonados y plomizos, y en la de *Chavin de Guanta,* célebre por los famosos castillos de los antiguos incas.

En el mineral de *Oyon,* provincia de Cajatambo, están reconocidas y esplotadas en parte muchas capas .de carbon superior que se estienden á no pocas leguas.

La antigua mina de rosicler, — *antimonio sulfurado de plata,* — en el carbonato de cal magnesiano, trabajada últimamente por una compañía anglo-americana, no ha correspondido á los gastos que se hicieron en su esplotacion. El pueblo de Oyon se halla á la altura de 3,662 metros.

En el alto de la *Viuda,* camino del Obragillo al Cerro de Pasco, y á la altura de 4,655 metros, reconocí el carbon en capas horizontales entre el *gres* y el esquito, con conchas muy imperfectas para poder determinar su especie.

Tambien lo hay en los pueblos de *Marcapopacocha, Alpamarca, Pallanca* y otros.

En el pueblo de Huallay, como á doce leguas del Cerro, situado en la Quebrada que forman los cerros de *Andacancha* y *Anascacha,* — cuyas bases son de arenisca, al

(1) Este mineral descubierto, 80 años há, por Toribio Perez de Beleta podria compelir con el Cerro de Pasco; tales son sus ricas vetas.

Las minas de carbon conocidas con el nombre de *Ulucancha, Pampa, Condiconcha, Caballero* etc. contienen riñones de hierro litóido y están en el *gres* y en el esquito con capas calcáreas con conchas. Su direccion mas general es la de N. á S.

paso que sus cimas encierran el *traquito blanco* con pedazos de perlita pardusca y cuarzo blanco trasparente, formando picos desiguales, — se halla sobre la izquierda la
capa de carbon de *Cullutago* que se estiende por ambas
faldas de la Quebrada. Antes de llegar á Huallay se encuentran en el camino minas de plata y mantos de carbon
de piedra.

En el Cerro dominante de *Chicacha* que presenta diferentes terrenos, existen minas de plata que han dado hasta
50 marcos por cajon, y á su pié se nota una capa de yeso
salífero del que manan arroyos que contienen el cloruro de
sosa ó sal comun.

En el Cerro de *Aranvaldpau* hay varias minas de carbon
de buena calidad que fueron trabajadas por la compañía
de Abadía para la fundicion de los plomos argentíferos.
Existe otra cerca de la laguna de *Pichac* que esploló D.
Alejandro Verástegui en los altos del *Quisqui,* pero cuya
calidad no pasa de inferior.

En las cercanias del pueblo de *Huaypacha* se ve una
capa de lignita ; en *Chapalca* inmediato á *Puipuy* hay
carbon en capa bastante estensa, y en la proximidad de
Huayay existe tambien un vasto manto de superior calidad.

Se me ha informado que en el *camino* de Tarma á Jauja
se halla carbon en alguna estension, así como en las cercanías de la mina de azogue de *Huancavelica.*

En el departamento de Arequipa hace pocos años se
descubrieron capas de este combustible en la Quebrada de
Murco, cabecera del valle de Siguas. Principia esta al pié
del elevado y majestuoso Nevado de *Sallaly* cuya cumbre
hombre alguno ha pisado ni pisará en atencion á que jamas
se la ha visto sin nieves. Opino que debe tener mas altura
que el volcan de Arequipa (1). Todos los transeúntes que
pasan por el pié de sus faldas que guia á *Lampa* y á *Puno*

(1) Este mide 6,600 metros sobre el nivel del mar.

sufren escesivo frio y *soroche* (1), y aun los animales en ciertas estaciones del año mueren de este accidente.

La Quebrada de *Murco* corre del Nordeste al Sudeste y cuantos terrenos se observan en ella son de arenisca y esquito negro. Un caserío como de cincuenta *ranchos*, casillas de paja y piedra, habitadas por indígenas ocupados en la industria pastoril es el único lugar en que allí se ven hombres. Produce *papas, maiz* y malos *duraznos* á beneficio del abono de la *chilca* (eupatoria resinosa), arbusto que crece en abundancia y que enterrado produce admirables efectos.

Como á cuatro á seis *cuadras* de este caserío, y á la orilla de un riachuelo que en tiempo de lluvias es intransitable, se encuentran las capas de carbon en la pizarra, dirigiéndose de E. S. E. á O. N. E. con inclinacion al Norte.

Su estension y anchura en la superficie es de algunas varas, encontrándose mezclado con él el hierro litóido y la pirita ferruginosa.

A cortas distancias de este punto existen otras capas que descubrí y creo de mejor calidad. La empezada á trabajar por el difunto Uría tiene mas de vara de ancho, y el carbon, como de una *cuarta* sin mezcla, ha sido probado en uno de los vapores del Pacífico. Hoy se lleva ya á la ciudad de Arequipa que dista como de 15 á 16 leguas, y sirve en las fraguas de los herreros. Me parece se empleará tambien pronto en la destilacion de los vinos, en los valles de Siguas y Vítor.

Descubrí ademas en el Valle de *Mages*, cerca de la Hacienda de Querulpa, un manto muy angosto de carbon, casi horizontal, en la piedra caliza, que cedí á D. Manuel Reyes para que lo trabajara.

En la Quebrada de los famosos baños termales de *Yura*,

---

(1) *Soroche* es la especie de vahido que al subir la Cordillera, se esperimenta por la rarefaccion del aire, y no por los vapores antimoniales cual se cree vulgarmente.

á nueve leguas al norte de Arequipa, observé en 1827 habia carbon en la pizarra negruzca, así como en la *Compuerta,* camino de la espresada ciudad á la de Puno. Se asegura que existe en *Esquino,* camino para Moquegua, y en el Morro de *Sama.*

En las inmediaciones del de *Arica* no dejaria de hallársele, en razon de la conformacion y calidad de aquellos terrenos.

En otras partes de la *Costa* sucederia lo mismo si se le buscara.

Vese pues por estos simples apuntes que no falta carbon en el Perú y que solo las distancias y el no haber caminos pueden obligar á los industriales de la Costa á abastecerse de él en el estranjero, á precios subidos, — llegando en tiempo que escasea á pagarse á 20 y 25 pesos la tonelada.

— No estará fuera del caso dar los siguientes pormenores estadisticos para inteligencia de nuestros lectores peruanos. Los tomamos de la importante obra de M. Taylor *Estadística del carbon de piedra,* y prueban el gran consumo que se hace en Europa y en los Estados Unidos de un artículo de tanta utilidad.

ESPLOTAN

La Gran Bretaña.	31,000.000 Tonel.ª
Bélgica	4,960,000 id.
Estados Unidos	4,880,000 id.
Francia	4,100,000 id.
Prusia y Sajonia.	3,500,000 id.
Austria	700,000 id.

CONTIENEN

	Millas cuadradas de hulla bituminosa.
La Gran Bretaña.	8,139.
Estados Unidos	133,132.
Francia	1,719.
Bélgica	518.
España	3,408.

MEMORIA

SOBRE ALGUNOS RAMOS

DE

LA AGRICULTURA DEL PERÚ.

———

Publicada en las Memorias de la Sociedad Imperial y Central de Agricultura de Francia.

———

Las ricas y variadas producciones con que naturaleza favoreció al Perú proporcionan á sus habitantes goces positivos y valores reales para los cambios, ya sea entre sí, ya con el estranjero.

Son muy diferentes las temperaturas que se esperimentan por la estensa y colosal cordillera llamada de los Andes, que dirigiéndose de norte á sur, con ramificaciones en otras direcciones, forma mesetas ó planicies, profundos valles y suaves declives que ofrecen todos los climas para cultivar plantas exóticas y cereales.

Si se estiende la vista hácia el occidente de esta imponente cadena, encontraremos ríos mas ó menos caudalosos, cuyas aguas fertilizan terrenos bastante productivos hasta las orillas del mar, en los que la caña, el café, el arroz, el maiz, el frijol, la papa y mil otras plantas crecen y se cultivan con buen éxito, así como tambien esquisitas frutas.

Al oriente veremos descollar vertientes que en su tránsito, — merced al largo espacio que recorren por inmensas llanuras, y á los rios que se les agregan, — crean esos majestuosos canales que con el tiempo llegarán á activar las comunicaciones entre ambos mundos, y á cuyas márgenes se levantarán ciudades y pueblos que compitan quizas con la vieja Europa. ¡Tales son la fertilidad y las valiosas producciones que se encuentran en aquellas estensas comarcas !

Brazos europeos, capitales, inteligencia en los empresarios, constancia en el trabajo y liberalidad por parte de los gobiernos, eso es lo único que necesita el Perú para convertirse en depósito de producciones capaces de fomentar el comercio de ambos mundos.

A mas de las plantas exóticas, produce aquel pais las que se cultivan en Europa, con tanta abundancia que bastan para la subsistencia de sus habitantes. — Como este escrito vaya encaminado á tratar de las últimas, comenzaremos dando un análisis del modo como allí se cultivan.

El *maiz* y las *papas* son el principal alimento del pobre, quien tambien hace uso del *arroz,* de la *quinua* (chenopodium), del *frijol,* del *garbanzo,* del *pallar,* de las *yucas* (jatropha) y del *camote.*

El *maiz,* en la costa, sirve de alimento y para hacer la *chicha* (bebida del pais), así como para el *cebo* del *ganado de cerda,* — cual se ve en el departamento de Lima, en el que forma una de las mas principales riquezas (1).

En las planicies, laderas y valles de la Cordillera los indígenas cosechan las *papas,* la *quinua,* la *cebada,* el *maiz,* y el *trigo* con muy poco costo, y teniendo de sobra para abastecer algunos pueblos de la costa.

En estos puntos no se hace uso de *huano;* pero, sí, de *estiércol,* á escepcion de los departamentos de Lima, Arequipa y Moquegua en los que se emplean grandes cantidades, como lo veremos despues.

En el departamento del *Cuzco,* uno de los mas poblados

(1) Cada cerdo consume en su cebo tres *fanegas,* y da de manteca cuatro ó cinco arrobas.
— El departamento de Lima contiene, por un cálculo aproximado, de tierras de sembrío 4,696 *fanegadas* en la parte de la sierra, y en la costa 24,771. Unas y otras hacen un total de 29,467 *fanegadas.* (Córdova, *Estadística histórica, geográfica y comercial.*)

de la República, se cosechan el *maíz* y las *papas,* en grande abundancia, hasta para poderse esportar, por lo reducido de su precio, á los departamentos limítrofes, en los que el *maíz,* sobre consumirse en el alimento *cocido* y en el *tostado* (mote y cancha), se emplea en hacer la *chicha.*

En los lugares de la Alta Cordillera de los Andes, en donde la vegetacion es casi ninguna, y por consiguiente las producciones agrícolas se reducen únicamente al cultivo de la *Quinua, Cebada, Ocas, Papas, Ullucos* y *Macas,* y esto en parajes quebrados ó en las faldas de las montañas, donde están al abrigo de las vicisitudes de su clima, desprovisto el habitante de las regiones frias de alimentos para mantenerse el resto del año, procuró buscar medios de conservar los frutos que produce su suelo y contar siempre con un alimento para su familia. La naturaleza, pródiga siempre en recursos, le dió semillas que pudiesen conservarse por largo tiempo y medios para que no se corrompiesen las que eran mas saludables y mas nutritivas. La *Quinua* cuya comida es gustosa, sana y muy nutritiva se conserva por muchos años. La *Papa,* raiz natural del Perú, sin la cual serian infelices varias naciones, se da en gran abundancia en estos climas y se conserva por un métodò fácil de ejecutar en todos los paises. El *Ulluco,* variedad de papa, si bien mas pequeña, redonda y aguanosa, tiene un dulce agradable: su planta es como la de la papa, pero sus hojas son menudas y se asemejan á las del perejil; espuesta al sol y al frío, por algunos dias, se conserva de un año á otro. La *Maca,* variedad tambien de papa, tiene la figura de un higo, es sumamente dulce y se conserva por algunos años, sin ninguna alteracion; pero es preciso esponerla por un número de dias al sol y al frio, para que no sufra ninguna fermentacion, y despues se guarda en un cuarto que no tenga humedad. De estas *Macas* que parecen *chicharrones secos* hacen una especie de caldo y de jarabe que despide un olor algo fastidioso para el que no está acostumbrado, y que, segun la opinion general, estimula mucho á la reproduccion. Las *Ocas,* variedad tambien de papa, son mas largas y mas dulces. Cuando las secan al sol y al yelo, adquieren mas dulce y se ponen harinosas; pero sucede que se agusanan antes que las otras variedades. La *Masgua,* cuya forma es achatada, sirve con la *oca,* que es mas dulce, á hacer la *caya* del modo siguiente. Pónense las *ocas* y las *masguas* en agua hasta que estén podridas; en cuyo caso se las hace secar sobre mantas, por medio del sol y del frío. En hallándose heladas y secas, toman un color negruzco, y si se cocinan, despiden un olor fétido análogo al del cuero podrido. Solo los indios pueden comer cada dia semejante alimento.

El *Chuño* se produce de dos variedades de papas. El negro, que es el mas comun, se hace de las papas que comemos. Hé aquí cómo se prepara. Espónense las papas al sol y al frio por algunos dias teniendo cuidado de revolverlas; al cabo de algun tiempo, cuando están ya achucharradas, se pisan para estraerles todo el jugo que pueda habérseles quedado, y vuelven á dejarse, por algunas noches, espuestas al yelo. En otras partes se remoja la papa por algunos dias, pisándola y esponiéndola despues al yelo. El *Chuño blanco* se fabrica de unas papas grandes amargas que abundan en los departamentos de Junin, Cuzco y Puno. Para formarlo se las pone en un saco y se las tiene en el agua desde que el sol se pone hasta que se levanta. Esta operacion dura 15 ó 20 dias, siendo condicion especial para que salga bien el evitar los rayos del sol, pues ennegrecen el chuño. Despues de esta operacion se pisan las papas, y por medio del yelo se obtiene, en pocos dias, un *chuño blanco* hermoso que llaman *Moray.*

La *Papa Seca* se hace de la papa comun, cocinándola antes y pelándola. Se espone al yelo lo mismo que las otras y se obtiene al cabo de dias una papa helada, ó seca, que se llama en algunas partes *Chochoca.* Este alimento, así como el del chuño, es sano y nutritivo, propinándose hasta á los enfermos.

La importancia de estos alimentos, conservados como hemos dicho, llegará á ser de mucho valor para la marina y el ejército, pues no cabe duda que son baratos y á propósito para realizar largos viajes. Estamos seguros de que si las naciones europeas tuviesen un conocimiento exacto de estas producciones y del modo de conservarlas, sacarian grandes resultados, proporcionándose al mismo tiempo sustancias *harinosas, nutritivas* y *baratas* (1).

El natural de la Cordillera y el pobre y el esclavo de las haciendas de la costa se mantienen aquel con *maiz, papas* y *quinua*, y estos con *frijoles, arróz, yucas* y *camote.* — Los naturales de la costa se sirven del *maiz* ora *tostado* (cancha), ora *cocido* (mote), ora *en líquido* (chicha), siendo tal la fuerza de los principios sanos y nutritivos que que se hallan en él que. el indígena puede pasarse sin otro sustento por muchos dias y meses. — Conozco infinitas personas que con solo la *chicha* se sustentan sin ni siquiera beber agua en muchos años. El último cacique de Cayma, pueblo de las cercanías de Arequipa, que llegó á una edad muy avanzada me aseguró no haber bebido agua en mas de cincuenta años, conservándose sano y robusto con esta especie de cerveza peruana. — El campesino está tan acostumbrado á ella que la echa de menos en cuanto se halla donde no puede beberla. De nuestros soldados con razon se asegura que en sus grandes y penosas marchas no han

(1) El modo come se salan las carnes de cordero y de vaca denominadas en el pais *chalonas* y *charqui* es muy sencillo.

Despues de sacar de los corderos las entrañas y sebo y quitarles la cabeza y patas, se les lava el interior, y á luego de echarles sal, abriendo la carne en sus partes mas pulposas, se les deja al sol y al hielo, mas ó menos tiempo, teniendo, si, cuidado de aprensarlos, á fin de que escurran toda la sangraza. Una vez secos, se ponen cinco ó seis en tercio, y liándolos con un cuero delgado se cubren con paja para poderlos esportar.

El *charqui* se hace cortando la carne de vaca en tiras delgadas y salándola y esponiéndola al sol y al hielo hasta secarla.

El precio de las *chalonas* que se consumen en los valles de la costa y en los buques huaneros del pais es el de 4 á 5 r.ˢ por cada cordero seco.

El *charqui* se conserva unó ó dos años, teniendo ventilacion, en los lugares cálidos. En la sierra, por medio del frio, subsiste mucho mas tiempo. Se vende de. 12 r.ˢ á 2 pesos la *arroba*.

tenido, durante muchos dias, otro alimento que el de la *cancha* (maiz tostado), que ellos mismos llevan en sus mochilas.

Obsérvase, sí, que las personas que usan frecuentemente de este líquido se robustecen de tal modo, en particular las mujeres, que apenas pueden andar muchas de ellas, engrosándoseles la parte alta del cuerpo y el vientre estraordinariamente, y adelgazándoseles las piernas hasta el punto de impedirles andar con facilidad. Tambien se ha notado que la espresada bebida ha servido, á veces, de remedio á la disenteria, y que al que la toma de ordinario lo preserva del mal de orina y de las dolencias de hígado. — Semejantes efectos son tanto mas notables cuanto al beber chicha se consume grande cantidad de *ají,* fresco ó seco (guindillas, especie de *pimiento picante*), cáustico sumamente fuerte á que tienen mucha aficion todas las poblaciones de la costa y de la sierra. — En los valles de la costa se cultiva el ají en tan grandes proporciones que su comercio produce en el interior crecidos valores.

El indígena peruano, si bien es sobrio en sus comidas y hace poco uso de la carne, no puede con todo prescindir de tomar *ají* mezclado con sus alimentos harinosos, cuales son *habas, maiz, cebada, chuño, quinua* etc. Así es que su robustez no es de las mas aventajadas, subiendo á poco su peso y no teniendo sino fuerzas regulares. Pero en cambio goza, en su clima natal, de salud y actividad, resistiendo las intemperies de la Alta Cordillera, en que él solo puede ser el pastor cuidadoso del ganado vacuno y del lanar y arrostrar los trabajos penosos del minero, con tal que no le falten ni su cancha, ni la coca (yerba que mastica como el asiático saborea al *betel*). Mas en la Costa, — así como en sus propios pueblos, cuando hay fiestas, — saliendo de sus hábitos se entrega el indígena ardorosamente al vino y al aguardiente con notable perjuicio de su salud, pues contrae tercianas y fiebres malignas. Verdad es que tambien deteriora las fuerzas de su cuerpo con el poco aseo, la falta de abrigo, el tener muy poca·ó casi ninguna cama y el negarse tenazmente á tomar los medicamentos que se le presentan y á dejarse sangrar cuando se le prescribe por los facultativos, ó por los hacendados á cuyas fincas va á trabajar y que tan interesados están en conservarle la salud.

La obstinacion de los indígenas contra el uso de medicinas es tanta que sobre preferir á todo sus yerbas (entre las cuales confesaremos hay algunas eficaces), huyen á sus pueblos en cuanto se les quiere sujetar á algun régimen; y así ó perecen en el camino, ó á lo mas tardar, en llegando á sus casas.

Para que se tenga una idea de cómo se trabajan las tierras en uno de los mas importantes departamentos de la República como es el de Arequipa, trazaremos á continuacion un bosquejo de las operaciones que se practican en el cultivo del *trigo, maiz* y *papas,* dejando á otras plumas el describir las haciendas de caña y viñedo situadas en la *costa* ó en sus inmediaciones.

El distrito de Arequipa es uno de los paises en que la agricultura estará quizas mas avanzada, sin embargo de no tener los instrumentos y conocimientos científicos que se poseen en Europa. Desde la época de la conquista parece que sus habitantes se dedicaron al cultivo de los cereales con preferencia á otros productos, ya sea porque el clima lo requeria así, ya porque contaban con el precioso abono del *huano,* usado desde el tiempo de los Emperadores Incas. Por lo demas, sus terrenos, en general volcánicos, no se prestaban sin este poderoso ausiliar á dar todo el beneficio que debia esperarse de ellos (1).

(1) Se introdujo el trigo el año de 1540 por D.ª María Escobar en cantidad de medio *almud,* el cual se repartió á 20 granos por vecino. — En Lima y sus cercanías se cosecharon mas de 80,000 fanegas por año hasta 1687, — época del terremoto. desde la cual la *argenta* ó el polvillo ha impedido el cultivo del trigo.

La vid D. Francisco Carabantes la mandó traer de las islas Canarias, y el olivo lo importó D. Antonio de Rivera con vástagos de Sevilla. De estos solo tres estacas llegaron, habiendo sido robada una ya plantada que fué trasportada á Chile y produjo allí vástagos. Restituyóse sin embargo, merced á las cartas de escomunion que se circularon por todo el Perú. (Córdova, *Estadística.*)

— *Advertencia.* — En el departamento de Arequipa hay valles en que se cultivan la *caña* y la *viña.*

Tendráse una idea de lo valioso que es aquel suelo con decir que 5,000 varas cuadradas [que corresponden á lo que en el pais se llama topo] valen de 800 á 1,000 pesos, y que las tierras mas inferiores, en laderas pedregosas y en llanos areniscos, no bajan de 300 á 500. Su cultivo, como se ha dicho, se hace sin casi instrumentos, con la mayor facilidad, ayudándose de brazos de mujeres y niños, pues el principal instrumento aratorio no ha sufrido cambio alguno desde la época de la conquista, valiéndose de los bueyes en lugar de caballos, mulas y vapor, — medios que la ciencia emplea en la culta Europa.

Los 25,000 topos, poco mas ó menos, que están regados por el Chili, rio de la provincia de Arequipa y otras vertientes de poca consideracion, producen de 40 á 50,000 fanegas de *maiz,* 20 á 25,000 de *trigo,* 12 á 15,000 de *papas,* y *alfalfa;* para las que se emplean de 50 á 45,000 fanegas de buano que se traen de las islas de Chincha y de la Costa del sur. (Véase la nota final).

A fin de conocer el cultivo de cada topo de los espresados artículos y su producto, daremos un resúmen de las costas y operaciones necesarias.

TOPO DE MAIZ
EN EL DISTRITO DE TIABAYA.

	PESOS.	REALES.
Riego para el barbecho.	»	4
Estiércol — (50 costales)	3	0
Por el acarreo de estos últimos	2	2
Barbecho de una yuntada	1	6
Riego para sembrar	0	3
Yuntadas de bueyes para preparar la tierra	1	6
Semilla.	2	0
Jornaleros para la siembra.	1	3
Jornalero (camáyo) para el riego	2	0
Almeo (escardillar).	1	6
Amontonadoras.	2	0

15

	PESOS.	REALES.
Huaneadora	0	3 1/2
Huano de Chincha (3 1/2 fanegas) . .	11	3
Calcheo ó corte del maiz. . . .	1	2
Arqueo ó seca de la planta. . . .	0	6
Deshojar.	3	6
Acarreo del choclo ó mazorca . . .	0	6

Desgranar, segun el número de fanegas que da el topo, calculándose á *medio real* por *fanega*.

TOPO DE TRIGO.

	PESOS.	REALES.
Riego para el barbecho. . . .	0	2 1/2
Estiércol, — 25 costales,— . . .	2	4
Acarreo.	1	2
Barbecho.	1	6
Riego para sembrar	0	3
Yuntadas de bueyes para preparar la tierra	2	4
Semilla.	6	0
Rociador (jornalero para la siembra) .	0	2
Compostura del terreno sembrado . .	0	5
Jornalero regador	2	0
Siega entre hombres y mujeres . .	3	6
Trilla (con yeguas y caballos). . .	4	0
Amontonadoras y barredoras. . .	3	6

TOPO DE PAPAS.

El cultivo de un topo de *papas* sube de 80 á 100 pesos.

TOPO DE MAIZ
EN LOS ALREDEDORES DE LA CIUDAD DE AREQUIPA.
TÉRMINO MEDIO.

	PESOS.	REALES.
Riego para el barbecho	0	1
1ª reja de bueyes con su gañan . .	1	7
Riego para la mata de gusanos. . .	1	2

	PESOS.	REALES.
Estiércol (100 costales). . . .	8	0
Rociadora (mujer que estiende el estiércol)	0	2 1/2
2ª reja	1	7
Riego para sembrar (2 *peones á 5 rs.*) .	1	2
Arar y surquear	1	5
Semilla (1/2 fanega)	2	0
Sembradores y cuatro mujeres á 2 1/2 rs.	2	4
Tiaguayadores.	1	0
Almeo (escardillar).	1	2
1ᵉʳ Riego.	0	5
2º Almeo	1	2
2º Riego	0	5
Huano (4 fanegas).	16	0
Picadoras á la mata	0	2 1/2
Huaneadora	0	3
Amontonadores (á 4 y 5 rs.) . . .	2	4
Riego despues del amontono, que se renueva cada 8 ó 15 dias hta. la cosecha .	5	0
Calcheo ó siega (4 hombres á 5 rs.). .	2	4
Arqueo (3 hombres á 5 rs.). . . .	1	7
Deshojar.	2	2
Seca de la mazorca.	0	7

Desgranar. — Segun el número de fanegas á *medio* real por fanega.

TOPO DE TRIGO.

	PESOS.	REALES.
Riego para el barbecho. . . .	0	1
Barbecho (bueyes y gañan). . . .	1	7
Estiércol (100 costales). . . .	8	0
Riego	2	4
Siembra	0	2
Semilla (fanega y media) . . .	8	0
Gañanes y bueyes para enterrar. . .	1	7
Para surquear con bueyes. . . .	1	2
Riegos hasta la cosecha. . . .	2	4
Siega (4 mujeres á 2 1/2 rs.) . . .	1	2
Cargadores (2 á 5 rs.)	1	2
Trilla (4 peones á 5 rs.). . . .	2	4
Yeguas para la trilla (con pasto y comidas).	3	0
Barredoras (para formar el monton). .	0	5

TOPO DE PAPAS.

Véase el anterior correspondiente : de 80 á 100 pesos.

El topo de maiz da, por lo regular, en los pagos de *Tiabaya* y *Palomar*, de 35 á 40 *fanegas*, y en los *otros*, de 25 á 30. Se siembra á la distancia de tres cuartas, echando cuatro ó cinco granos juntos. Pero si por los gusanos llamados *queresas* ó por los pájaros, se consume la semilla, entonces se renueva en parte la siembra.

El topo de trigo da de 20 á 25 fanegas, y en algunos distritos, de 15 á 18. Este es el producto normal.

El topo de papas produce de 80 á 100 y tantos costales. — Esto segun los pagos.

En cuanto se ha cosechado el *trigo* y el *maiz*, se siembran las tierras que los han dado con *habas* y *papas*. Aquellas sirven para el ganado.

Vese pues que hay casi dos cosechas.

El *topo de alfalfa* da 3, 4, 5 cortes al año y se vende á razon de 8 á 14 pesos el corte. Su cultivo no cuesta sino los gastos de siembra y riego.

Nota final. — El peso de la *fanega de maiz* es de 6 arrobas 10 libras, y vale de 3 á 4 pesos 1/2, segun la cosecha.

El peso de la *fanega de trigo* es de 7 ar°. y 10 á 12 lbs. y vale 4, 6, ó 7 pesos, y algunas veces mas.

El costal de papa larga llamada *negra* es, poco mas ó menos, de 6 á 7 ar°. y vale 4 ó 5 pesos. — El costal de papa redonda (chancha) vale de 2 pesos 4 rs. á 4 pesos.

SOBRE *el alcohol y la bebida fermentada* (chimbango)
que se hace en el Perú con higos secos.

(Estracto del *Monitor de los Comicios*, de Paris, de 7 de abril de 1855.)

En nuestro resúmen de los trabajos de la *Sociedad
Central de Agricultura* (sesion de 21 de marzo último)
hemos mencionado tansolo una carta del Sr. D. M. E. de
Rivero, cónsul del Perú, relativa á un aguardiente que se
consume en su pais y se estrae de los higos secos. Mas,
como hay en esta carta utilísimas indicaciones, nos hemos
resuelto á volverla á examinar con mayor atencion principiando por ahí la revista actual.

Sabido es que en la sesion del 24 de enero (*Monitor de
los Comicios* del 10 de febrero) el señor Robinet dió
cuenta á sus colegas de una esperiencia que ha hecho él
mismo acerca de la fabricacion del alcohol de higos, y que
le ha proporcionado al Sr. de Rivero la ocasion de dirigir
los renglones que vamos á analizar sucintamente.

El Perú viene fabricando y consumiendo en grande
cantidad su aguardiente de higos secos, desde principios
de este siglo. El Señor de Rivero cosecha anualmente mas
de 300 arrobas ó 3,750 kilógramos de higos, y los tiene
destilados muchas veces por medio de alambiques imperfectos á uso del pais, y prévia la competente maceracion,
sea en agua pura, sea en aguachirle, para conseguir mayor
cantidad de licor alcohólico que no tenga ni el olor ni el
sabor del higo.

Esta fruta sirve tambien para hacer una bebida fermentada que llaman *chimbango,* y de que se cosechan grandes
cantidades en los valles del departamento de Arequipa
donde se cultiva la viña, vendiéndose á razon de 3 á 4
reales (de 1 fr. 75 cs. á 2 frs. 50 cs.) la arroba á no estar
dañados los higos. Estos cuando están echados á perder, no

se emplean así como sino para cebar los cerdos, los cuales, dándoles ademas algo de maiz, de cuando en cuando, llegan muy pronto á formar una manteca esquisita y muy compacta que se suele preferir á cualquier otra.

De 1830 acá, la fabricacion de aguardiente de higos ha ido generalizándose mas y mas en la entrada de los valles de Siguas y de Vítor, donde se recoge gran cantidad de esta fruta y se han establecido aparatos destilatorios que consisten en una caldera de cobre ó estaño que se enfria por medio de una corriente de agua.

Con esta especie de alambique se consigue aguardiente á 18 ó 19 grados del areómetro Carlier, grado de los aguardientes de uvas que se venden para el consumo.

El primer licor tiene siempre un grado mas de fuerza que los otros; el olor empireumático que podria tomar se le quita poniendo en la caldera cortezas de naranjas ú hojas de chirimoya.

Este aguardiente se vende al mismo precio que el de las uvas, costando el quintal 7 á 10 pesos, segun los puntos.

NOTICIA

SOBRE EL SALITRE Y EL BORATO DE CAL DE IQUIQUE

POR

MARIANO E. DE RIVERO.

(Estracto de las Memorias de Agricultura y Economia rural de Paris.)

(Año de 1854.)

La provincia de Tarapacá, situada en el departamento de Moquegua entre los 19° y 21°30′ de latitud sur y los 68°15′ y 70°22′ de longitud occidental linda al norte con la provincia de Arica, al este con la república boliviana, al sur con el desierto de Atacama y al oeste con el mar Pacífico. Estuvo reunida, en tiempo de los españoles, al departamento dè Arequipa y tiene por puerto principal á Iquique.

Esta parte de la República Peruana es una de las mas interesantes así por sus minas de oro, plata, cobre, plomo y otros metales como por la verdadera riqueza encerrada en sus variadas sales.

Conocidas son las célebres minas de Huantajaya y Santa Rosa descubiertas, segun se asegura, en 1556 y 1778 y cuyo producto en la época de la colonizacion ascendió á centenares de miles de marcos. Sus descubridores fueron unos españoles avecindados en Arica. En el siglo últ°. y á principios de este fueron esplotadas con señalada ventaja por las familias de Loayza y de Fuente, beneficiándolas aun hoy un descendiente de esta llamado don Baltasar.

Los minerales consisten en un cloruro de plata (luna corne) con cloruro de cobre y sulfuro de plata y tienen por ganga ó matriz el carbonato de cal.

Las famosas *papas* de este rico mineral que han pesado hasta 800 libras y de que debe conservarse aun una en el gabinete mineralógico de Madrid, han sido encontradas en el *Panizo,* roca que no es consistente y se compone de arcilla y fragmentos de conchas.

Segun la razon de la tesorería de Arequipa se fundieron en 1827 7,922 marcos 8 onzas y en 1828 solo 2590, — cantidades que se consideraron exorbitantes en atencion á que desde el año 20 toda la plata piña producto de la amalgamacion que daban estas minas salia de contrabando; sabiéndose que desde el año 15 hasta el de 25 la sola mina de Arcos dió mas de 600,000 pesos. Los desmontes de estas minas y residuos de la amalgamacion, se le pidieron al Gobierno para esportarlos al estranjero á fin de beneficiarlos, por considerárseles todavía con mucha plata y no poderla estraer en el pais á causa de la escasez de brazos y de agua. El resultado de esta especulacion no se sabe si correspondió á las esperanzas que se tenian.

De las sales que se encuentran en esta provincia, la que mas ha llamado la atencion del comercio y de los agricultores, por emplearse en la fertilizacion de los terrenos y en la fabricacion de varios productos químicos, es el *Nitrato* de *Sosa* ó como se llama en el pais *Salitre de* Iquique.

En 1821, di á conocer en Europa (1) este nitrato, gracias á D. Pedro Fuente, natural de Tarapacá, quien se habia ocupado en su purificacion, en la provincia chilena de la Concepcion, y me proporcionó un poco de su producto en Madrid. El sabio mineralogista Haüy á quien le ofreci una porcion de la misma sustancia fué el primero que determinó su cristalizacion.

Anuncié entonces que este salitre se hallaba en un vasto territorio, fácil de esplotar, y que el comercio europeo sacaría grandes ventajas de su estraccion, y no ha quedado defraudada mi prevision ya que estamos viendo que con el nitrato de sosa de Tarapacá están provistos de trabajo un sin número de brazos, procurándose cargamento muchos

---

(1) Véanse los *Anales de Minas,* año de 1821, pág. 596, y *Philips mineralogy,* third edition, London, 1821.

navíos y proporcionándose buenos recursos los hijos de
una provincia que yacian sumidos en la miseria desde que
no habia equilibrio entre el producto y los gastos de la
esplotacion de sus minas de plata.

Pero, á pesar de mis promesas, los primeros cargamentos
que se mandaron en los años de 27 y 30 á Inglaterra y á
los Estados Unidos no lograron ningun precio, por no
conocerse todavía su uso; solo en 1831 se consiguió hacer
apreciar el nitrato en Francia, vendiéndose el quintal á mas
de 30 francos, é impulsar su esportacion que ha subido,
en los cinco últimos años, á 3.260,475 quintales.

La interesante y detallada descripcion de Tarapacá se
encuentra en el tomo XXI del *Diario de la Sociedad Real
de Geografía de Lóndres*, en un artículo publicado en
1851 por M. W. Bollaert, del cual nos aprovecharemos
para indicar los datos que ofrecen mas importancia sobre
la sustancia de que vamos hablando y confirman el cuadro
de esportacion agregado á esta noticia.

En la árida llanura de la provincia de Tarapacá que
corre de norte á sur, á lo largo de la costa, y hace continuacion al desierto de Atacama se encuentran el *nitrato
de sosa*, la *sal comun*, el *borato de cal* y otras sustancias
salinas, cubiertas con arena ó con el *caliche* (petrificacion
de arena, arcilla y sal), á la elevacion de 3 á 3,500 piés
ingleses, y en el ancho de 25 á 30 millas.

Nada diremos del orígen de esta sal, ni del de la comun
considerándoselas por unos como efectos de la evaporizacion del agua del mar y por otros como producto de los
acarreos de la Alta Cordillera.

En la pampa de Tamarugal, cuyo nombre se deriva de
las voces *tamarino* y *algarroba* (*mimosa*) se encuentran
las salitrerías, dividiéndose en Salitrerías del Norte, del
Centro y del Sur. El terreno está sembrado de *huajiros*,
de arena, de sal, de nitrato de sosa y de otras sustancias
salinas, como tambien de una especie de *lama* depositada
sobre cascajo, y por último, de una roca semejante á la

que se encuentra en la costa. El agua se halla á varias profundidades, siendo conocidos los pozos de Ramirez de 60 piés, los de la Noria Vieja y Nueva, el de Alimonte, el de la Teraña y el de Santana, notándose mas abundancia de agua á la superficie, en los alrededores de las colinas del Este, lo que indica que las infiltraciones proceden de la Cordillera.

Las quebradas que atraviesan esta pampa y cuyas aguas aunque en corta cantidad se unen á las del Océano son las de Loa, Pisagua y Camarones. Las demas están secas y se confunden con el llano.

El Señor Wm. Bollaert nos ha dado los principales depósitos del nitrato, que comienzan en Quilivicho y se estiénden al sur hasta Quillagua, separados entre sí por montones de sal comun que se divisan tan luego como se acaba la meseta de la pampa del Tamarugal, hallándose tambien en la quebradillas que corren de la pampa á la costa.

El nitrato se encuentra á 18 millas de la playa, y parece no pasa este límite sin que se convierta en muriato de sosa ó sal comun.

El nitrato *caliche,* segun el Señor Bollaert, se estiende de 100 hasta 500 varas con siete á ocho piés de grueso, notándosele en algunos parajes tan sólido y puro que es necesario emplear la pólvora para estraerlo. Hállase tambien el nitrato puro.

Las variedades del nitrato caliche, segun dicho autor, son

1.º El blanco compacto que contiene 64 p. %.

2.º El amarillo producido por las sales de iodo.

3.º El pardo compacto, con un poco de hierro y partículas de iodo, en proporcion de 46 por 100.

4.º El pardo cristalizado, variedad muy abundante, que produce 20 á 25 por 100 y 1 á 10 de materias terrosas y átomos de iodina.

5.º El caliche blanco cristalizado, idéntico al nitrato refinado.

Todos estos nitratos contienen sal. comun, sulfato y carbonato de sosa, muriato de cal y con frecuencia el borato de cal, bajo capas de nitrato de sosa.

Para obtener que este salitre pudiera ser esportado se emplearon desde el principio y se emplean todavía imperfectos y costosos procedimientos, siendo los hornos simples fogones de cocina en los que la mayor parte del calórico se disipa sin el menor provecho.

Dos ó tres calderas de cobre antes, y ahora de hierro, unos pocos azadones, barretas y picos, capachos y mantas son todos los los utensilios necesarios para la fabricacion de esta sustancia.

Quebrado el caliche en pequeños pedazos y puesto en el caldero con la suficiente agua, se le hace hervir el tiempo necesario para que se disuelva casi del todo y se precipiten así al fondo del caldero la arena y las otras sustancias menos solubles. En seguida se traslada el licor nitroso á otra vasija donde se efectua la evaporizacion y cristalizacion sea por medio del fuego ó par los rayos solares. Terminado esto, cuando la sal ha perdido ya casi toda su humedad, se llenan con ella sacos para enviarlos al puerto en mulas ó burros.

En los alrededores de la Nueva Noria se han levantado mas de cien fábricas de esta especie.

El combustible que usan es la leña del algarrobo y del tamarino que se encuentran en la pampa de Tamarugal, así como la leña fósil que está enterrada en la llanura y proviene probablemente de una inmensa cantidad de árboles arrastrados por huracanes, sepultados desde tiempo inmemorial por los acarreos de la Cordillera y cubiertos de arena á diferentes trechos.

La pampa de Tamarugal puede proveer á toda Europa del salitre necesario, porque sus depósitos son inagotables, y aunque es misterioso todavía su orígen, es probable que tienen mucha parte en su formacion los elementos atmosféricos. Se ha notado que al cabo de cierto tiempo se encuentra aun parte de esta materia en los sitios que han sido esplotados antes.

El puerto de Iquique, que es el principal de la provincia y está situado á los 20.°47′ de latitud sur y 70.°14′ de longitud oeste, ha tomado tal importancia, desde el descubrimiento de estos salitres, que á pesar de la aridez de los terrenos que lo rodean y la falta del agua que es preciso ir á buscar á Pisagua, ha llegado su poblacion á ser bastante considerable y se hallan sin cesar algunos navíos en su bahía. Su comercio con Chile le provee los comestibles necesarios y los forrajes indispensables para el gran número de bestias de carga que se emplean y llegan por manadas de la provincia de Tacna y del departamento de Arequipa. El gobierno acaba de permitir la esportacion por la pequeña bahía de Pisagua y las otras inmediatas.

El señor Flores estableció una oficina para destilar el agua que se necesita para la poblacion y las acémilas.

Echaránse de ver, por los dos resúmenes que acompaño y que merecen crédito, el número de quintales de salitre espedidos de este puerto desde 1830 hasta 1854, y las cantidades recibidas por las diferentes naciones y colonias de 1850 á 1854 inclusive. Ademas hay que notar que la estraccion contada, mes por mes, en el año de 1854 ha subido á 719,879 quintales.

El precio de este salitre depende del consumo que se hace en Europa : así hemos visto que años há lo vendian de 4 á 6 reales el quintal los jornaleros que necesitaban anticipos para trabajar, de suerte que así los espeditores como los especuladores han logrado esclusivamente un beneficio mas que ordinario en este monopolio. Su valor, cuando hay pedidos, es de 2 pesos á 18 reales el quintal.

El *borato de cal*, descubierto hace solo algunos años en la llanura de Tamarugal, bajo la capa calcárea que contiene nitrato de sosa, á la profundidad de 3, 4 y 6 piés, es una de las sales preciosas que produce la provincia de Tarapacá y ha sido esportada ya á Europa en cierta cantidad.

A atenernos á una nota enviada al Gobierno del Perú por el prefecto de Moquegua, á fines de 1853, parece existe este borato en una estension de muchas millas, costando su estraccion no mas de 2 á 2 1/2 pesos por quintal, y formándose, despues de la esplotacion, en el terreno donde se hallaba el borato de cal, huertas que no piden riego por bastarles la humedad del suelo, como lo refiere M. Bollaert en su memoria, al hablar de algunos puntos esplotados, en los cuales se cosecha maiz, trigo, cebada y papas.

RESÚMEN

DE LAS ESPORTACIONES DE SALITRE DE IQUIQUE Y SUS INMEDIACIONES

en el último quinquenio.

	1850.	1851.	1852.	1853.	1854.	Totales.
América.	»	»	»	»	».	»
California	»	»	»	»	5,242	5,242
Chile.	4,995	3,180	8,346	12,000	14,085	42,606
Estados Unidos sobre el Atlántico . . .	25,130	33,136	38.436	58,562	48,555	208,819
Perú (Norte) . . .	3,542	3,178	6,090	1,495	1,198	15,503
Antillas.	»	9,709	2,287	»	»	11,996
Europa	»	»	»	»	»	»
Alemania	33,630	44,671	44,627	188,258	89,609	400,795
Bélgica	»	6,447	»	»	»	6,447
España	»	»	»	16,138	»	16,138
Francia.	87,827	154,331	60,561	150,423	96,446	549,588
Gran Bretaña . . .	304,459	271,137	360,703	406,391	431,635	1,774.325
Holanda.	40,642	26,912	7,879	»	14,691	90.124
Italia.	10,654	7,390	»	10,200	»	28,258
Suecia	»	»	4,700	»	»	4,700
Ordenes particulares.	»	39,807	29,647	23,065	11,418	103,937
Oceanía	»	»	»	»	»	»
Australia	»	»	»	»	7,000	7,000
	510,879	599,907	563,276	866,532	719,879	3,260,473

ESPORTACIONES POR QUINQUENIOS.

De 1830 á 1834 inclusive.		561,385
De 1835 á 1839 »		761,349
De 1840 á 1844 »		1,592,306
De 1845 á 1849 »		2,060,592
De 1850 á 1854 »		3,260,473
		8,036,108

Iquique, 31 de diciembre de 1854.

Nota. — El año de 1855 se esportaron 936,171 quintales y en 1856 812,077.

RESÚMEN

De las esportaciones de salitre de Iquique y puertos inmediatos en el año de 1854.

Meses.	Alemania.	Australia.	Chile.	California.	Estados Unidos.	Francia.	Inglaterra.	Holanda.	Perú.	Ordenes.	Totales.
Enero . . .	»	»	»	»	»	16,012	66,710	8,004	»	»	90,726
Febrero . .	35,886	»	»	»	1,000	33,035	43,497	»	500	»	113,918
Marzo . . .	»	»	800	»	»	15,106	51,955	»	»	»	57,059
Abril . . .	7,094	»	»	»	»	11,154	11,871	»	»	»	56,788
Mayo . . .	8,000	»	5,000	»	25,940	13,509	34,851	6,687	»	»	83,900
Junio . . .	10,303	»	2,000	»	7,658	7,630	31,554	»	»	»	65,103
Julio . . .	»	»	2,000	»	»	»	50,634	»	»	»	52,934
Agosto . .	12,753	»	674	»	»	»	11,597	»	»	»	24,823
Setiembre .	»	7,000	3,000	5,242	»	»	24,432	»	»	»	39,674
Octubre . .	»	»	1,500	»	6,957	»	43,187	»	898	»	44,687
Noviembre .	»	»	512	»	»	»	50,212	»	»	11,418	46,067
Diciembre .	89,609	7,000	14,086	5,242	48,555	96,446	45,357	14,791	1,198	11,418	66,840
							451,635				719,879

Bruselas, 19 de marzo de 1855.
Concuerda con el original.
Rivero.

Iquique, 31 de diciembre de 1855.
Por procuracion
de Pedro King,
lo firmó P. Gamboni.

MEMORIA

SOBRE LAS LANAS DEL PERÚ.

(Estracto de las Memorias de la Sociedad Imperial y Central de Agricultura de Francia.)

(Año de 1855.)

Si por riqueza de un pais se entiende el mayor número de producciones que da su suelo, puede el Perú considerarse como uno de los mas ricos, pues á mas de sus poderosos veneros metálicos que en siglos pasados contribuyeron á activar eficazmente la circulacion de los metales preciosos, valiéndole el título de *region del oro,* encierra un verdadero tesoro en el *huano,* el *salitre* y las *lanas de alpaca* y *vicuña.*

Cada uno de estos ramos de industria tentarian á los especuladores que codician *lo positivo,* si los peruanos los cultivasen en mayor escala bajo la proteccion de un gobierno que fomentando el desarrollo del comercio nacional se impusiese el imprescindible deber de promulgar leyes favorables al pais, dotándole, al mismo tiempo, de buenos caminos y canales, de muelles cómodos y en particular, de la libertad de accion necesaria y del inviolable respeto para la propiedad.

La América antes española, desde que se separó de la Madre patria y abrió sus puertos y territorio al comercio de todas las naciones, vino en conocimiento del valor de su clima, de la feracidad de su suelo, de la importancia de sus frutos y de los tesoros encerrados así en el seno de sus montañas como en sus vastos desiertos, considerados en otros dias como una perene calamidad.

Verdad es que el Perú no ha sacado todavía ventajas notables de los medios de comunicacion y trasporte con que la Providencia lo ha favorecido, prodigándole las abundantes corrientes de agua que surcan la larga estension del este de la *Cordillera* : aun no se traslucen en él mas que las arterias de un cuerpo que está aguardando el soplo vivificador. Pero con todo no se deslumbra uno al predecir que se animará aquel cuerpo inerme, para bien de Europa y de América.

Hé aquí unos renglones dignos de llamar la atencion de las partes de Europa que el esceso de poblacion anda amenazando continuamente: los tomamos de la obra que los señores W. Lewis Herndon y Lardner Gibbon han publicado en 1853 bajo el título de *Esploracion del valle de las Amazonas:*

« Reconozco que en el espacio de cien leguas y en las « márgenes de estas soledades henchidas con riquezas « pueden vivir millones de hombres en el seno de la dicha « y de la abundancia; perdiéndose allí naturalmente, todos « los años, una suma mayor que la necesaria para man- « tener con desahogo la poblacion de China. Brotan en « estas tierras esquisitos frutos y hermosas flores. Cuando « reflexiono sobre esto y pienso en las *millas* de rios que « corren silenciosas y descuidadas, siento la falta de poder « ydinero para cumplir mis deseos de hacerlas fructuosas « para el mundo civilizado. »

Otro viajero español que ha visitado últimamente parte del territorio peruano se espresa en estos terminos :

« Nadie puede decir si el silencio allí es interrum- « pido por el arrullo del ave ó por el zumbido del insecto. « En la montaña apenas tiene el hombre mas que gozar « de los dones prodigados por la naturaleza. Dale pesca el « rio, carne las aves y cuadrúpedos; con rozar un pedazo « de tierra y arrojar en ella, sin preparacion alguna, semi- « llas ó vástagos sóbranle alimentos para sí y su familia ; « sin necesidad de riegos, ni de otro cultivo. Si contra « algo tiene que luchar es contra la exuberancia de la vida. « El trigo no grana por el vicio del crecimiento, el campo « abandonado un año conviértese al siguiente en densa

16

« selva.¡ Felices los moradores de la montaña, si la fácil
« subsistencia no les inspirara una indolencia enemiga de
« todo progreso y si las lluvias que cubren instantánea-
« mente la tierra, como en los dias del diluvio, la humedad
« constante y el calor abrumador no hiciesen vacilar su
« salud y no arrrebatasen prematuramente su existencia!»

España no se ha aprovechado de los verdaderos tesoros
de sus posesiones del Nuevo-Mundo, por haberlas gobernado
bajo el influjo de una política restrictiva é imprevisora. El
pueblo español y las repúblicas hispano-americanas ¿goza-
rian de mejor suerte que la que hoy dia les está cabiendo,
á no haber el cetro de la Madre patria obrado con tan poco
tino en la administracion de sus súbditos de ultramar? Fácil
nos seria resolver semejante problema; pero separamos
nuestra vista de él, tratando de encerrarnos en los límites
del cuadro que nos hemos trazado y no deseando ensanchar la llaga harto profunda que vienen produciendo en
nuestro corzon, de muchos años acá, la falsa direccion
que se les da á aquellas poblaciones y las continuas lu-
chas intestinas que las devoran, á despecho del hermoso
espectáculo que ofrecen las naciones que viven entregadas
al cultivo de las ciencias y de la industria, bajo el rayo vivificante de la paz interior.

Hemos dicho que las principales producciones para la
esportacion son en el Perú, ademas de los metales precio-
nos, el *huano* el *salitre* y las *lanas*, y eso no contando con
otras tambien valiosas como *algodon, cascarilla,* etc. que
aun están por esplotar con abirco.

El *huano* es una *mina* conocida desde el tiempo de los
Incas y de que España no hizo caso por tener cerrados al
comercio estranjero los puertos del Mar Pacífico. Grandes
sumas de dinero se han sacado y siguen sacándose de ella;
pero es fácil de calcular, con cierta aproximacion, el momento en que quedará agotado el huano con la emigracion
del pájaro productor, que se ve ahuyentado por el ruido de
los esplotadores, y la falta quizá del pez que forma su

alimento. — Ademas necesítanse miles de años para levantar una aglomeracion de escrementos igual á la que
existe hoy dia en las islas de Chincha (1).

Los *salitres,* sin embargo de que se hallan en dilatados
desiertos y que el suelo y la atmósfera pueden concurrir
diariamente á su produccion, disminuirán tambien quizas
en el trascurso de algunos años.

Reemplazar pues, en cuanto cabe, estos dos ramos de
riqueza con uno que penda mas del conocimiento, trabajo
é industria del hombre y proporcione al Erario y á los habitantes entradas menos contingentes, es el objeto que me
propongo esplanar en este artículo, encaminado á hacer
ver lo útil é importante que es la cria de lanas en el
Perú, y en particular la de los animales peculiares á la
Cordillera.

Despues de la Conquista, época en que solo se conocian
por los antiguos peruanos la *llama* la *alpaca*, la *vicuña* y el
huanaco, de cuyas lanas hacian tejidos mas ó menos finos
que servian ya para los emperadores y su familia, ya para
el comun del pueblo, se introdujo el *carnero* y ha progre-
sado en proporcion increible, dando abasto á los telares del
Cuzco, Ayacucho y Cajamarca que antes de la *Independencia* empleaban miles de brazos (2).

Si el número de habitantes, al tiempo de apoderarse Pizarro del imperio peruano, subia come se asegura por algunos historiadores á millones, claro es que el número de
animales domésticos tales como la llama y la alpaca, debia
tambien ser dè consideracion, ya que servian ora para alimento, ora para trasporte. Hoy los ganados lanar y vacuno
son los que abastecen con sus carnes las primeras poblaciones, usándose muy poco la *llama* seca y salada (3).

(1) Por el último reconocimiento de las islas huaneras de Chincha se calculó en
1854 habia 12,576,100 toneladas.

(2) Dábase en el Perú el epíteto *de Castilla* á todas las importaciones que
llegaban por la via de la Peninsula.

(3) Pedro Cieza de Leon, en el capitulo 62 de su obra publicada en 1554, dice:
« Porque verdaderamente pocas naciones hubo en el mundo, á mi ver, que

Ha llegado el quintal de lanas de carnero á tener, en los mercados del Perú, el precio de 8 á 10 pesos en los mismos puntos donde se vendia antes á 3. Su carne salada ha tenido el valor de 4, 6 y 8 reales la chalona (1).

Segun los datos suministrados por algunos dueños de estancias de ganado lanar del Perú, he logrado recabar las noticias que inserto á continuacion, creyéndolas dignas de atencion.

DEPARTEMENTO DE PUNO.

Los pastos con que ordinariamente se alimentan las ovejas son la paja mas menuda, y la chicoria en donde la hay.

Tienen las ovejas dos pariciones, la una por junio, y la otra por diciembre; la primera es mas espuesta por la falta de pastos y continuas heladas; en la segunda, aunque hay mas aguas no perecen tantas crias, cuando hay cuidado en los encargados de las estancias.

Se logran casi todas las crias cuando los hielos y los aguas no son muy fuertes y abundantes. La enfermedad que acomete á la oveja es efecto del pasto, y principalmente cuando sale el *pelillo;* hay yerbas que en algunos terrenos aguados mantienen gusanos que introducidos en el ganado se alimentan con las entrañas y lo consumen. El modo de evitar este mal consiste en suministrale sal con frecuencia, lo cual lo precave del coto y otros males que ocasiona la salida de los rebaños antes de que el sol haya destruido los hielos de la mañana.

« tuvieron mejor gobierno que los Incas. Sabido del gobierno es yo no apruebo « cosa alguna; antes lloro las estorsiones y malos tratamientos y violentas « muertes que los españoles han hecho en estos indios, obrando por su crueldad, « sin mirar su nobleza y la virtud tan grande de su nacion. Pues todos los mas « de estos valles están ya casi desiertos, habiendo sido en lo pasado tan poblados « como muchos saben. »

El mismo autor en otro capitulo asegura que en los hoy departamentos de Trujillo y Junin habia muchos miles de *llamas,* en tanto que actualmente las que hay en ellos se traen de otros departamentos.

(1) En 1556 se vendieron cerca del Cuzco rebaños de carneros á razon de 40 y 50 pesos por cabeza.

La edad en que se mata el ganado es de cinco á seis años, segun la calidad del pasto en que se cria, pues siendo este duro le destruye la dentadura, y por el contrario, siendo delicado y suave, la conserva hasta los siete años.

El tiempo fijo de las matanzas es por mayo y junio.

Se trasquilan las ovejas por marzo y cada ciento dan de siete á echo arrobas.

La cantidad de sebo que producen es en razon de la mejor calidad de los pastos, siendo evidente que en varios lugares del Collao, donde hay chicoria como en Carabaya, dan de cinco á seis quintales cada cien ovejas, y en los demas de tres á cuatro.

En el Collao valen los carneros padres de ocho á diez reales, y las madres cuatro, aunque sean de año que son las mas apreciables. La chalona se vende lo mismo que las ovejas vivas por la sal y trabajo que entran en cuenta (1).

Cada pastor indígena pastea de 500 á 600 ovejas. La paga es de cinco pesos al mes, un quintal de maiz, dos libras de sal y una de coca.

La ganancia que produce un capital de veinte mil ovejas y tres mil padres que les corresponden, es poco menos de la mitad, habiendo cuidado.

El precio establecido del sebo en el Collao es de 12 á 14 pesos quintal y el de la lana de cinco á seis pesos (2).

Entran en los gastos de una estancia 200 arrobas de sal.

DEPARTAMENTO DE JUNIN.

Los pastos que generalmente come la oveja con mayor sanidad son la *chillihua* y la paja blanda. Con la continua assitencia se logra la buena calidad del ganado y su engorde; cuidando de que aquel se estienda á su satisfaccion en el campo, ya que de lo contrario se crian las ovejas poco robustas.

(1) Hoy dia el valor es mayor, en atencion á la esportacion que se hace con las lanas.
(2) El precio actual sube hasta 10 pesos el quintal de 100 libras.

Estas principian á parir desde un año hasta los catorce meses, y la produccion es en cada seis meses, y en muchas de siete en siete, lográndose de sus primeros la totalidad, sin el menor desfalco, en caso de haber cuidado, y de los posteriores dos tercios.

Los corderos acompañan á las madres hasta los cinco meses, en cuyo tiempo los pastores reunen todos los de esta edad en una manada separada, mezclándolos con las hembras de igual edad, á las cuales, al mes siguiente, se les ponen carneros padres para que empiezen á producir á la vez.

Las ovejas que llegan á los siete años son las que se matan para *chalonas :* en esta edad se les gastan los dientes y se enflaquecen ; aunque muchas los conservan hasta los nueve y diez años. — Los carneros padres se matan antes segun el estado de su gordura.

Las matanzas se hacen en los meses de mayo y junio, *gratis* en algunas haciendas. El método de hacer las chalonas se ejecuta desollando las ovejas, charquéandolas, echándoles una libra de sal, poniéndolas despues en prensa por quince dias, y sacándolas al sol y al hielo sucesivamente.

Cien ovejas, segun su robustez, dan por lo comun siete arrobas de lana, y comienzan á trasquilarse, desde año y medio á dos, en los meses de febrero y marzo.

El sebo que producen cien ovejas gordas es de siete arrobas.

El valor de los carneros padres era anteriormente de ocho reales, el de las madres de seis, y el de la chalona de cuatro á seis reales. Mas esta costumbre se ve·alterada desde la época de la guerra, en que han subido los primeros de doce á catorce reales, las madres á diez y doce y las chalonas á seis y ocho siendo la causa inmediata de esto el esterminio de mas de dos millones de cabezas de ganado que han desaparecido desde el año 25.

El salario del pastor es segun la costumbre de los lugares. Hay hacienda en que es de doce á quince pesos por cada dos mil cabezas, agregándose á esto un quintal de maiz, una ó dos libras de coca etc.

Las ganancias que produce un capital de 20,000 madres es una tercera parte, libre de gastos y pérdidas.

Generalmente el número de carneros padres para 100 ovejas es de quince, y el número de indios para el cuidado de 20,000 cabezas es de cuarenta á cincuenta.

El valor de la arroba de lana de buena calidad es de doce reales á dos pesos. El sebo vale dos reales cada libra.

En los sueldos de mayordomos y caporales no hay regla; hay quien paga 700 pesos al primero, 250 al segundo y 200 al ayudante.

Los utensilios de una estancia son sales, maices, papas, coca, caballos para visitas, tijeras, azadones y barretas para abrir acequias. Los perros son útiles.

Las enfermedades que padecen las ovejas son el *jacapo,* hinchazon de cabeza con la que pierden la vista, y *gusaneras,* si comen una yerba que tiene este nombre y para lo que no hay remedio. Los capitales enemigos de las ovejas son los zorros, los buitres y los mismos indios que las roban para cambiarlas por aguardiente.

A fin de conseguir grandes ventajas de las estancias son necesarios conocimientos del terreno para mudar los ganados. Las continuas visitas de los mayordomos evitan la mortandad de las crias cansadas, ó enfermas, por las muchas aguas, nieves, escesivos frios y tempestades; causas que destruyen y aniquilan los rebaños tanto como los malogran las humedades de los corrales (1).

Los primeros ensayos efectuados para hacer conocer en Europa las lanas del Perú así de carnero como de alpaca y llama, fueron infructuosos, originando pérdidas á los que los emprendieron. Mas la constancia y el conocimiento que llegó á adquirirse en las manufacturas de Inglaterra sobre su buena calidad superaron todas las dificultades. Así es que desde el año 30, comenzó la esportacion á tomar pro-

---

(1) A fin de precaver las humedades seria muy conveniente adoptar el sistema de secar los *ahijaderos,* por medio de los tubos de barro adoptados hoy en Europa para secar, y conocidos en Inglaterra con el nombre de Tubos de *drainage.*

porciones de cuantía. Actualmente los puertos de Islay, Arica y Callao son los que suministran los mayores cargamentos.

Considéranse las lanas del departemento de Puno y de la República de Bolivia de mejor calidad que las de los del Norte, y mucho mas desde que se han introducido y propagado los verdaderos merinos, cuyas lanas parecen ya en los mercados en no poca cantidad (1).

Mas á mediar mejor estudio del clima y pastos, á servirse del traslado de los rebaños á ciertas distancias y á formar, por fin, corrales convenientes y abrigados, se lograrian mejoras tanto en lo que hace á las lanas, como en lo tocante al cebo y cruzamiento.

LANA DE VICUÑA.

La vicuña, con escepcion de muy pocos casos, se mantiene siempre en el estado libre en la alta y fria Cordillera, habitando y apacentándose por entre las nieves. Ensayos se han hecho para domesticarla y formar rebaños de ella, tanto en el Perú como en España. Fernando VI en 1746-1759 trató de aclimatarla en los llanos de Andalucía; mas como estos sitios no eran buenos para semejante empresa, todas las cabezas que se trasladaron allá del Perú y Buenos-Aires perecieron. Años despues se han hecho nuevas pruebas en otras partes de Europa, sin que se hayan logrado hasta ahora mejores resultados, enriqueciendo tan solo con unas cuantas *auchenias* los gabinetes y jardines zoológicos. En 1826 y 1827 se obtuvo apacentar algunas vicuñas en la capital del departamento de Puno, y quizas hubiese habido mejor resultado si el gobierno independiente, imbuido de la importancia de este ramo, hubiera ofrecido correspondientes premios á los que se dedicaran á su fomento. Poste-

(1) En 1853, el gobierno de D. J. R. Echenique compró por cuenta del Estado un número crecido de cabras del Tibet para repartirlas entre algunos hacendados. Probable es hayan prosperado en las faldas de la Cordillera.

riormente el virtuoso párroco Cabrera ha conseguido reunir un rebaño de unas cincuenta y cruzarlas con la alpaca (1). El párroco de Huaripampa (provincia de Jauja) Dr Dianderas tenia ya algunas vicuñas domesticadas en su casa, cuando me hallaba yo de Prefecto del Departamento de Junin en 1847, y observó que habia mucha dificultad en reducir al vicuña macho, que mordia y escupia á las mismas hembras y á cuantos se acercaban á él, poniéndose tan furioso que era preciso encerrarlo solo en un cuarto.

En un artículo que di sobre la domesticidad de este cuadrúpedo en el *Ateneo Peruano* que se publicaba en Lima, en 1847, cité varios ejemplos de estos animales, que tendian á probar que la vicuña podia domesticarse, pero perdiendo la fecundidad.

Desde el tiempo de los españoles se mandaban á la Península, por cuenta del Gobierno y de particulares, pieles y lanas de este precioso animal. Las fábricas de Segovia atestiguan lo esquisito que es su vellon por los ricos paños que han dado y las medias, guantes, ponchos y sombreros

(1) Vamos á analizar unas líneas de la *Fauna Peruana* von *J. J. Tschudi*, obra publicada en 1846, relativas á los animales de que estamos tratando.

« Las tres primeras especies que hemos citado *A. Llama, A. Huanaco* y *A. Paco* han sido comprendidas, sobre todo por los naturalistas modernos, en una sola cuya forma tipo es la A. Huanaco, al paso que la doméstica y la raquítica se hallan respectivamente en la *Llama* y en el *Paco.* Las reseñas mas importantes acerca del particular nos las suministra la propagacion de estas tres *pretendidas* variedades, que podrian, sin embargo, sufrir algunas modificaciones por cuanto el ayuntamiento de dichos animales, y en particular el de la llama, no se efectua fácilmente en razon de lo violento de su calor. Resulta de las investigaciones sobre el ayuntamiento voluntario ó provocado de las diferentes especies de *auchenias* 1° que la llama no se acopla con el paco; 2° que es difícil de realizar el ayuntamiento con cabezas que no tengan igual tamaño, pues casi siempre se ejecuta estando echado el animal; 3° que con razon mayor no se puede lograr sino muy raramente cuando se trata de animales de esta especie que se diferencian entre sí en grandor. Por consecuencia infiérese que el huanaco que aventaja en tamaño á la llama no se acopla tampoco con el paco. El huanaco domesticado no manifiesta en verdad, cuando está salido, aversion para la llama, cual lo aseguran varios naturalistas; siendo así que cubre á la llama, si bien inútilmente siempre. Por observaciones hechas con esmero sabemos que el ayuntamiento del huanaco macho con la hembra de la llama y *vice versa* sale estéril sin escepcion alguna, y de consiguiente no titubeamos ni un instante en declarar muy dudosos todos los datos acerca del cruzamiento fecundo del huanaco con las llamas ó de estas con los pacos.

que se hacian y hacen aun en el Perú, mereciendo el aprecio, tanto de los indígenas como de los estranjeros, y vendiéndose á precios subidos.

Sensible es tener que reconocer lo nada que se ha ohser-
vado el decreto (de 1825) del Libertador Bolivar acerca
de la prohibicion de matar la vicuña.

El modo como se cogen las vicuñas era conocido de los
Incas y se llamaba *Chaco* y *llipi*. Se reduce á formar un
corralon ó semicírculo bastante estenso, limitado por una
cuerda sostenida en postes y que se estrecha, á medida
que se van reuniendo las vicuñas al centro, ahuyentadas
por el ruido y la gente. Están colgados·de la cuerda pedazos de tejidos de varios colores que oscilando por el
viento, ó á impulso del movimiento que se les da, asus-
tan al animal tímido, acorralándolo mas y mas hasta que
al cabo cae en manos de los cazadores, los que le trasquilan, si es que no lo matan para aprovechar toda la piel.
— Nótase que si el huanaco llega á encontrarse entre las
vicuñas, rompe á veces la cuerda y se libra así, librándolas
al mismo tiempo. Tambien se caza la vicuña de otro
modo muy sencillo, y que consiste en dejar el cadáver
de una en medio del campo, y escondidos los cazadores,
aguardar se acerquen las demas al rededor de la muerta,
para cogerlas poco á poco.

El historiador D. Agustin Zárate refiere que en el tiempo

Mucho mas incrédulos somos en cuanto al cruzamiento fértil de los pacos, llamas
y huanacos con las vicuñas, y eso que lo mencionan varios escritores. — Como nos
importaba bastante dar acerca del particular las esplicaciones mas exactas, no
hemos descuidado nada de cuanto habiera podido esclarecer mas y mas un asunto
de tanto interes, habiendo, en resúmen, logrado reunir veintidos ensayos, de los
cuales cinco son obra nuestra y los demas, que ofrecen igual autenticidad, pertenecen á diferentes observadores. Pues bien ninguno de estos ensayos ha tenido
buen éxito. Si quisiésemos atribuir el cruzamiento estéril de los huanacos y de las
llamas solo á su estado de domesticidad (lo que no puede aceptarse pues, el huanaco domesticado vive bajo el mismo influjo que la llama), renunciaríamos entonces gustosamente á querer separar especificamento estos animales, y dejariamos
en manos de la ilimitada arbitrariedad todo sistema de historia natural (*). ▪

(*) No somos del parecer del señor Tschudi en cuanto al resultado negativo que supone
en el ayuntamiento de la vicuña con la alpaca.

de los Incas se realizaban los *Chacos* con miles de Indios, abrazando una estension de terreno de algunas leguas, y sucediendo que al estrecharse el semicírculo llegaban á tocarse los estremos, en medio de tal gritería que hasta las perdices y *vizcachas* caian en manos de los cazadores, con gran facilidad.

Prescott en su historia de la *Conquista del Perú,* refiriéndose al historiador Sarmiento, dice que cuando el Inca presidia las cacerías, por sí mismo ó por medio de sus principales oficiales, se reunian de sesenta á cien mil hombres, acorralándose en el vasto círculo que estos formaban todos los animales silvestres y fieras que recorrian los valles y montañas.

Reunidas las vicuñas en cierto número con el macho, van guiadas por este, que las arrea al aproximarse el cazador ó el caminante, dando una especie de silbido para señalar el peligro, y parándose, de vez en cuando, para reparar si se las persigue.

Véndense estas pieles á ocho y doce reales cada una, y la lana que se consigue por cabeza no puede pasar de ocho á diez onzas. En Inglaterra vale de 3.ᵃ, 6.ᵖ, á 4, 3 la libra.

Por un cálculo prudente, no puede bajar la esportacion de pellejos de vicuña de 2,500 á 3,000, aumentándose así las causas que impiden la propagacion de animal tan precioso.

EL HUANACO.

Los huanacos no tienen una lana tan fina como la de la vicuña. No se les halla reunidos sino en grupos de 4 ó 5 cabezas y viven comunmente en las pendientes de la Cordillera, hácia la costa, en sitios muy solitarios y escarpados.

LA ALPACA.

Pocos años há que se conoce la *alpaca* en Europa, y sus lanas merecen ya el aprecio de todas las naciones, que con grandes deseos porfian por aclimatarla en sus respectivos territorios. Mas, como habitante de las frias regiones de los Andes, á cuyas alturas y clima parece la destinó la naturaleza, no se presta á vivir y propagarse en otro suelo que el peculiar suyo, no obstante los reiterados esfuerzos que han hecho y siguen haciendo para aclimatarlo los agrónomos y criadores de Holanda, Alemania, Inglaterra y Francia.

Los primeros ensayos de aclimatacion intentados con las alpacas son obra del rey de Holanda, que compró cierto número de ellas, mas no logrando su fin se las cedió á la *Sociedad de Aclimatacion de Francia.*

Casi al mismo tiempo ensayaron otro tanto MM. William Walton y Bennett de Faringdors, Charles Derby de Knowysby Hall, el marques de Breadalbane, el duque de Montrose, Charles Fitz-William, Charles Taylor, John Stirling y Van-Speck-Hernburg.

En Bélgica se tuvo la primera idea de aclimatar este animal por el abate de Nelis, — uno de los agrónomos mas distinguidos del reino, — quien publicó al efecto una memoria sobre las ventajas de introducir la alpaca en las provincias que mayores relaciones de clima ofreciesen con su pais natal.

Ademas de su lana esquisita podian beneficiarse su carne, leche y estiércol en terrenos que hoy yacen desiertos é infructíferos.

Corroborada estaba la opinion favorable á la fácil aclimatacion de la alpaca por el interesante escrito que el señor William Walton publicó en 1842 como fruto de años de estudio verificado en los mismos Andes.

Gracias á todos estos datos se estrajeron de Quilca, Islay y Arica mas y mas alpacas que las que venian esportándose desde 1826.

La esportacion de la alpaca, si bien privaba al Perú de una produccion peculiar á su suelo y enriquecia á otras naciones, era en sí un pensamiento bueno en los especuladores estranjeros; pero no dejaba de ser tambien un atentado, que no sabemos cómo calificar, tanto por parte de los peruanos que contribuyeron así al menoscabo de la riqueza nacional, como por parte de los gobiernos que se desentendieron de un hecho de tanta trascendencia para la industria del pais.

Felizmente, segun los informes que se tienen, la traslacion de la alpaca á Europa no ha logrado los resultados que se esperaban, ya porque su lana no es de la calidad de la peruana, ya porque su carne no es del gusto del pueblo, calificándosela de *ardiente*.

Confesamos que se necesitan años para conocer si un animal ó un vegetal no se harán á un clima, pues cual sucede que al hombre trasportado á otra region que la suya le es preciso tiempo para acostumbrarse á los alimentos, temperatura y aun al aire que respira, así tambien á un animal cualquiera le es indispensable pasen dias y dias antes de lograr hacerse al nuevo medio en que se le coloca; mas, con todo, ni el arte, ni el esmero parece realicen en el trascurso de los años, criar en Europa una alpaca que sea *idéntica* á la de los Andes, tenga tan hermosa lana, y pueda propagarse tan fácilmente como en su region natal (1).

Sea lo elevado de la cordillera, sea la calidad del pasto, sea la gran estension de territorio, sea el sol perene, sea, por fin, el ambiente hijo de las *Nieves perpetuas* ú otras causas desconocidas, lo cierto es que la lana de la alpaca nacida en el Perú será siempre superior á la que dé la criada en otros paises.

Empero, prescindiendo de todas estas consideraciones, nos parece que en virtud del estado actual de las relaciones comerciales del Perú y á la vista del vasto horizonte que se

(1) Séanos lícito recordar aquí que los Estados mas adelantados en civilizacion no han conseguido, al cabo de muchos ensayos, sino modificaciones en las variedades de razas. — Advertimos ademas que el inteligente agrónomo Backwell, lejos de fomentar la cria de merinos en Inglaterra, trabajó fructuosamente por el cruzamiento de razas.

les presenta á los especuladores, habria ventajas para Europa y la República Peruana en establecer un mercado en que diese esta la materia primera recibiendo, en cambio, los tejidos que no logra producir, faltándole fábricas y brazos, y quedasen igualmente satisfechos los intereses del consumidor y los del productor.

Las primeras lanas de alpaca y vicuña que segun datos positivos recibió Inglaterra fueron las que llevaban los buques que apresó á España en 1804 y 1805. Las de alpaca ascendian á 164 quintales, y de las otras habia 417 qs. y 3 libras.

En 1814 traje á Lóndres 14 pieles de alpaca que se vendieron á precio muy ínfimo, por no saberse aun en qué emplearlas.

Esportadas las lanas de carnero, se trató por las casas inglesas establecidas en el Perú de hacer conocer las de alpaca, que en el pais no tenian valor; mas la dificultad que parece habia en encontrar un mordiente con que darles diferentes colores hizo no obtuviesen precio alguno en los mercados. De todos modos, en cuanto se dió con la preparacion necesaria, no fué ya difícil el calcular cuáles serian los precios á que podrian subir, en razon de su tiro y finura, y de lo fáciles de tejer. Así es que su trasformacion en fieltro, en paños y en tejidos, y su mezcla con la seda llamaron la atencion de todos los manufactureros, y aun de los gobiernos, hácia los medios de importar esta materia primera en proporcion de las necesidades que cada dia van creciendo.

Desde que se ha comenzado á trabajar esta lana en Europa, los rebaños de alpaca han esperimentado aumento de valor en todo el Perú y Bolivia, precaviéndolos mas de las enfermedades que les suelen acometer,—como la sarna que se fija en las partes desprovistas de lana y se cura con un ungüento que los indios hacen con azogue, azufre y jabon (1).

(1) Garcilaso de la Vega refiere que esta enfermedad llamada en indio *caracha*

Hoy no se mata tanta alpaca como antes, vendiéndose á 8 y 10 pesos por cabeza, y subiendo el quintal de su mejor lana á cincuenta.

Procrea la alpaca fácilmente y es mas fecunda que la vicuña, pariendo al año en diciembre y febrero.

Se mantienen las alpacas con los pastos que llaman *llapa, zoora, ycho* etc. y se apacentan reunidas en número considerable, abrigándose en las tempestades y fuertes nevadas en las cuevas naturales de la Alta Cordillera.

No son útiles como acémilas : solo sirven por su carne y lana. Su existencia puede calcularse en 10 y 15 años.

Hay ingertos de alpaca y llama ; pero son inútiles para el carguío, siendo ademas su lana, si bien superior á la de la llama, á propósito solo para tejidos burdos.

LA LLAMA.

Este cuadrúpedo,—tan útil para el carguío como ventajoso por su lana,—procrea con mucha facilidad, y sobre estar muy hecho al clima y á las fragosidades de la cordillera, se sustenta con tan poca cosa que es preferible á las mulas, burros y caballos para el trasporte de mercancías (1).

Compañera fiel del indigena peruano se deja guiar por él do quiera, al silbido de su honda ó á al sonido de un fuerte resuello. Obediente cual es se acerca sin temor á su amo y se queda donde se la coloca; huyendo, sí, de los blancos y de los africanos.

Las llamas viajan reunidas por manadas, llevando cada una cargas de 4 á 5 arrobas, no caminando de noche y haciendo jornadas de 4 á 5 leguas. En la costa, donde escasea el pasto á que están acostumbradas, permanecen cinco y seis dias sin tomar alimento. Para entrar en una casa ó dar vuelta á una esquina es preciso que á la guiadora llamada

apareció en 1544, siendo virey Blasco Nuñez de Vela, y que redujo á dos terceras partes las alpacas y llamas, no causando tanto estragó en los huanacos y en las vicuñas, en virtud de hallarse libres unos y otros.

(1) No necesita para llevar su carga otro aparejo que su propia lana.

yscuta se la haga tomar por fuerza aquella direccion, obligándose, por medio de la honda, á que sigan las otras.

Las llamas, así como las alpacas, cuando empieza á nevar, ó en una fuerte tempestad, se dispersan y vienen por diferentes caminos á reunirse á su corral, guardando entre sí la mejor armonía.

Solo al aproximarse álguien que estrañan se ponen á arrojar su saliva fétida y á cocear por defenderse.

Hemos dicho que procrean con mucha facilidad. Para la cohabitacion suelen los indios amarrarlas, como se hace con las vacas en cierta parte del sur de Francia (1).

A los *huahuachos,* que son los llamos, y á las llamas madres se les cuida con esmero librándolos de todo servicio.

Lo mas que viven las llamas son catorce años, y de ellos solo cinco son los útiles en el Cerro de Pasco, si bien en otras partes este número asciende al doble.

A luego que no pueden servir se las mata, conservándose las carnes *en charquis,* esto es por medio de sal y esposicion á sol y á hielo. El valor de una llama en los departamentos del Cuzco, Puno y Ayacucho es de un peso á 20 reales y en el Cerro de Pasco hasta de 5 pesos. Resisten muchas veces los indios el venderlas, porque existe entre ellos la preocupacion que si ellas lloran ó padecen en el camino, le sobreviene al vendedor alguna desgracia.

Las enfermedades que acometen á estos animales son las mismas que las que invaden á la alpaca, y para curarlas sirve el mismo método con unas y otras. Su lana larga de diferentes colores se emplea para tejidos burdos y fábrica de sogas de que tanto uso hace el indígena.

A consecuencia del valor que han tomado las lanas peruanas se comienza á esportar la de la llama, y no

_____

(1) Esta costumbre tan poco razonable no debió reinar entre los Incas sino con el objeto de que se propagara un animal tan útil.

dudamos que muy pronto mejorará de calidad con el cruzamiento con la alpaca.

Lejos de opinar como el Sr. Tschudi, estamos en la persuasion que con celo por parte de los criadores y premios por parte del gobierno ó de las compañías que llegaran á formarse, se conseguiria acarrear la fecunda cohabitacion de la alpaca con la llama.

¡Ojalá se realice tome pronto la industria de lanas en el Perú el auge á que la creo llamada para beneficio tanto del comercio nacional como del de Europa !

NOTA. — La importacion de las lanas de alpaca y carnero en el Reino-Unido de la Gran Bretaña ha sido, de 1851 á 1854, por lo que hace á la alpaca de 6,499,899 libras, y en lo tocante al carnero de 4,729,275.
Hé aquí el estado de la importacion.

AÑOS.	VARDOS.	LANA DE ALPACA. libs.	LANA DE CARNERO. libs.
1851	46,820	1,723,920	1,366,200
1852	38,453	1,757,712	780,186
1853	47,214	2,148,267	967,857
1854	37,652	870,000	1,615,032
	170,139	6,499,899	4,729,275

En el último año la importacion ha sido menor que en los anteriores, hallándose el Perú en revolucion y sabiéndose, por ejemplo, que sirvieron muchos fardos de lanas para hacer trincheras en Arequipa.

ERRATAS.

Pág.	Lín.	Dice.	Léase.
4	19	socabon	socavon
6	1	*socabones*	*socavones*
8	18	resbalosos	resbalosas
id.	22	uno	una
14	13	qudándose	quedándose
id.	14	cristol	crisol
id.	33	está	esta
19	23	contenga todo,	contenga, todo
43	7	las	los ´
68	31	los	las
86	13	resuló	resultó
90	7	marques	Marquez
id.	10	pearas.	piaras.
92	8	oquedad	hoquedad
105	19	communicacion	comunicacion
168	1	lagunos	algunos
169	19	les	le
181	35	los mismo	lo mismo
196	30	trabajaben	trabajaban
197	1	uno	una
198	10	enteradoros	enteradores
231	9	occidental	occidental,
244	23	suministrale	suministrarle
245	7	echo	ocho
252	6	aclimatarlo	aclimatarla

Lightning Source UK Ltd.
Milton Keynes UK
UKHW02n0828190818
327370UK00002B/90/P